"十二五"全国高校动漫游戏专业课程权威教材

1张专业DVD教学光盘快速讲解软件技巧
62个完整项目制作全面提升技能
40组附赠特效提供学习便利

中文版

After Effects CC
光效设计

尹小港　编著

● **专家编写**
本书由资深影视后期制作专家结合多年工作经验和设计技巧精心编写而成

● **灵活实用**
范例经典、步骤清晰、内容丰富、循序渐进，实用性和指导性强

● **光盘教学**
62个经典范例的视频教学文件＋效果文件＋素材文件和范例源文件

海洋出版社
2014年·北京

内 容 简 介

本书是以光效设计为内容主题，通过大量精彩的特效设计案例，全面介绍使用After Effects CC中的内置特效命令和经典的第三方插件特效工具，编辑制作各种光线形式和表现效果的方法和技巧的著作。

本书采用全实例教学的方式，将内容分为"内置特效篇"和"外挂特效篇"两个部分，共包含62个实例。在内置特效篇中，通过32个实例介绍使用After Effects CC中内置的各种特效编辑光线效果的方法。在外挂特效篇中，通过30个实例介绍使用第三方外挂插件特效编辑各种光效的方法和技巧。本书实例经典、实用，部分实例达到了商业应用水平，可以带领读者在高水平的设计实践中掌握光线效果设计和制作的方法。

适用范围：可作为高等院校影视动画专业After Effects专业课教材，也是从事电视栏目包装和影视后期制作的广大从业人员必备工具书。

图书在版编目(CIP)数据

中文版After Effects CC光效设计/尹小港编著. —北京：海洋出版社，2014.11
ISBN 978-7-5027-8975-6

Ⅰ.①中… Ⅱ.①尹… Ⅲ.①图象处理软件 Ⅳ.①TP391.41

中国版本图书馆CIP数据核字（2014）第236453号

总 策 划：刘 斌	发 行 部：（010）62174379（传真）（010）62132549
责任编辑：刘 斌	（010）68038093（邮购）（010）62100077
责任校对：肖新民	网　　址：www.oceanpress.com.cn
责任印制：赵麟苏	承　　印：北京画中画印刷有限公司印刷
排　　版：海洋计算机图书输出中心 申彪	版　　次：2014年11月第1版
	2014年11月第1次印刷
出版发行：海洋出版社	开　　本：787mm×1092mm　1/16
地　　址：北京市海淀区大慧寺路8号（716房间）	印　　张：17
100081	字　　数：402千字
经　　销：新华书店	印　　数：1～4000册
技术支持：（010）62100055 hyjccb@sina.com	定　　价：68.00元（含1DVD）

本书如有印、装质量问题可与发行部调换

前言 Preface

　　After Effects CC是一款功能强大的专业影视后期剪辑与特效编辑软件，可以利用各种素材进行动画创建、剪辑组合和特效制作等编辑操作，并输出为多种格式的视频影片，以满足工作需要。在使用After Effects进行影视后期特效制作时，光线特效是重要的组成内容，是影视作品中提升画面视觉冲击力、增加影像动感表现力的有效途径。本书就是以光线特效的编辑制作为内容主题，通过大量精彩的特效设计案例，全面介绍使用After Effects CC中的内置特效命令和经典的第三方插件特效工具，编辑制作多种光线形式和表现效果的方法和技巧。

　　本书采用全案例教学的方式，分为"内置特效"和"外挂特效"两个篇章，共包含62个设计案例。在内置特效篇中，主要利用多种编辑技法，配合使用不同图像处理功能的特效命令和动画制作技巧，编辑出变化多样的光线效果；在外挂特效篇中，主要利用多个专门用于直接生成不同类型光线特效的第三方外挂插件特效，快速方便地创建出逼真美观的光线效果。通过影片内容创意与画面表现技法的协作，制作出符合商业应用水平的影视特效影片，带领读者在高水准的设计实践中掌握多种光线效果命令和工具的使用方法，进一步提高光线影视特效的编辑技能。

　　在本书的配套光盘中提供了本书所有实例的源文件、素材和输出文件以及多媒体教学视频，方便读者在学习中参考。

　　本书由尹小港编写，参与本书编写与整理的设计人员还有穆香、张善军、骆德军、林玲、刘彦君、李英、张喜欣、赵璐、郝秀杰、孙晓梅、李瑶、何玲、刘丽娜、刘燕、孙立春、高镜、袁杰、刘远东、马昌松、颜磊、黄飞、崔现伟、杨健、林建忠等。对于本书中的疏漏之处，敬请读者批评指正。

　　本书适合作为广大对视频特效编辑感兴趣的初、中级读者的自学参考图书，也适合各大中专院校相关专业作为教学教材。

编　者

After Effects CC 光效设计

实例01 自定义功能菜单

实例02 飞舞的拖影文字

实例03 游动的彩色光带

实例04 波纹荡漾的光线

实例05 浮光流动的文字

实例06 动感光栅

最终效果图

实例07　星光魔法轮盘

实例08　飘忽扰动的光线

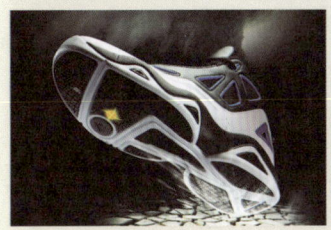

实例09　漩涡光轮

实例10　放射光芒的文字

实例11　穿越星际的光束

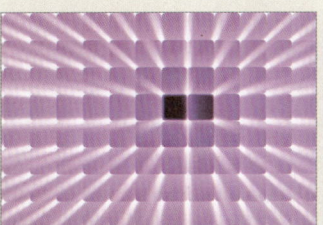

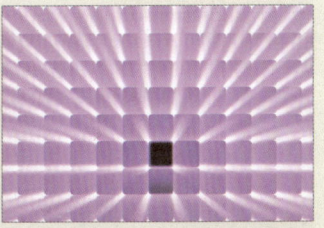

实例12　光之魔方墙

After Effects CC

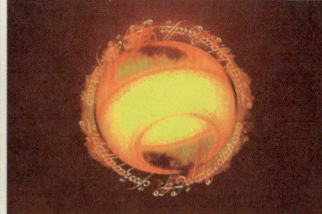

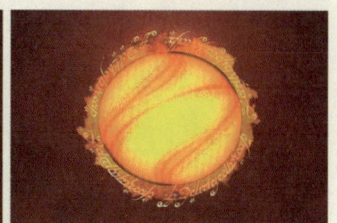

After Effects CC 光效设计

实例13 火焰魔球

实例14 行星光环

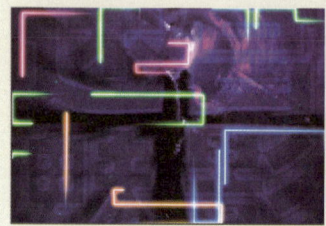

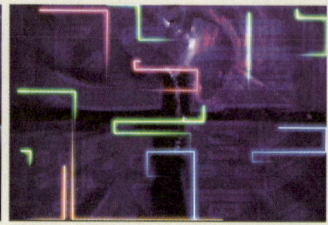

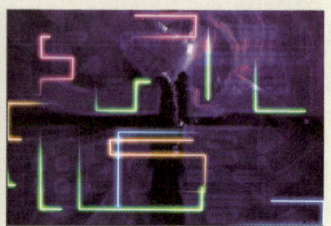

实例15 迷宫魅影

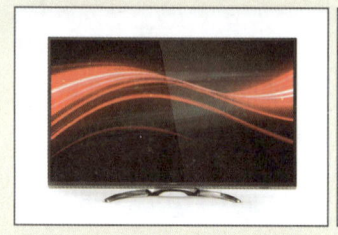

实例16 流光溢彩的视界

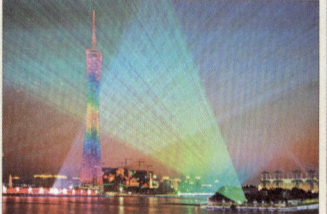

实例17 镭射探照灯

实例18 水晶球的光环

最终效果图

实例19　空间投射灯光墙

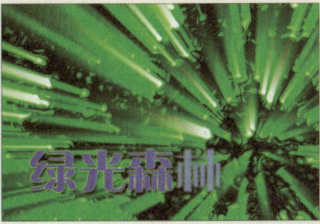

实例20　绿光森林

实例21　魔法师的光球

实例22　旋转的光环球

实例23　音乐激光球

实例24　迸射的花火

After Effects CC

After Effects CC 光效设计

实例25　捧在手中的焰火

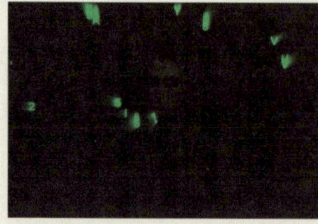

实例26　矩阵流光文字

实例27　星光闪烁

实例28　疾驰的灯光

实例29　来自星星的告白

实例30　空中穿梭的火球

第一篇　內置特效篇

实例01	自定义功能菜单	2	实例17	镭射探照灯	63
实例02	飞舞的拖影文字	7	实例18	水晶球的光环	67
实例03	游动的彩色光带	11	实例19	空间投射灯光墙	71
实例04	波纹荡漾的光线	14	实例20	绿光森林	75
实例05	浮光流动的文字	19	实例21	魔法师的光球	79
实例06	动感光栅	22	实例22	旋转的光环球	82
实例07	星光魔法轮盘	25	实例23	音乐激光球	86
实例08	飘忽扰动的光线	31	实例24	迸射的花火	89
实例09	漩涡光轮	35	实例25	捧在手中的焰火	94
实例10	放射光芒的文字	38	实例26	矩阵流光文字	99
实例11	穿越星际的光束	41	实例27	星光闪烁	103
实例12	光之魔方墙	45	实例28	疾驰的灯光	106
实例13	火焰魔球	48	实例29	来自星星的告白	109
实例14	行星光环	52	实例30	空中穿梭的火球	113
实例15	迷宫魅影	55	实例31	太空飞船的光波	118
实例16	流光溢彩的视界	60	实例32	星球爆炸的光芒	123

第二篇　外挂特效篇

实例33	透过云层的光	130	实例38	构建空间的光线	147
实例34	闪耀的青花	132	实例39	动感炫光文字	150
实例35	浮光掠影的粒子	135	实例40	流动光线写字	153
实例36	沸腾的熔岩	140	实例41	舞动夜空的光线	158
实例37	穿越时空的光洞	142	实例42	翻绕成花的光线	162

实例43	文字边缘的闪光	167	实例53	花心中的光精灵	217
实例44	星光画心	172	实例54	彩色的螺旋光带	220
实例45	星光打印机	175	实例55	飘忽的星云	226
实例46	闪亮的图形光线	183	实例56	涟漪的波光	229
实例47	闪烁的炫彩文字	186	实例57	闪耀的极光	232
实例48	烟花绽放	192	实例58	乐动的波光	237
实例49	划过天空的彗星	197	实例59	夜空中的霓虹	240
实例50	风吹粒子光效	201	实例60	光影魔幻秀	243
实例51	穿梭的粒子光带	207	实例61	UFO的闪光	246
实例52	流动炫光背景	212	实例62	光速飞行	248

附录：After effects常用快捷键大全 253

第一篇
内置特效篇

　　After Effects CC集成了丰富的视频影像处理特效命令，虽然没有直接用于生成光影效果的特效命令，但是可以利用多种编辑技巧，配合影像表现的创意，恰当选用合适的特效命令并设置合理的效果参数，也可以编辑出精彩的光影特效影片。

After Effects CC 光效设计

Example 实例 01 自定义功能菜单

素材目录	光盘\实例文件\实例01\Media\
项目文件	光盘\实例文件\实例01\Complete\卡片闪光过渡.aep
教学视频	光盘\教学视频\实例01：卡片闪光过渡.flv
应用特效	卡片擦除、发光、定向模糊、亮度和对比度、镜头光晕
编辑要点	1. 使用"卡片擦除"特效为文字创建卡片式切换显现的动画效果。 2. 为文字应用"发光"特效生成发散彩色辉光的效果。 3. 添加"定向模糊"特效，在垂直方向上模糊图像，模拟出光线射出的效果。 4. 添加"亮度和对比度"特效增强辉光的对比度，使光线效果更加明亮闪耀。 5. 添加"镜头光晕"特效并设置效果参数，为其创建掠过文字的扫光动画。

本实例的最终完成效果，如图1-1所示。

图1-1 实例完成效果

01 启动After Effects CC，在项目窗口中的空白处双击鼠标左键，打开"导入"对话框，选择本实例素材目录中准备的素材文件并导入。

02 将导入的图像素材按住并拖入空白的时间轴窗口中，应用其视频属性创建合成。

03 按"Ctrl+K"键打开"合成设置"对话框，设置合成名称为"背景"，持续时间为4秒，如图1-2所示。

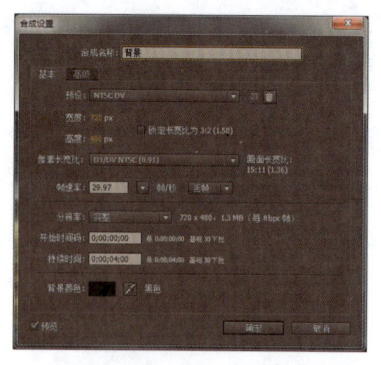

04 在工具栏中选择"横排文字工具"并输入标题文字"海岸霞光"，然后通过"字符"面板设置文字字体为"微软雅黑"、字号为100，填充色为黄色，效果如图1-3所示。

图1-2 修改合成持续时间

图1-3 输入的标题文字

05 选择时间轴窗口中新建的文字图层，选择"效果→过渡→卡片擦除"命令，为文字图层添加卡片擦除特效。设置"行数"为1，"列数"为30，"翻转轴"为Y，"翻转方向"为"随机"，然后设置"随机时间"为0.50秒，"随机植入"参数为3，其目的是在随机位置间隔0.5秒随机向左或向右产生旋转的卡片擦除效果；展开"灯光"选项组，并设置"环境光"的强度数值为1，如图1-4所示。

图1-4 设置卡片擦除效果参数

06 在"效果控件"面板中展开特效的"摄像机位置"、"位置抖动"选项组，按下对应选项前面的"时间变化秒表"按钮，为该特效编辑关键帧动画。框选所有的结束关键帧，在其上单击鼠标右键并选择"关键帧辅助→缓入"命令，为特效关键帧动画设置"缓入"效果，如图1-5所示。

		00:00:00:00	00:00:03:10	
	过渡完成	0	100	
	Y轴旋转	0x＋270.0°	0x＋0.0°	
	X抖动量	5.0	0.0	
	Z抖动量	5.0	0.0	

图1-5 编辑关键帧动画

07 选择编辑好了动画效果的文字图层，按"Ctrl+Shift+C"键打开"预合成"对话框，选择"将所有属性移动到新合成"选项，将选中的图层转换成一个新建的合成，以方便在接下来的操作中，将编辑好的文字动画作为一个动画素材使用，如图1-6所示。

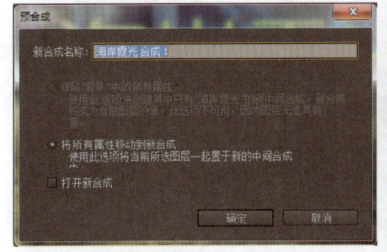

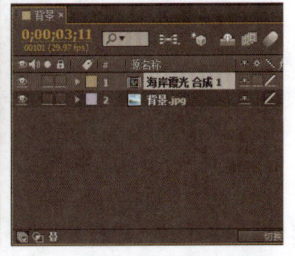

图1-6 将图层转换为合成

08 选择转换得到的文本合成图层，为其添加"效果→风格化→发光"特效，在"效果控件"面板中，设置"发光阈值"的参数值为60%，"发光半径"为30，"发光强度"为1.5；在"发光颜色"下拉列表中选择"A和B颜色"，然后分别设置"颜色A"为黄色，"颜色B"为红色，如图1-7所示。

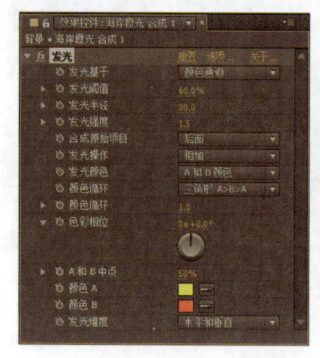

图1-7　添加并设置发光效果

09 为文本合成图层添加"效果→模糊和锐化→定向模糊"特效，设置其中的"模糊长度"数值为180，生成光线拖射效果，如图1-8所示。

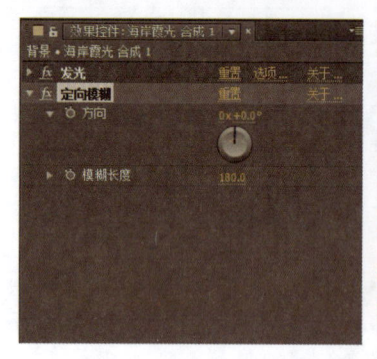

图1-8　添加并设置模糊效果

10 在"效果控件"面板中单击鼠标右键并选择"颜色校正→亮度和对比度"命令，添加该特效，设置"亮度"数值为20，"对比度"数值为30，然后将"发光"效果移动到效果列表的最下层，如图1-9所示。

图1-9　添加特效并调整特效顺序

11 在时间轴窗口中选择文字图层并按两次"Ctrl+D"键，对其进行两次复制，增强画面中生成的光线效果。选择最下层的文字图层，按"E"键展开其效果选项，关闭或删除"定向模糊"特效,使该图层中的文字图像清晰显示,如图1-10所示。

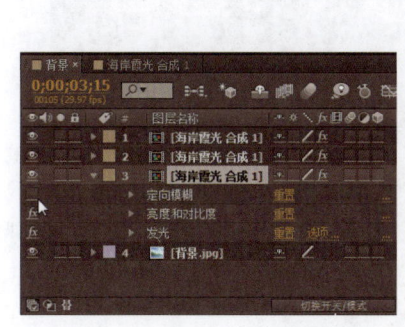

图1-10 复制图层并关闭指定效果

⑫ 按"T"键展开最下层文字图层的"不透明度"选项,为其在开始位置和第2秒添加关键帧,创建文字图像的不透明度从0到100%的淡入动画,如图1-11所示。

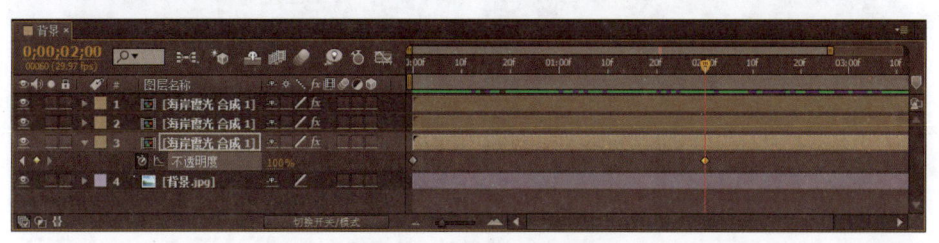

图1-11 编辑淡入动画

⑬ 将时间指针定位在第3秒的位置,然后选择"图层→新建→纯色"命令,新建一个黑色的纯色素材图层"黑色 纯色1",如图1-12所示。

⑭ 在图层"黑色 纯色1"上单击鼠标右键并选择"效果→生成→镜头光晕"命令,在"效果控件"面板中设置"镜头类型"为"35毫米定焦",如图1-13所示。

图1-12 新建纯色素材　　　图1-13 设置效果参数

⑮ 在时间轴窗口中选择纯色图层"黑色 纯色1",将其图层混合模式设置为"相加"。按"E"键展开图层的效果选项,再按"Shift+T"键显示出图层的"不透明度"选项,为镜头光晕效果创建快速淡入并移动光点中心的关键帧动画,如图1-14所示。

		00:00:03:00	00:00:03:05	00:00:03:20
⏱	光晕中心	140.0,220.0		750.0,220.0
⏱	不透明度	0%	100%	

图1-14 编辑关键帧动画

⑯ 按 "Ctrl+S" 键保存项目，拖动时间指针或按空格键，即可播放预览画面中的光线水平运动并翻转，逐渐汇集成文字图像时，镜头光晕快速显现并划过文字上端的动画效果，如图1-15所示。

图1-15 预览编辑完成效果

⑰ 在项目窗口中选择编辑完成的影片合成，选择"合成→添加到渲染队列"命令，打开"渲染队列"窗口，然后单击"输出模块"选项后面的"无损"文字按钮，如图1-16所示。

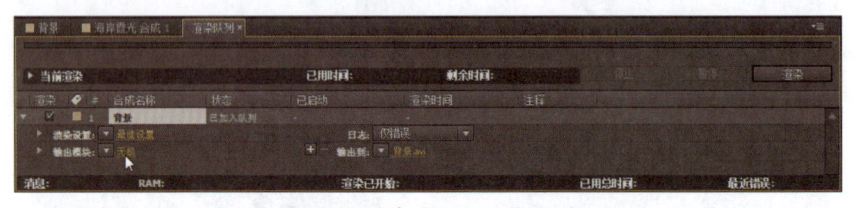

图1-16 将合成加入渲染队列

⑱ 打开"输出模块设置"对话框后，在"格式"下拉列表中选择输出视频格式为"AVI"，然后单击"格式选项"按钮，在弹出的"AVI选项"对话框中单击"视频编解码器"选项后面的下拉列表按钮并选择"DV NTSC"，如图1-17所示。

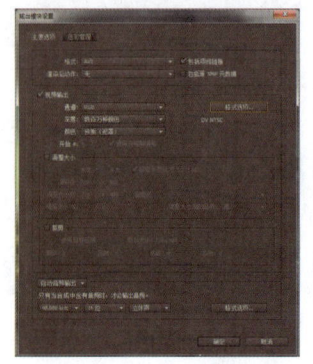

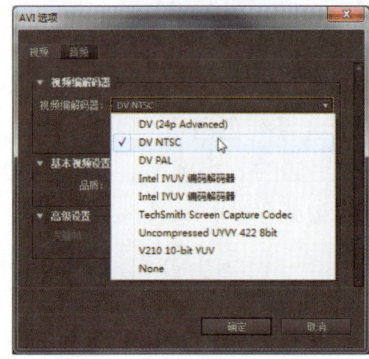

图1-17 设置影片的视频输出格式

⑲ 单击"确定"按钮,回到"渲染队列"窗口中,单击"输出到"选项后面的文字按钮,在弹出的"将影片输出到"对话框中,为输出影片命名并选择输出的保存目录,如图1-18所示。

⑳ 单击"保存"按钮,回到"渲染队列"窗口中,单击"渲染"按钮渲染输出。渲染输出完成后,即可使用媒体播放器欣赏本实例的影片输出效果,如图1-19所示。

图1-18 设置输出目录和影片文件名　　　图1-19 播放输出音频

Example 实例 02 飞舞的拖影文字

素材目录	光盘\实例文件\实例02\Media\
项目文件	光盘\实例文件\实例02\Complete\飞舞的拖影文字.aep
教学视频	光盘\教学视频\实例02:飞舞的拖影文字.flv
应用特效	路径文本、残影
编辑要点	1. 为纯色图层应用"路径文本"特效,编辑需要的文本内容并编辑字符沿路径飞舞抖动的关键帧动画。 2. 添加"残影"特效并编辑关键帧动画,得到更多字符追随路径文本运动的动画效果。 3. 通过启用运动模糊开关,使快速飞舞的字符产生拖影效果,模拟出光点飞舞的效果。

本实例的最终完成效果,如图1-20所示。

图1-20 实例完成效果

① 新建一个空白的项目文件,在项目窗口中的空白处双击鼠标左键,打开"导入"对话框,选择本实例素材目录中准备的素材文件并导入。

② 按"Ctrl+N"键打开"合成设置"对话框,新建一个NTSC DV视频制式的合成,设置合成名称为"萤火虫的夏天",持续时间为5秒,如图1-21所示。

③ 将导入的图像素材加入到时间轴窗口中,然后按"Ctrl+Y"键,打开"纯色设置"对话框,新建一个纯色图层"文字",设置任意填充色并单击"确定"按钮,如图1-22所示。

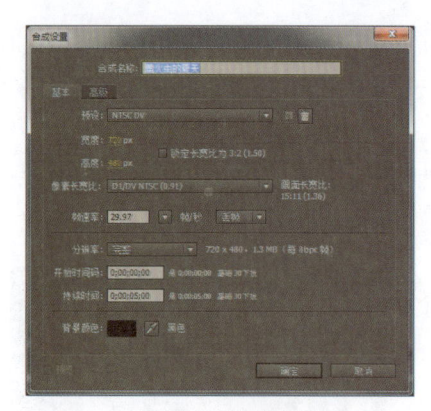

After Effects CC 光效设计

图1-21　新建合成　　　　　　　　图1-22　新建纯色图层

04 在"效果和预设"面板中选择"过时→路径文本"效果并添加到时间轴窗口中的纯色图层"文字"上,然后在弹出的"路径文字"对话框中输入文本内容"萤火虫的快乐夏天",设置字体为微软雅黑,单击"确定"按钮,如图1-23所示。

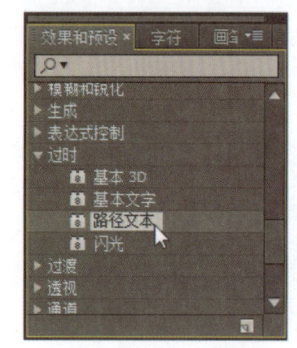

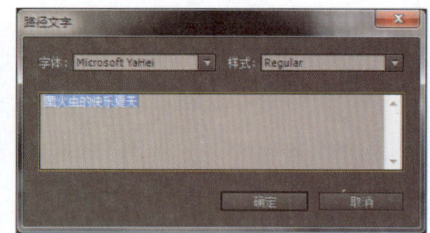

图1-23　添加特效并编辑文本内容

05 在工具栏中选择"钢笔工具" ,在合成窗口中为文字绘制运动路径曲线,然后通过拖动路径上的顶点或控制柄将路径曲线调整到需要的形状,将结束位置的路径方向调整为水平,使应用路径文本后,文本保持水平方向,如图1-24所示。

图1-24　绘制路径并调整曲线

06 在"效果控件"面板中,单击"自定义路径"选项后的下拉列表按钮并选择绘制的"蒙版1",作为文字的运动路径。勾选"反转路径"选项,使文字沿路径垂直反向进行反转,在路径结束点正面显示。设置填充类型为"在描边上填充",然后设置"填充颜色"为蓝色,"描边颜色"为水蓝色,"描边宽度"为5.0,如图1-25所示。

8

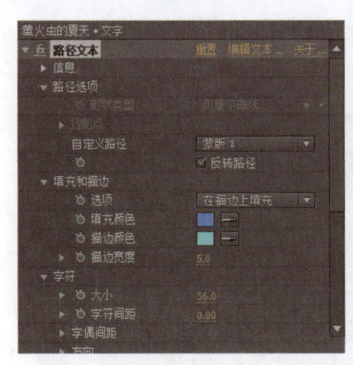

图1-25 设置路径文本参数

07 按下"字符"选项组中的"大小"选项、"段落"选项组中的"左边距"选项前面的"时间变化秒表"按钮⏱，为路径文本编辑由小变大、沿路径飞入画面的关键帧动画，并设置字符"大小"选项的结束关键帧为缓入效果，如图1-26所示。

		00:00:00:00	00:00:03:00	00:00:04:00	00:00:05:00
⏱	大小	0		35	40
⏱	左边距	2200	−300		

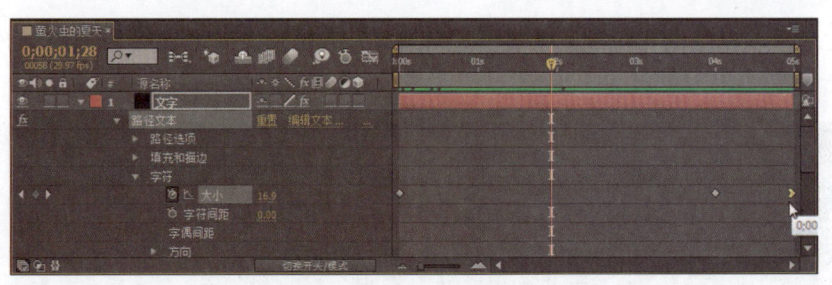

图1-26 编辑关键帧动画

08 在时间轴窗口中展开"路径文本"效果的"高级"选项组，将时间指针定位在第4秒的位置，为"抖动设置"下的4个选项创建关键帧。移动时间指针到第2秒的位置，依次修改4个抖动选项的数值为150、300、300、200，编辑出路径文本在运动过程中，各个字符在空间上进行随机的大小和位置变化的关键帧动画，如图1-27所示。

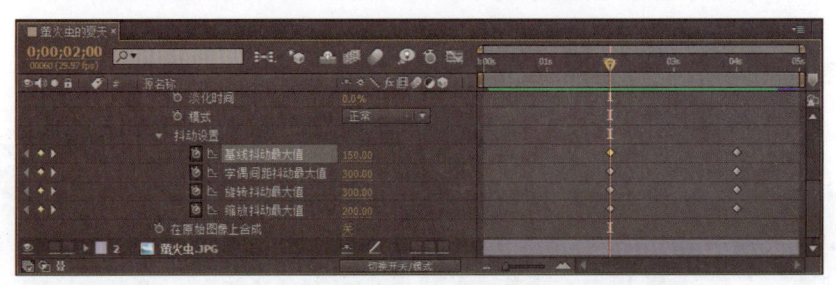

图1-27 编辑字符抖动动画

09 为路径文本添加"时间→残影"特效，设置其"衰减"选项的数值为0.8，并为其创建从开始到第4秒，"残影数量"选项的数值从5到0的关键帧动画，如图1-28所示。

10 在时间轴窗口中按下工具栏上的 按钮，启用运动模糊效果，然后单击路径文本图层在"图层开关"窗格中的运动模糊开关，使合成窗口中的文本字符运动动画产生动态模糊效果，模拟出发光字符跳跃闪动的画面效果，如图1-29所示。

图1-28　编辑残影动画

图1-29　打开运动模糊效果

⑪ 按"Ctrl+S"键保存项目。拖动时间指针或按空格键，播放预览编辑完成的动画效果，如图1-30所示。

图1-30　预览编辑完成效果

⑫ 在项目窗口中选择编辑完成的影片合成，选择"合成→添加到渲染队列"命令，打开"渲染队列"窗口，设置好影片渲染格式、保存目录和文件名称，将合成项目输出为影片文件，如图1-31所示。

图1-31　将编辑好的合成输出成影片文件

Example 实例 03 游动的彩色光带

素材目录	光盘\实例文件\实例03\Media\
项目文件	光盘\实例文件\实例03\Complete\游动的彩色光带.aep
教学视频	光盘\教学视频\实例03：游动的彩色光带.flv
应用特效	波形变形、发光
编辑要点	1. 通过绘制蒙版并设置蒙版羽化效果，得到光带图像。 2. 应用"波形变形"特效并创建关键帧动画，编辑出光带图像的游动效果。 3. 应用"发光"特效并设置不同的发光颜色，得到多条彩色光带层叠游动的效果。

本实例的最终完成效果，如图1-32所示。

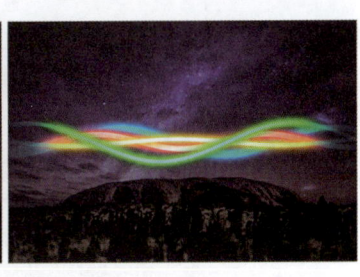

图1-32　实例完成效果

01 新建一个空白的项目文件，在项目窗口中的空白处双击鼠标左键，打开"导入"对话框，选择本实例素材目录中准备的素材文件并导入。

02 按"Ctrl+N"键打开"合成设置"对话框，新建一个NTSC DV视频制式的合成，设置合成名称为"游动的彩色光带"，持续时间为5秒，如图1-33所示。

03 将导入的图像素材加入到时间轴窗口中，然后按"Ctrl+Y"键打开"纯色设置"对话框，新建一个纯色图层"光带"，设置好填充色并单击"确定"按钮，如图1-34所示。

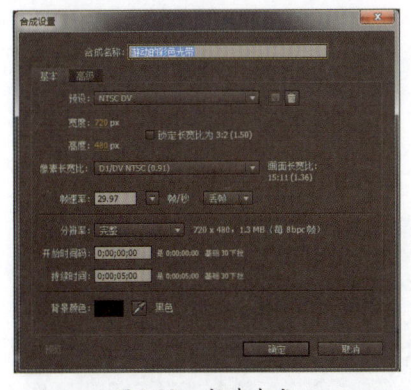

图1-33　新建合成　　　　　　图1-34　新建纯色图层

04 在时间轴窗口中选择纯色图层"光带"，在工具栏中选择"矩形工具"■，在图层"光带"中间绘制一个细长的蒙版，如图1-35所示。为避免在对蒙版进行调整操作时，对背景图层的误操作，可以先在时间轴窗口中将其锁定。

05 按"M"键展开图层"光带"的"蒙版"选项，关闭"蒙版羽化"选项后面的"约束比例"开关，然后设置蒙版形状在水平方向上的羽化距离为200像素，如图1-36所示。

图1-35 绘制蒙版　　　　　　　　图1-36 设置水平方向上的羽化蒙版

06 选择图层"光带"并为其添加"效果→扭曲→波形变形"特效,在"效果控件"面板中,设置特效的"波浪类型"为"正弦","波形宽度"为200,"消除锯齿"为"高",如图1-37所示。

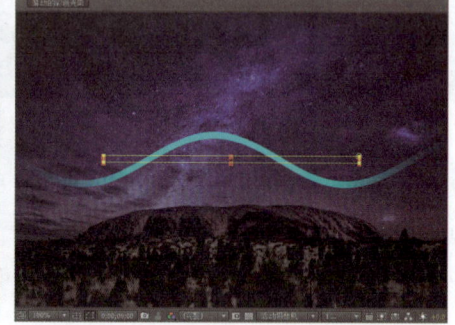

图1-37 设置效果参数

07 在时间轴窗口中选择图层"光带",按"E"键后,按"Shift+T"键,展开图层的"效果"和"不透明度"选项,为扭曲生成的光带图像创建波动并淡入、淡出的动画效果,然后为波动动画的结束关键帧设置缓入效果,如图1-38所示。

		00:00:00:00	00:00:00:10	00:00:04:20	00:00:05:00
⏱	波形高度	100		0	
⏱	不透明度	0%	100%	100%	0%

图1-38 编辑关键帧动画

08 在"效果控件"面板中单击鼠标右键并选择"风格化→发光"命令,为其添加该特效,设置"发光阈值"为15%,"发光半径"为20.0,"发光强度"为2.5。在"发光颜色"下拉列表中选择"A和B颜色",然后分别设置"颜色A"为浅蓝色,"颜色B"为深蓝色,如图1-39所示。

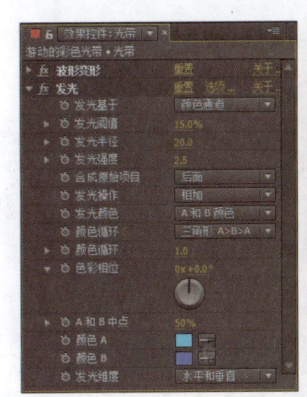

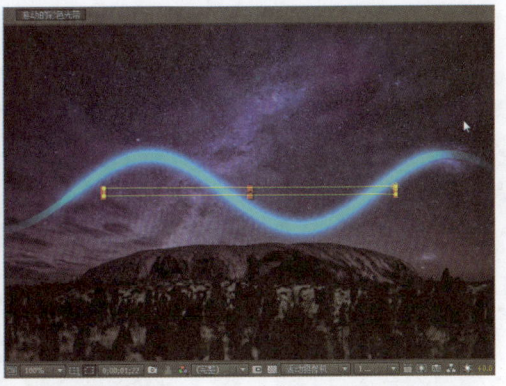

图1-39 添加并设置发光效果

09 选择时间轴窗口中的图层"光带"并按"Ctrl+D"键，对其进行复制，然后展开新图层的效果选项，将"波形高度"选项的开始关键帧的数值修改为60，"波形宽度"的数值修改为160，并适当调整淡入、淡出和波形停止关键帧的时间位置，使其动画效果与底层光带图像相区别，如图1-40所示。

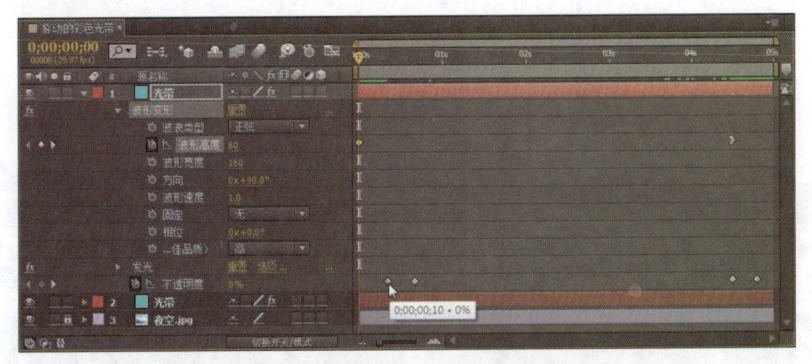

图1-40 复制图层并调整动画效果

10 在"效果控件"面板中，对新复制得到的图层"光带"的发光颜色进行修改，如图1-41所示。

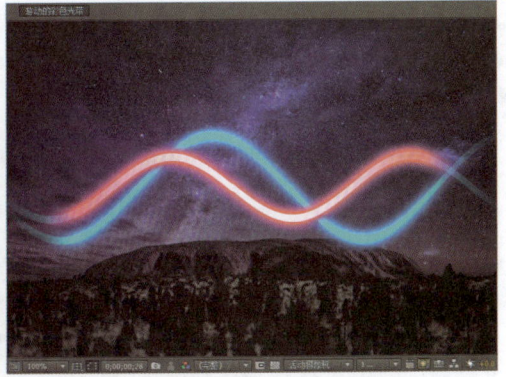

图1-41 修改发光效果的颜色

11 用同样的方法，对图层"光带"进行复制并修改所添加特效的参数值、动画关键帧的时间位置、发光颜色，还可以对所绘制蒙版的高度或宽度进行调整，得到更多的游动光带动画特效，如图1-42所示。

After Effects CC 光效设计

⑫ 按"Ctrl+S"键保存项目。拖动时间指针或按空格键,播放预览编辑完成的动画效果,如图1-43所示。

图1-42 复制图像并修改效果参数　　　　图1-43 预览编辑完成效果

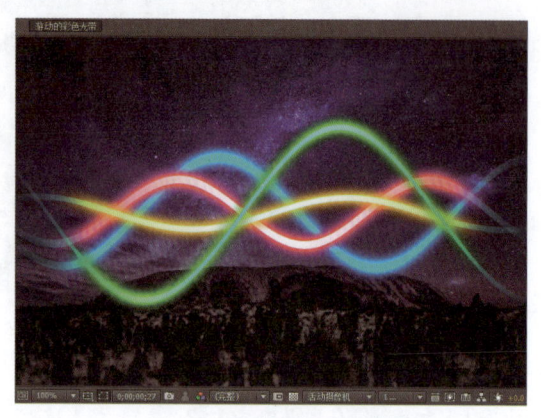

⑬ 在项目窗口中选择编辑完成的影片合成,选择"合成→添加到渲染队列"命令,打开"渲染队列"窗口,设置好影片渲染格式、保存目录和文件名称,将合成项目输出为影片文件,如图1-44所示。

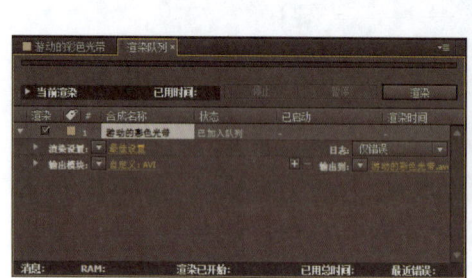

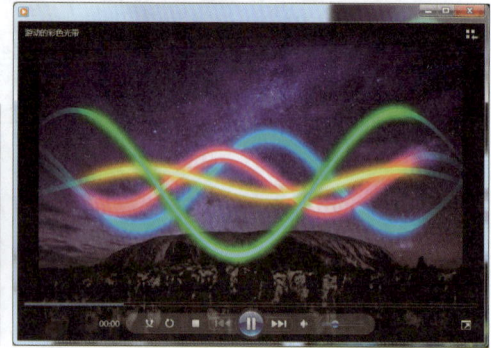

图1-44 将编辑好的合成输出为影片文件

Example 实例 04 波纹荡漾的光线

素材目录	光盘\实例文件\实例04\Media\
项目文件	光盘\实例文件\实例04\Complete\波纹荡漾的光线.aep
教学视频	光盘\教学视频\实例04:波纹荡漾的光线.flv
应用特效	描边、高斯模糊、残影、发光、三色调、通道合成器、移除颜色遮罩、CC Glass
编辑要点	1. 为蒙版路径创建动画并应用描边和模糊效果,生成运动线条的轮廓。 2. 应用"高斯模糊"特效,使"残影"特效生成的残影之间过渡平滑。 3. 应用"发光"和"三色调"特效,使残影动画产生带有颜色的发光效果。 4. 应用"通道混合器"特效,显示出Alpha通道中的光效动画。 5. 应用"移除颜色遮罩"特效,显示出波纹动画中的残影部分,增强光线表现效果。 6. 应用CC Glass特效,将波纹光效动画作为置换贴图应用到文字图层上,使文字产生与波纹动画同步的变形效果。

本实例的最终完成效果,如图1-45所示。

图1-45 实例完成效果

01 在项目窗口中的空白处双击鼠标左键,打开"导入"对话框,选择本实例素材目录中准备的素材文件并导入。

02 按"Ctrl+N"键新建一个NTSC DV的合成"线条",设置持续时间为9秒。

03 按"Ctrl+Y"键打开"纯色设置"对话框,新建一个黑色的纯色图层"黑色 纯色1",然后选择"钢笔工具",在合成窗口中绘制一个如图1-46所示的蒙版路径。

04 按"M"键在时间轴窗口中展开图层"黑色 纯色1"的蒙版选项,按下"蒙版路径"选项前面的"时间变化秒表"按钮,在开始位置创建关键帧,然后将时间指针移动到第4秒的位置并添加关键帧,对蒙版路径的形状进行修改调整,如图1-47所示。

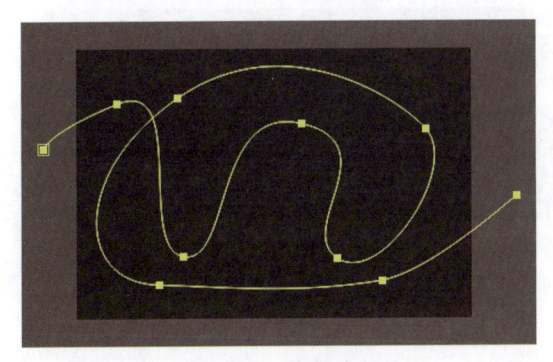

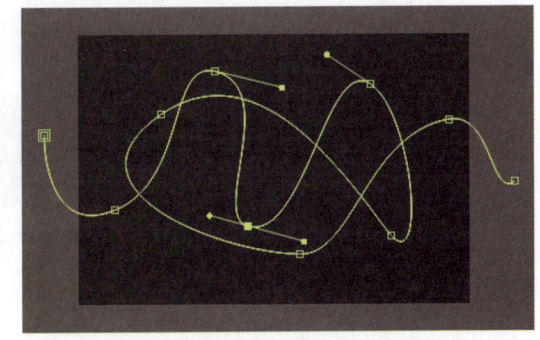

图1-46 绘制路径　　　　图1-47 修改关键帧上的路径形状

05 用同样的方法,在0;00;06;15的位置和结束位置添加关键帧并修改蒙版路径的形状,得到路径形状的变形动画,如图1-48所示。

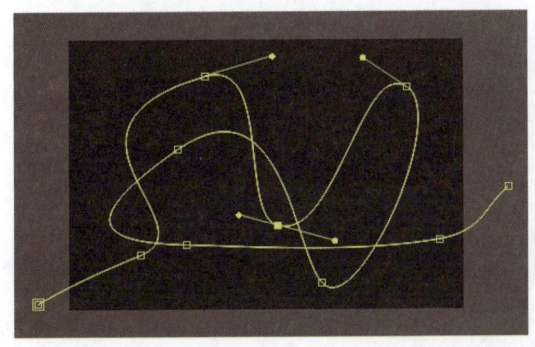

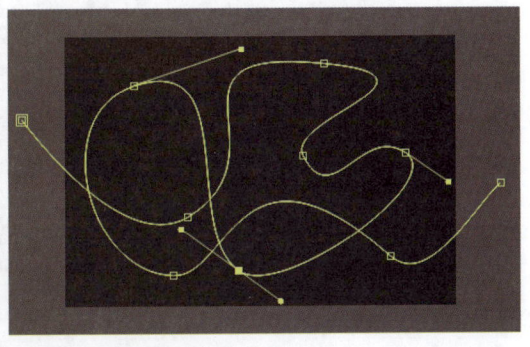

图1-48 最后两个关键帧上的路径形状

06 在"效果控件"面板中单击鼠标右键并选择"生成→描边"特效,然后设置描边"画笔大小"为1.0。为纯色图层添加"模糊和锐化→高斯模糊"特效,设置"模糊度"的数值为2.0,如图1-49所示。

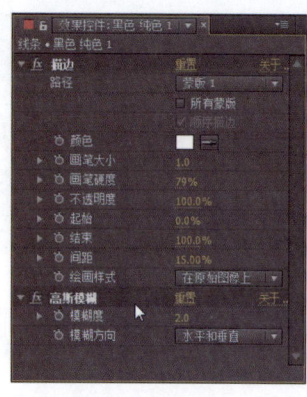

图1-49 添加描边和模糊效果

07 按"Ctrl+N"键新建一个NTSC DV制式的合成"波纹",设置持续时间为5秒,将项目窗口中编辑好的"线条"合成加入"波纹"时间轴窗口中。将时间指针定位在合成的结束位置,然后选择时间轴窗口中的"线条"图层并按"]"键,使图层的出点与合成工作区的出点对齐,使图层从"线条"第4秒的内容开始在新合成中播放,如图1-50所示。

图1-50 嵌入合成并编排时间位置

08 为"线条"图层添加"时间→残影"特效,设置"残影数量"为100,"起始强度"为0.1;再为"线条"图层添加"高斯模糊"特效,设置"模糊度"为1.0,使画面中生成的残影之间过渡平滑,如图1-51所示。

图1-51 编辑残影和模糊效果

09 为"线条"图层添加"风格化→发光"特效,设置"发光阈值"为30%,"发光半径"为20,"发光强度"为2,使残影混合的图像产生发光效果,如图1-52所示。

10 在"效果控件"面板中单击鼠标右键并选择"颜色校正→三色调"命令,然后单击"中间调"选项后面的色块,在弹出的拾色器窗口中设置填充色为蓝色,为波纹动画添加光色效果,如图1-53所示。

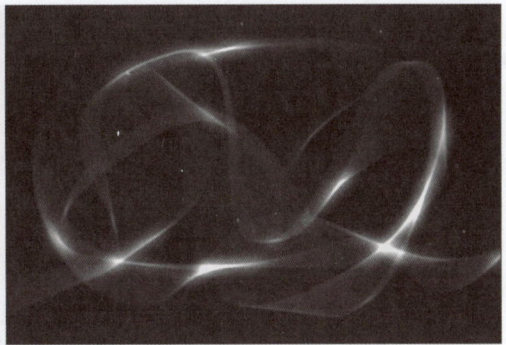

图1-52 添加发光特效

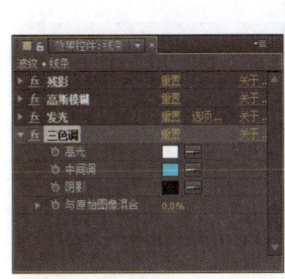

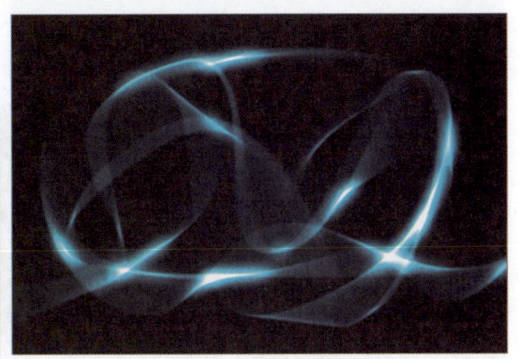

图1-53 为波纹动画添加光色

⑪ 单击项目窗口下面的"新建合成"按钮，新建一个NTSC DV制式的合成项目"波纹荡漾的光线"，设置持续时间为5秒，然后将导入的图像素材加入其中，作为影片的背景图像。

⑫ 选择"横排文字工具"，并输入文字"波纹荡漾"，然后通过"字符"面板设置文字字体为方正粗倩简体，字号为130，填充色为白色，如图1-54所示。

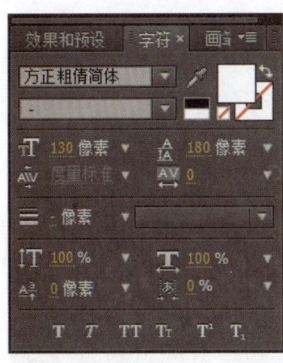

图1-54 编辑文字

⑬ 将项目窗口中的合成"波纹"加入新建合成"波纹荡漾的光线"的时间轴窗口中并置于最上层，为其添加"通道→通道合成器"特效。在"效果控件"面板中单击"自"选项后面的下拉列表并选择"RGB最大值"，在"收件人"下拉列表中选择"Alpha"选项，将"波纹"图层的背景变为透明，只显示出Alpha通道中的光效动画，如图1-55所示。

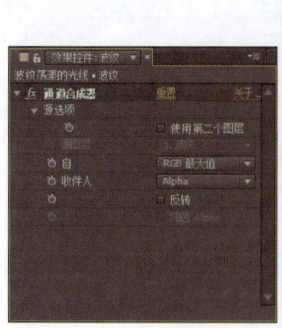

图1-55　合成Alpha通道

⑭ 为"波纹"图层添加"通道→移除颜色遮罩"特效，保持默认的选项设置，使波纹动画中的残影部分可以显示出来，如图1-56所示。

图1-56　显示出残影图像

⑮ 在时间轴窗口中选择文字图层，选择"效果→风格化→CC Glass"命令，在"效果控件"面板中展开特效的Surface（表面）选项组，在Bump Map（凹凸贴图）下拉列表中选择图层"1.波纹"作为文字图层的贴图图层，在Property（属性）下拉列表中选择Blue（蓝色）通道作为贴图应用通道，然后分别设置Softness（柔化）数值为15，Height（高度）为30，Displacement（置换程度）为120，将波纹动画的影像变化作为置换贴图应用到文字图层上，使文字产生与波纹动画同步的变形效果，如图1-57所示。

图1-57　应用CC Glass特效

⑯ 按"Ctrl+S"键保存项目。拖动时间指针或按空格键，播放预览编辑完成的动画效果。

⑰ 在项目窗口中选择编辑完成的影片合成，选择"合成→添加到渲染队列"命令，打开

"渲染队列"窗口，设置好影片渲染格式、保存目录和文件名称，将合成项目输出为影片文件，如图1-58所示。

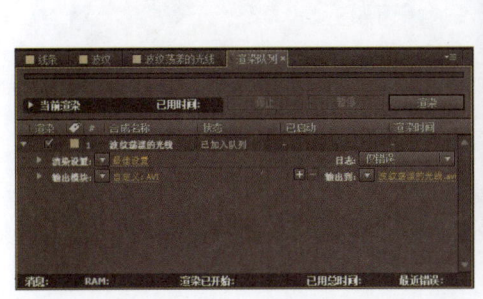

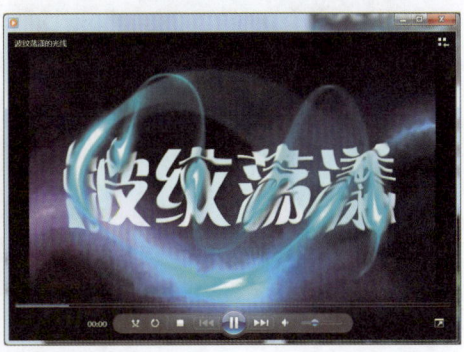

图1-58　将编辑好的合成输出为影片文件

Example 实例 05 浮光流动的文字

素材目录	光盘\实例文件\实例05\Media\
项目文件	光盘\实例文件\实例05\Complete\浮光流动的文字.aep
教学视频	光盘\教学视频\实例05：浮光流动的文字.flv
应用特效	分形杂色、复合模糊、置换图、发光、投影
编辑要点	1. 应用"分形杂色"特效，创建粗糙分形效果的图像变形动画。 2. 通过"复合模糊"特效，将分形图像动画中的像素变化作为文字图像的模糊范围。 3. 通过"置换图"特效，使文字图像在分形动画的基础上生成扭曲变形的动画。 4. 应用"发光"、"投影"效果，增强火焰光效的色彩表现力。

本实例的最终完成效果，如图1-59所示。

图1-59　实例完成效果

01 按"Ctrl＋N"键新建一个NTSC DV的合成，设置合成名称为"浮光背景"，持续时间为5秒。

02 按"Ctrl＋Y"键打开"纯色设置"对话框，新建一个纯色图层"黑色 纯色1"，然后为其添加"效果→杂色与颗粒→分形杂色"特效，在"效果控件"面板中设置"对比度"为250，"溢出"为"剪切"，"复杂度"为3，使图层生成粗糙分形的图像效果，如图1-60所示。

03 在时间轴窗口中选择图层"黑色 纯色1"并按"E"键，展开其效果选项，为特效的"演化"选项创建在开始时0x＋0°、在第4秒15帧时变成3x＋0°的关键帧动画，并为结束关键帧设置缓入动画效果，如图1-61所示。

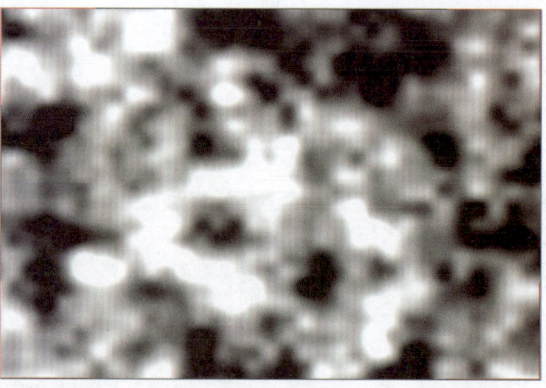

图1-60　设置分形效果

图1-61　编辑关键帧动画

04 按"T"键展开图层"黑色 纯色1"的"不透明度"选项，为其编辑从第4秒到第4秒15帧、不透明度从100%到0%的淡出动画。

05 按"Ctrl+N"键新建一个NTSC DV制式的合成"落日焰火"，设置持续时间为5秒，然后从项目窗口中将编辑好的"浮光背景"合成加入其中，并关闭其显示状态。

06 在项目窗口中的空白处双击鼠标左键并导入为本实例准备的图像素材文件，将其加入到合成"落日焰火"的时间轴窗口中，作为影片的背景画面，如图1-62所示。

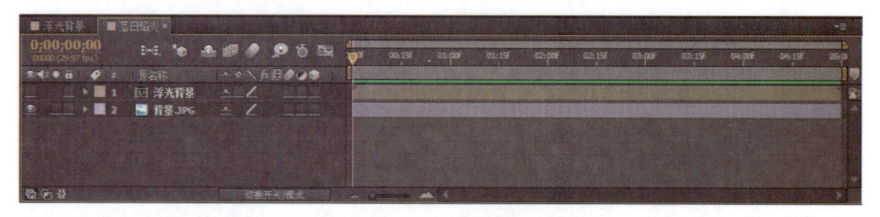

图1-62　加入背景素材

07 选择"横排文字工具"　并输入文字"落日焰火"，然后通过"字符"面板设置文字的显示属性，如图1-63所示。

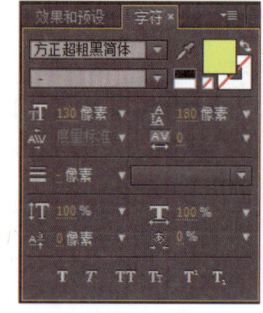

图1-63　编辑文字

08 为文字图层添加"效果→模糊与锐化→复合模糊"特效,设置"模糊图层"为图层2,设置"最大模糊"为30,将图层2中的像素变化作为文字图层的模糊范围,如图1-64所示。

图1-64 应用复合模糊

09 在"效果控件"面板中单击鼠标右键并选择"扭曲→置换图"命令,为文字图层添加该特效。设置"置换图层"为图层2,在"用于水平置换"、"用于垂直置换"下拉列表中都选择"明亮度",设置"最大水平置换"的数值为-30,"最大垂直置换"的数值为80,使文字图层在图层2中粗糙分形动画的基础上生成扭曲变形的动画,如图1-65所示。

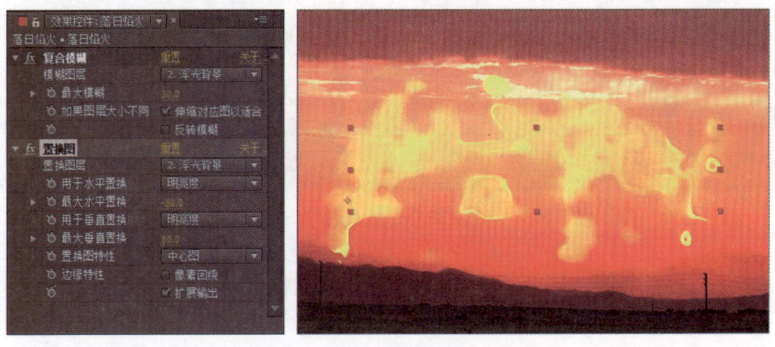

图1-65 设置"置换图"特效

10 在"效果控件"面板中添加"风格化→发光"特效,设置"发光阈值"为20.0%,"发光半径"为60,"发光强度"为2.0,并设置黄色和红色的颜色循环,增强文字变形图像的色彩强度,如图1-66所示。

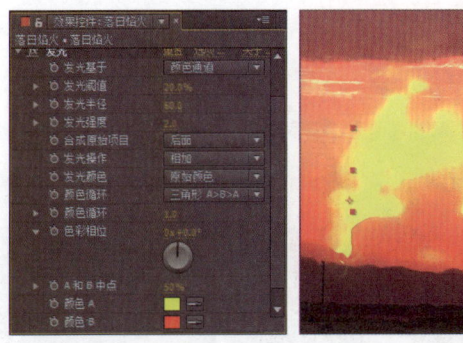

图1-66 应用发光效果

11 在"效果控件"面板中添加"透视→投影"特效,设置"阴影颜色"为红色,"距离"为10,"柔和度"为15,增强文字图像与背景图像之间的对比差异,如图1-67所示。

图1-67　应用投影效果

⑪ 按"Ctrl+S"键保存项目。拖动时间指针或按空格键,播放预览编辑完成的动画效果。

⑫ 在项目窗口中选择编辑完成的影片合成,选择"合成→添加到渲染队列"命令,打开"渲染队列"窗口,设置好影片渲染格式、保存目录和文件名称,将合成项目输出为影片文件,如图1-68所示。

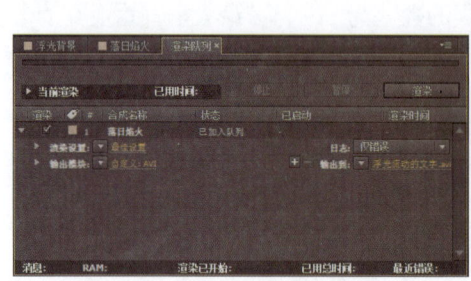

图1-68　将编辑好的合成输出为影片文件

Example 实例 06 动感光栅

素材目录	光盘\实例文件\实例06\Media\
项目文件	光盘\实例文件\实例06\Complete\动感光栅.aep
教学视频	光盘\教学视频\实例06：动感光栅.flv
应用特效	描边、残影、发光
编辑要点	1. 为蒙版路径应用"描边"和"残影"效果,作为创建运动线条拖影的基础。 2. 应用"发光"特效,使创建关键帧动画后,"残影"特效生成的线条发出辉光。

本实例的最终完成效果,如图1-69所示。

图1-69　实例完成效果

① 按"Ctrl+N"键新建一个NTSC DV的合成,设置合成名称为"动感光栅",持续时间为5秒。

02 按"Ctrl+Y"键新建一个纯色图层"黑色 纯色1",选择"钢笔工具",在合成窗口中绘制一条两个端点的路径线段,然后选择"转换顶点工具" ,分别在线段的两个端点上单击,将路径曲线变为直线,如图1-70所示。

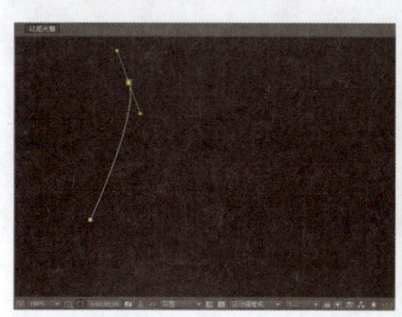

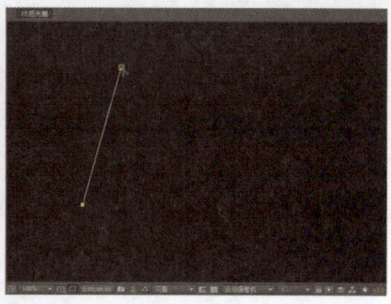

图1-70 绘制直线路径

03 为方便编辑关键帧动画时能够实时查看生成的光栅效果,这里先为素材图层编辑好需要的特效。为纯色图层添加"效果→生成→描边"特效,设置描边颜色为蓝色,"画笔大小"为1,"画笔硬度"为50%,添加"时间→残影"特效,设置"残影数量"为150,如图1-71所示。

04 为纯色图层添加"风格化→发光"特效,设置"发光阈值"为50%,"发光半径"为25,"发光强度"为2.5,如图1-72所示。

图1-71 添加"描边"和"残影"效果　　图1-72 设置"发光"效果

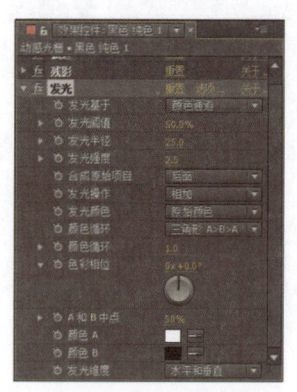

05 按"M"键在时间轴窗口中展开图层"黑色 纯色1"的蒙版选项,按下"蒙版路径"选项前面的"时间变化秒表"按钮,在开始位置创建关键帧,然后将时间指针移动到第1秒15帧的位置,添加一个关键帧并调整路径直线到如图1-73所示。需要将路径上面的端点向下移动,将下面的端点向上移动。

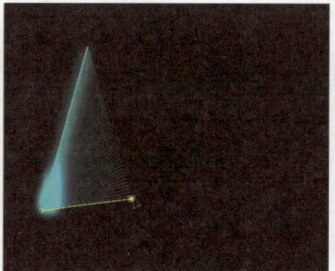

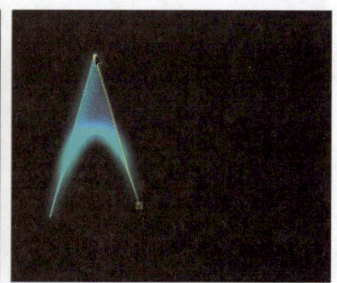

图1-73 开始位置到第1秒15帧的动画

06 在第3秒的位置添加关键帧并调整路径直线的位置和方向，如图1-74所示。

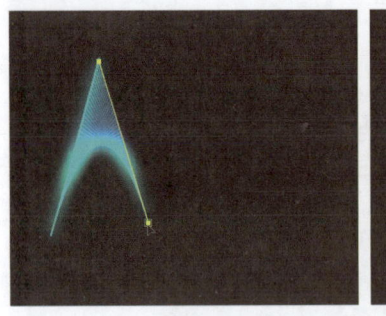

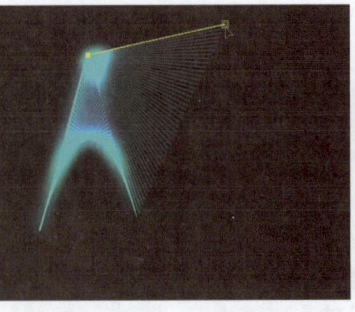

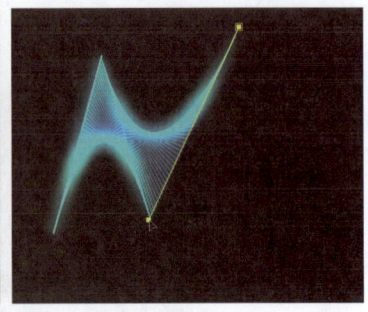

图1-74 调整关键帧上的路径位置和方向

07 在第4秒15帧的位置添加关键帧，调整路径直线的位置和方向，如图1-75所示。

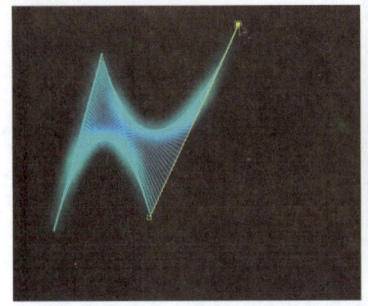

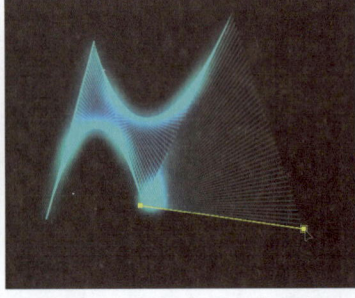

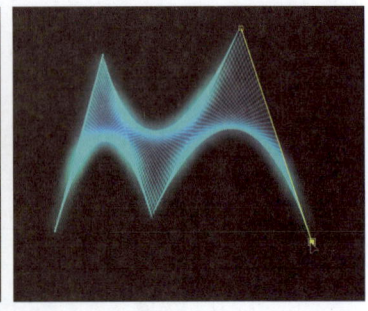

图1-75 调整关键帧上的路径位置和方向

08 在项目窗口中的空白处双击鼠标左键并导入为本实例准备的图像素材文件，将其加入到时间轴窗口中的最下层，作为影片的背景画面。单击 切换开关/模式 按钮，展开"模式"窗格，将图层"黑色 纯色1"的混合模式设置为"相加"，使其黑色背景变为透明，显示出背景画面，如图1-76所示。

09 在合成窗口中，用鼠标将图层"黑色 纯色1"中的光栅图像向左移动适当的距离，如图1-77所示。

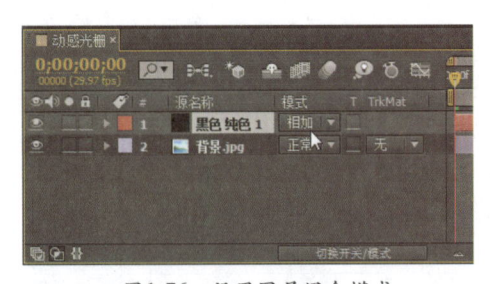

图1-76 设置图层混合模式

图1-77 移动光栅图像

10 选择文字工具输入标题文字"Monsters"，并通过"字符"面板设置字体属性，然后为其添加"发光"和"投影"效果，如图1-78所示。

11 按"T"键展开文字图层的"不透明度"选项，为其创建从第4秒15帧到4秒25帧、不透明度从0%到100%的淡入动画，如图1-79所示。

内置特效篇 第一篇

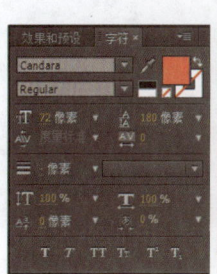

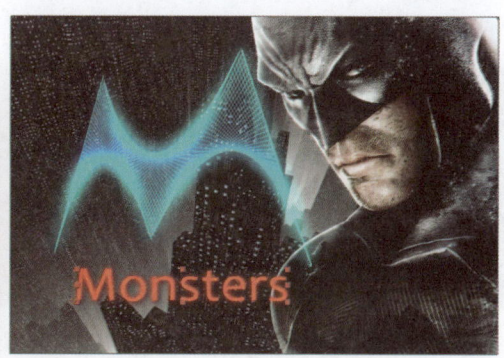

图1-78 编辑标题文字并添加效果

图1-79 编辑标题文字的淡入动画

⑫ 按"Ctrl+S"键保存项目。拖动时间指针或按空格键，播放预览编辑完成的动画效果。

⑬ 在项目窗口中选择编辑完成的影片合成，单击"合成→添加到渲染队列"命令，打开"渲染队列"窗口，设置好影片渲染格式、保存目录和文件名称，将合成项目输出为影片文件，如图1-80所示。

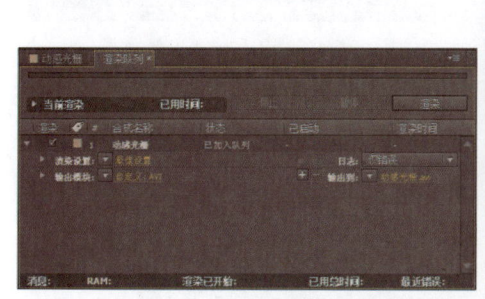

图1-80 将编辑好的合成输出为影片文件

Example 实例 07 星光魔法轮盘

素材目录	光盘\实例文件\实例07\Media\
项目文件	光盘\实例文件\实例07\Complete\星光魔法轮盘.aep
教学视频	光盘\教学视频\实例07：星光魔法轮盘.flv
应用特效	勾画、发光
编辑要点	1. 为绘制的星形蒙版应用"勾画"特效并编辑关键帧动画，得到沿蒙版路径跑光的动画效果。 2. 通过为复制得到的图层修改"勾画"效果参数，得到跑光线前端的亮光效果。 3. 应用"发光"效果，对编辑的跑光动画、星光轮盘动画进行发光效果的加强。

25

After Effects CC

本实例的最终完成效果，如图1-81所示。

图1-81　实例完成效果

01 按"Ctrl＋N"键打开"合成设置"对话框，设置合成名称为"五角星"，在"预设"下拉列表中选择PAL DV，设置"像素长宽比"为"方形像素"，并设置持续时间为6秒，如图1-82所示。

02 按"Ctrl＋Y"键新建一个纯色图层"轮廓"，在工具栏中选择"星形工具"，在合成窗口的纯色图层上绘制一个五星蒙版，然后将其移动到画面的中心，如图1-83所示。

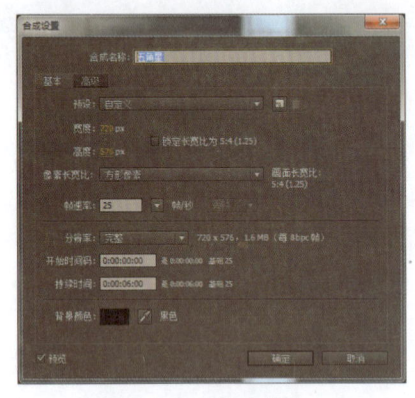

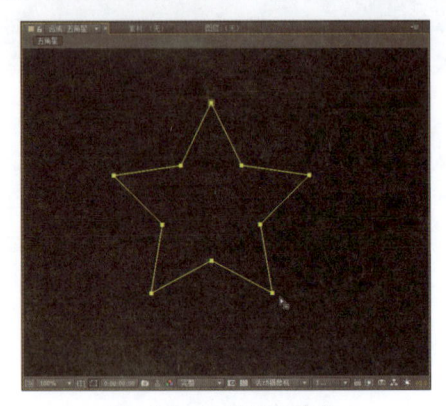

图1-82　新建合成　　　　　　　　图1-83　绘制星形蒙版

03 为图层"轮廓"添加"效果→生成→勾画"特效，在"效果控件"面板中设置"描边"选项为"蒙版/路径"，"片段"为1，"长度"为1。展开"正在渲染"选项组，设置"混合模式"为"透明"，"颜色"为水蓝色，"宽度"为3，"中点不透明度"为－0.3，如图1-84所示。

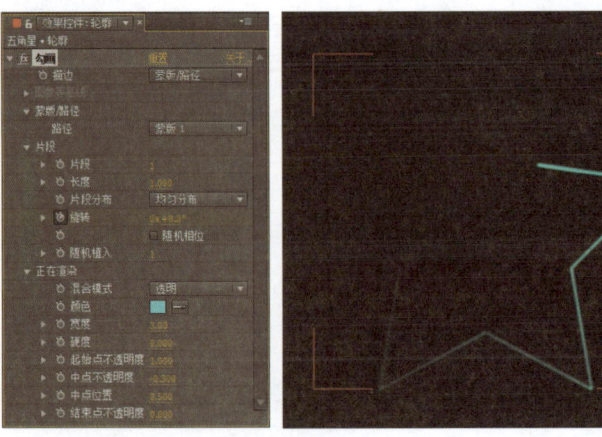

图1-84　为蒙版路径设置描边勾画效果

04 将时间指针定位在开始位置,按下"旋转"选项前面的"时间变化秒表"按钮,然后将时间指针移动到结束位置,设置"旋转"选项的数值为 −2x + 0.0°,为编辑的描边勾画效果编辑逆时针的跑光动画,如图1-85所示。

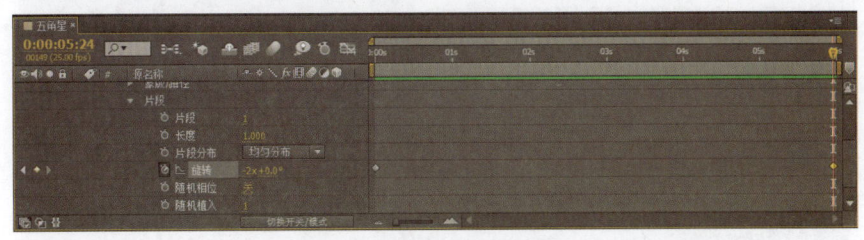

图1-85 编辑关键帧动画

05 制作勾画线头上的亮光效果。选择"轮廓"图层并按"Ctrl + D"键,对其进行复制。在"效果控件"面板中,修改"正在渲染"选项组中的"宽度"为15,"中点不透明度"为 −1,"中点位置"为0.01,得到一个只在描边线头显示的发光点,如图1-86所示。

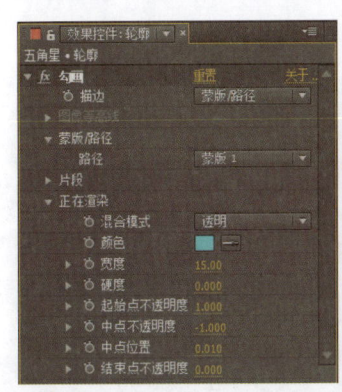

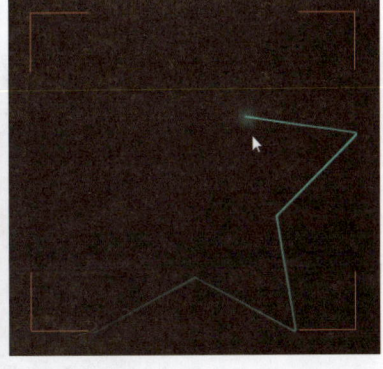

图1-86 修改效果参数

06 为复制得到的"轮廓"图层添加"风格化→发光"特效,保持默认的选项参数,对发光点的亮度进行加强,完成效果如图1-87所示。

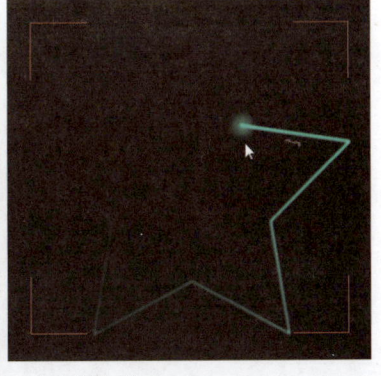

图1-87 应用"发光"效果

07 按"Ctrl + N"键,应用与之前相同的设置,新建一个合成"三星",然后从项目窗口中将编辑好的合成"五角星"加入三次到"三星"的时间轴窗口中。

08 选中三个图层并按"R"键,展开它们的"旋转"选项,分别设置图层2的"旋转"参数值为0x + 120.0°,图层3的"旋转"参数值为0x + 240.0°,使画面中的星形跑光动画产生三向同步效果，如图1-88所示。

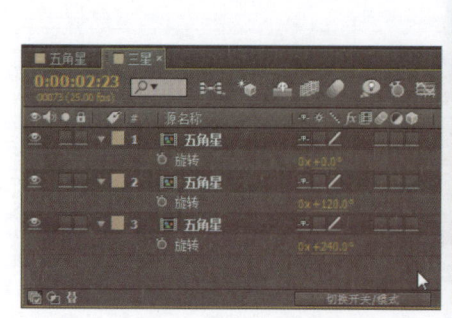

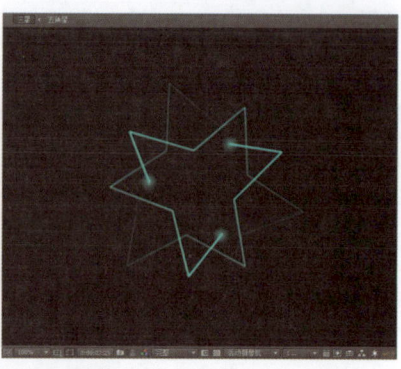

图1-88 设置图层旋转

09 按"Ctrl+Y"键新建一个纯色图层"圆形"，将其移动到时间轴窗口中的下层。在工具栏中选择"椭圆工具"，按住"Shift"键的同时，在新建的纯色图层"圆形"上绘制一个正圆形，调整好圆形蒙版的位置，将星形图像包围在中心，如图1-89所示。

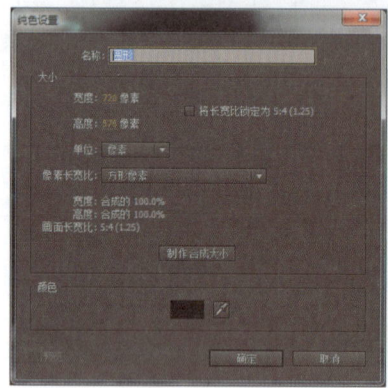

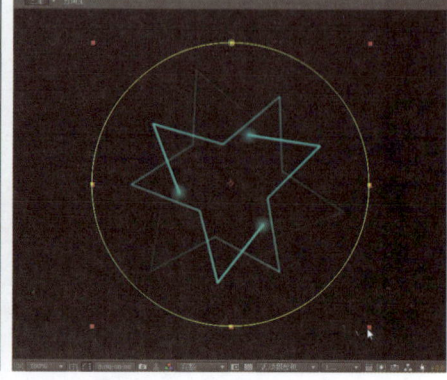

图1-89 新建图层及绘制星形图像

10 打开"五角星"合成的时间轴窗口，选择底层"轮廓"图层，然后在"效果控件"面板中选择"勾画"效果并按"Ctrl+C"键进行复制。回到"三星"合成的时间轴窗口中，选择"圆形"图层，在当前空白的"效果控件"面板中按"Ctrl+V"键进行粘贴，修改"中点不透明度"的数值为0，为其应用相同效果的跑光动画，如图1-90所示。

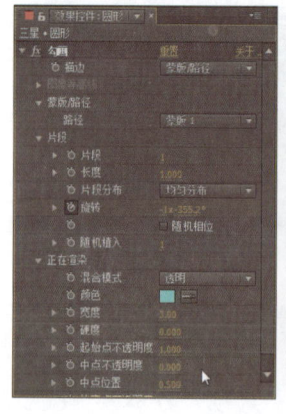

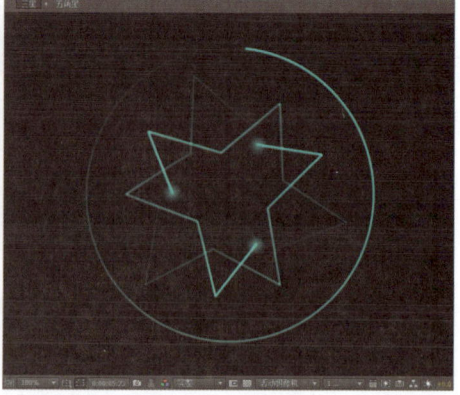

图1-90 为圆形面板编辑跑光效果

⑪ 选择"圆形"图层并按"Ctrl+D"键对其进行复制,然后选择新的图层5并按"M"键,展开其"蒙版"选项,选择"蒙版路径"选项并按"Ctrl+T"键进入缩放编辑状态,在按住"Ctrl+Shift"键的同时,对蒙版路径进行适当的等比放大,如图1-91所示。

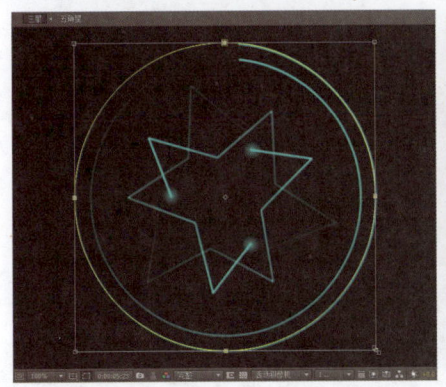

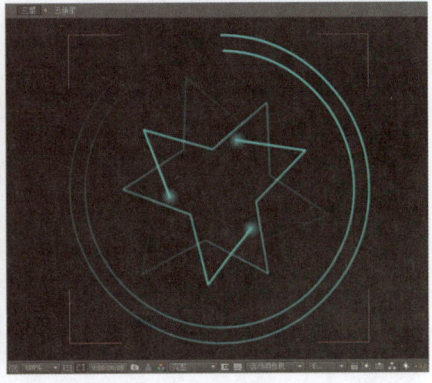

图1-91 等比放大蒙版路径

⑫ 按"E"键展开图层5的"效果"选项,将其"勾画"效果中"旋转"选项开始关键帧的参数值修改为0x+180°,将结束关键帧的参数值修改为-1°X-180°,使图层5中的圆形跑光动画与图层4中的动画相对运动,如图1-92所示。

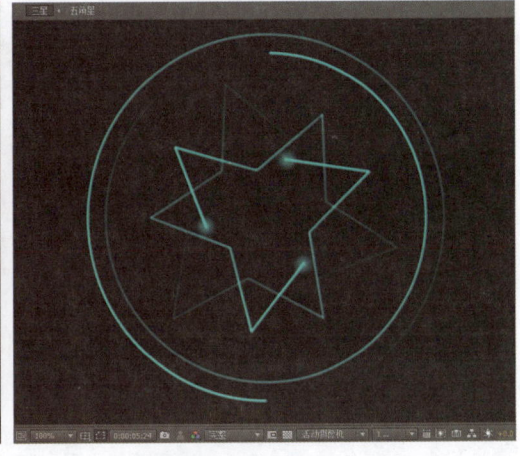

图1-92 调整动画效果

⑬ 在项目窗口中的空白处双击鼠标左键,打开"导入"对话框,选择本实例素材目录中准备的图像素材文件并导入。

⑭ 在图像素材上单击鼠标右键并选择"基于所选项新建合成"命令,以其视频属性创建一个合成,如图1-93所示。

⑮ 将编辑好的合成"三星"加入到新建合成的时间轴的上层,然后为其添加两次"风格化→发光"特效,保持默认的效果参数,对星光的亮度进行增强,如图1-94所示。

⑯ 将"三星"图层转换为3D图层,然后展开其属性选项,调整其位置和旋转角度,如图1-95所示。

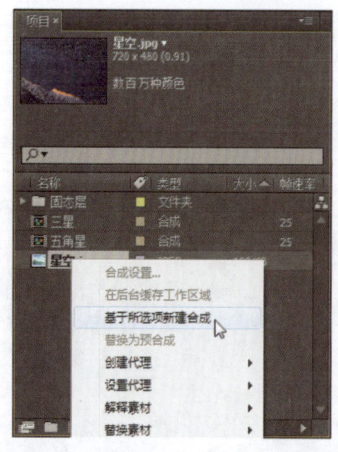

图1-93　基于所选素材新建合成　　　　　图1-94　添加发光效果

图1-95　设置图层的空间位置

❶❼ 按下"位置"选项前面的"时间变化秒表"按钮，为"三星"图层创建从合成开始时在360.0,700.0,800.0的位置，在第5秒时移动到480.0,160.0,500.0的空间位移动画，并为结束关键帧设置缓入动画效果，如图1-96所示。

❶❽ 从项目窗口中选择图像素材，将其加入到当前合成的时间轴窗口中的最上层，然后选择"钢笔工具"，沿图像中山脉的边缘绘制封闭的蒙版，得到图层2中的星光轮盘在天空中飞近时，越过山脉逐渐显示的动画效果，如图1-97所示。

图1-96　编辑空间位移动画　　　　　　　图1-97　绘制蒙版

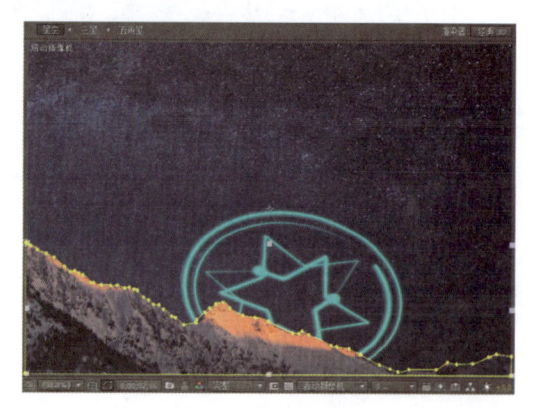

❶❾ 选择时间轴窗口中的"三星"图层并按"Ctrl+D"键，对其进行一次复制。展开复制

得到的新图层的"缩放"和"不透明度"选项，将其适当地放大并降低不透明度，编辑出一个淡影星光效果，如图1-98所示。

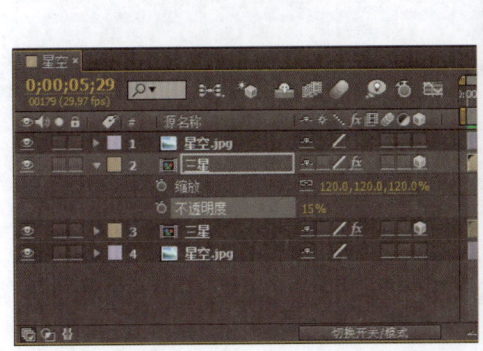

图1-98　编辑淡影效果

20 按"Ctrl+S"键保存项目，拖动时间指针或按空格键，播放预览编辑完成的动画效果。
21 在项目窗口中选择编辑完成的影片合成，单击"合成→添加到渲染队列"命令，打开"渲染队列"窗口，设置好影片渲染格式、保存目录和文件名称，将合成项目输出为影片文件，如图1-99所示。

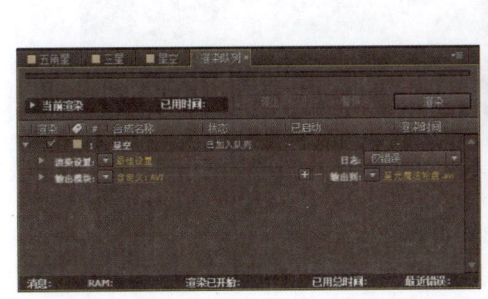

图1-99　将编辑好的合成输出为影片文件

Example 实例 08 飘忽扰动的光线

素材目录	光盘\实例文件\实例08\Media\
项目文件	光盘\实例文件\实例08\Complete\飘忽扰动的光线.aep
教学视频	光盘\教学视频\实例08：飘忽扰动的光线.flv
应用特效	勾画、发光、湍流置换
编辑要点	1. 为绘制的蒙版路径应用"勾画"特效并编辑关键帧动画，得到沿蒙版路径跑光的动画效果。 2. 应用"发光"效果，对编辑的光线线条设置发光颜色并增强发光效果。 3. 通过为复制得到的图层修改"勾画"效果参数，得到跑光线前端的亮光效果。 4. 应用"湍流置换"效果，通过设置选项参数，使运动光线产生紊乱扰动效果。

本实例的最终完成效果，如图1-100所示。

图1-100 实例完成效果

① 在项目窗口中的空白处双击鼠标左键，打开"导入"对话框，选择本实例素材目录中准备的素材文件并导入。

② 按"Ctrl+N"键新建一个NTSC DV的合成"飘忽扰动的光线"，设置合成的持续时间为5秒。

③ 将导入的图像素材按住并拖入空白的时间轴窗口中，按"Ctrl+Y"键新建一个纯色图层"光线"，展开"模式"窗格，设置其图层混合模式为"相加"。

④ 在工具栏中选择"钢笔工具"，在合成窗口中的纯色图层"光线"上绘制一个蒙版路径，如图1-101所示。需要从画面的左侧开始，结束在画面的右侧。

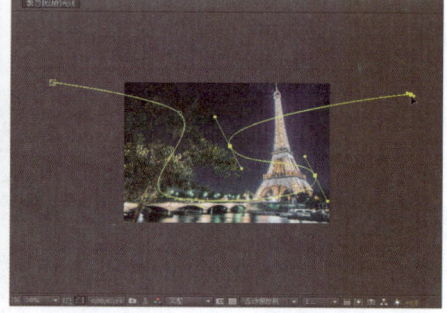

图1-101 绘制蒙版路径

⑤ 为纯色图层"光线"添加"生成→勾画"特效，在"效果控件"面板中设置"描边"选项为"蒙版/路径"，"片段"为1，"长度"为1。展开"正在渲染"选项组，设置"混合模式"为透明，"颜色"为黄色，"宽度"为3，"硬度"为0.5，"中点不透明度"为－1.0，如图1-102所示。

图1-102 设置路径勾画效果

06 将时间指针定位在开始位置，按下"旋转"选项前面的"时间变化秒表"按钮，为勾画光线特效编辑从开始到结束位置，"旋转"选项的数值从0x－35.0°到－1x－45.0°的关键帧动画（具体数值依据所绘制蒙版路径的两个端点与画面边缘的距离决定），并为结束关键帧设置缓入动画效果，为编辑的描边勾画效果编辑出从画面左侧开始进入，运动跑光并飞出画面右侧的动画，如图1-103所示。

图1-103　编辑关键帧动画

07 在"效果控件"面板中单击鼠标右键并选择"风格化→发光"命令，为纯色图层"光线"添加该特效。设置"发光阈值"为20%，"发光半径"为10.0，"发光强度"为2.5。在"发光颜色"下拉列表中选择"A和B颜色"，然后分别设置"颜色A"为橙黄色，"颜色B"为红色，如图1-104所示。

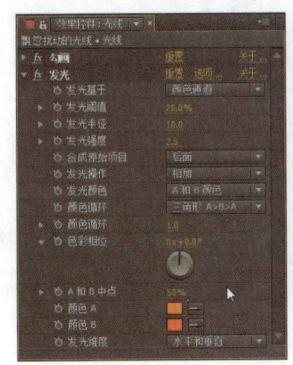

图1-104　设置路径发光效果

08 制作勾画线头上的亮光效果。选择"光线"图层并按"Ctrl＋D"键，对其进行复制。在"效果控件"面板中，修改"正在渲染"选项组中的"宽度"为20，"中点不透明度"为－1，"中点位置"为0.01，并修改两个特效中的效果颜色，得到一个只在描边线头显示的发光点，如图1-105所示。

图1-105　修改效果参数

09 选择编辑好了动画效果的两个纯色图层，按"Ctrl+Shift+C"键打开"预合成"对话框，选择"将所有属性移动到新合成"选项，将选中的图层转换成一个新建的合成，如图1-106所示。

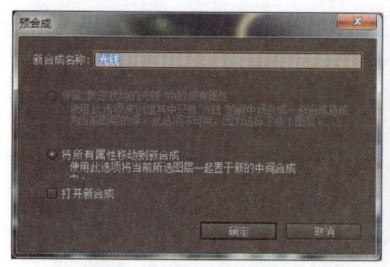

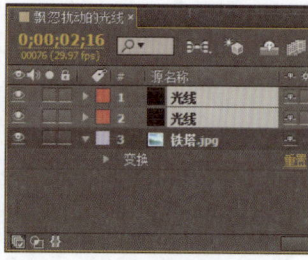

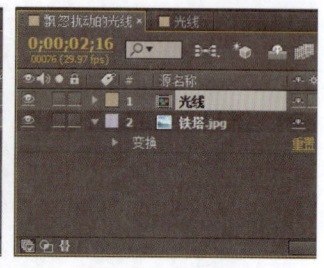

图1-106　将图层转换为合成

10 为新的合成图层添加"扭曲→湍流置换"特效，在"效果控件"面板中设置"数量"为120，"大小"为30，在"消除锯齿"下拉列表中选择"高"，使运动光线产生紊乱扰动的效果，如图1-107所示。

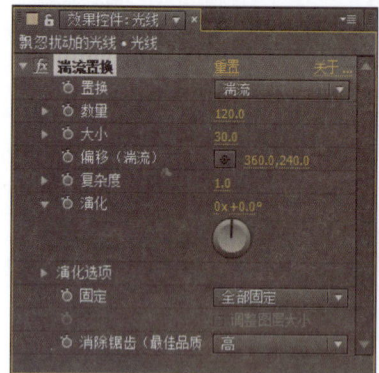

图1-107　添加"湍流置换"特效

11 对合成图层进行两次复制，修改对应选项的参数值，得到另外两条不同扰动效果的运动光线，如图1-108所示。

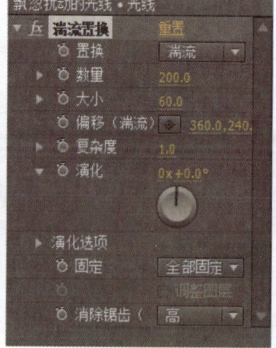

图1-108　复制图层并修改效果参数

12 从项目窗口中选择图像素材，将其加入到当前合成的时间轴窗口中的最上层，然后选择"钢笔工具"，沿图像中铁塔的上半部分绘制封闭的蒙版，得到扰动光线在空中飞近铁塔后，绕到铁塔的后面再飞向天空的动画效果，如图1-109所示。

图1-109 绘制蒙版

⑬ 按"Ctrl+S"键保存项目，拖动时间指针或按空格键，播放预览编辑完成的动画效果。
⑭ 在项目窗口中选择编辑完成的影片合成，单击"合成→添加到渲染队列"命令，打开"渲染队列"窗口，设置好影片渲染格式、保存目录和文件名称，将合成项目输出为影片文件，如图1-110所示。

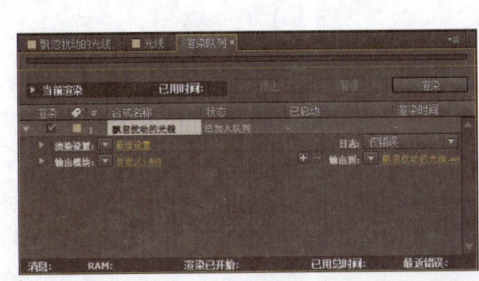

图1-110 将编辑好的合成输出为影片文件

Example 实例 09 漩涡光轮

素材目录	光盘\实例文件\实例09\Media\
项目文件	光盘\实例文件\实例09\Complete\漩涡光轮.aep
教学视频	光盘\教学视频\实例09：漩涡光轮.flv
应用特效	无线电波、旋转扭曲、发光、边角定位
编辑要点	1. 应用"无线电波"特效，在纯色图层上生成星光图形。 2. 应用"旋转扭曲"特效，使星光图形产生漩涡变形效果。 3. 为图形应用发光效果并编辑旋转动画，应用"边角定位"特效扭曲图像，与背景图像合成立体空间效果。

本实例的最终完成效果，如图1-111所示。

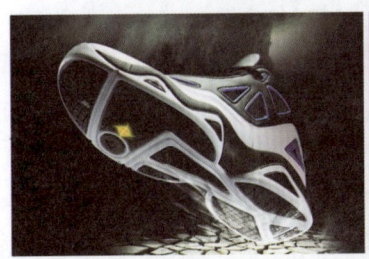

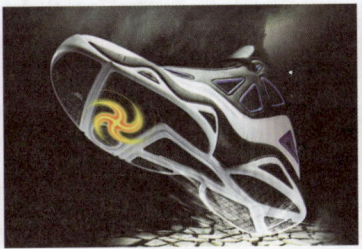

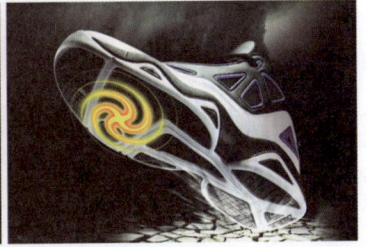

图1-111 实例完成效果

01 按 "Ctrl+N" 键打开 "合成设置" 对话框，设置合成名称为 "光线"，设置画面的宽度和高度都为500像素，设置 "像素长宽比" 为 "方形像素"，并设置持续时间为6秒。

02 按 "Ctrl+Y" 键新建一个纯色图层 "黑色 纯色1"，为其添加 "效果→生成→无线电波" 特效，在 "效果控件" 面板中，设置 "渲染品质" 为5，"波浪类型" 为 "多边形"。在 "多边形" 选项组中，设置边数为4，勾选 "星形" 复选框并设置 "星深度" 为-0.9。在 "波动" 选项组中，设置 "频率" 为10.0，"扩展" 为3.0，"寿命" 为2.0。在 "描边" 选项组中，设置描白色为黄色，"淡出时间" 为1秒。在时间轴窗口中拖动时间指针，可以看见特效所生成的星形由小变大的动画效果，如图1-112所示。

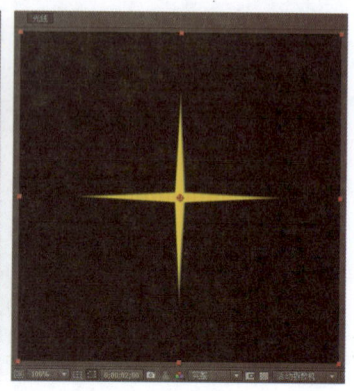

图1-112 应用 "无线电波" 特效

03 为图层 "黑色 纯色1" 添加 "扭曲→旋转扭曲" 特效，在 "效果控件" 面板中设置扭曲 "角度" 为1x+180.0°，"旋转扭曲半径" 为40，如图1-113所示。

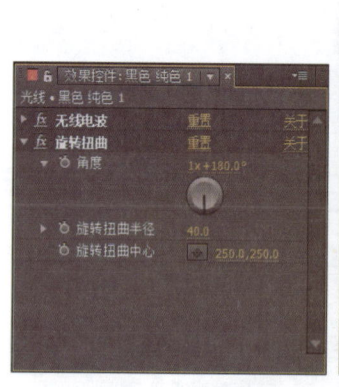

图1-113 设置旋转扭曲效果

04 为图层 "黑色 纯色1" 添加 "风格化→发光" 特效，在 "效果控件" 面板中设置 "发光阈值" 为50%，"发光半径" 为15，"发光强度" 为10。在 "发光颜色" 下拉列表中选择 "A和B颜色"，然后分别设置 "颜色A" 为红色，"颜色B" 为黄色，如图1-114所示。

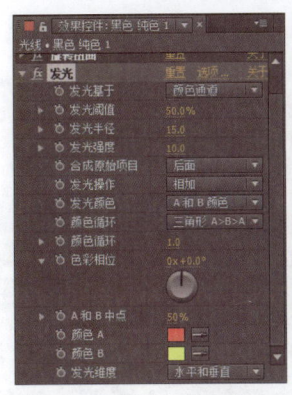

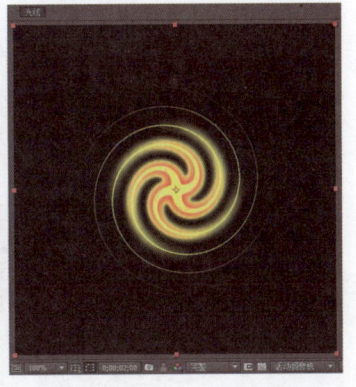

图1-114 设置发光效果

05 按"R"键在时间轴窗口中展开图层的"旋转"选项,为其创建从开始到结束之间旋转两圈的关键帧动画,如图1-115所示。

图1-115 编辑旋转关键帧动画

06 在项目窗口中的空白处双击鼠标左键,打开"导入"对话框,选择本实例素材目录中准备的图像素材文件并导入。

07 在图像素材"篮球鞋"上单击鼠标右键并选择"基于所选项新建合成"命令,以其视频属性创建一个合成,然后将编辑好的合成"光线"加入到时间轴窗口中的上层,如图1-116所示。

图1-116 编排图层

08 为图层1添加"扭曲→边角定位"特效,通过在合成窗口中拖动边角控制点的位置或在"效果控件"面板中设置数值的方法(左上0,0;右上500,0;左下95,330;右下450,420),将漩涡光线动画倾斜扭曲并移动到图像中鞋底的下方,如图1-117所示。

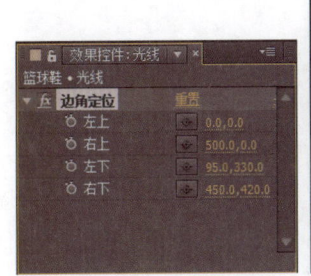

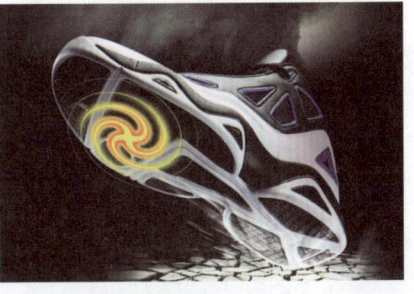

图1-117 设置扭曲效果

09 按"Ctrl+S"键保存项目，拖动时间指针或按空格键，播放预览编辑完成的动画效果。

10 在项目窗口中选择编辑完成的影片合成，单击"合成→添加到渲染队列"命令，打开"渲染队列"窗口，设置好影片渲染格式、保存目录和文件名称，将合成项目输出为影片文件，如图1-118所示。

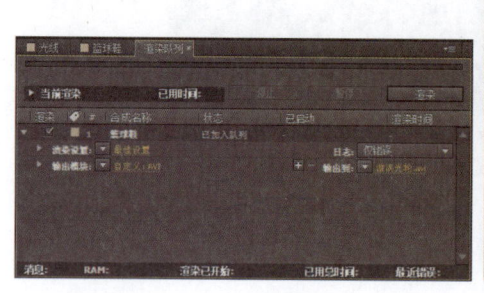

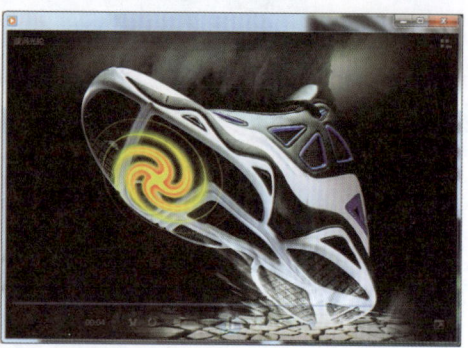

图1-118　将编辑好的合成输出为影片文件

Example 实例 10 放射光芒的文字

素材目录	光盘\实例文件\实例10\Media\
项目文件	光盘\实例文件\实例10\Complete\放射光芒的文字.aep
教学视频	光盘\教学视频\实例10：放射光芒的文字.flv
应用特效	径向模糊、发光
编辑要点	1. 应用"径向模糊"效果并为模糊中心创建关键帧动画，编辑出放射模糊运动的效果。 2. 为放射模糊动画添加发光效果，使放射模糊图像生成放射光芒效果。

本实例的最终完成效果，如图1-119所示。

图1-119　实例完成效果

01 在项目窗口中的空白处双击鼠标左键，打开"导入"对话框，选择本实例素材目录中准备的素材文件并导入。

02 将导入的图像素材按住并拖入空白的时间轴窗口中，应用其视频属性创建合成。按"Ctrl+K"键打开"合成设置"对话框，设置合成名称为"放射光芒的文字"持续时间为5秒。

03 选择"横排文字工具"，输入标题文字"三国名将传"，然后通过"字符"面板设置文字字体为汉仪行楷简，字号为100，填充色为红色，描白色为黄色，如图1-120所示。

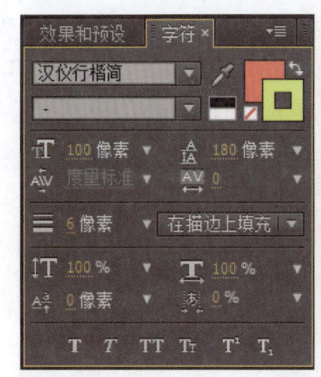

图1-120 编辑文字内容

04 按"Ctrl+D"键对文字图层进行一次复制。为避免对背景图像的误操作,可以暂时先锁定时间轴窗口中的背景图层和原始文字图层,如图1-121所示。

图1-121 复制图层

05 为复制得到的新文字图层添加"模糊和锐化→径向模糊"特效,设置"数量"为300,将模糊的中心点设置在与文字中间齐平的左侧(7.0,341.0),如图1-122所示。

图1-122 设置模糊效果

06 将时间指针定位在合成的开始位置,在"效果控件"面板中为"中心"选项创建关键帧,然后将时间指针移动到结束位置,设置该选项的参数值为710.0,341.0,为模糊效果的中心点创建从左向右运动的关键帧动画,如图1-123所示。

图1-123 编辑关键帧动画

07 在"效果控件"面板中选择"径向模糊"特效并按"Ctrl+D"键,复制出"径向模糊 2"效果,修改其"数量"选项的数值为50,在原来的径向模糊基础上再应用进一步的模糊,消除上一次模糊效果中的颗粒像素问题,如图1-124所示。

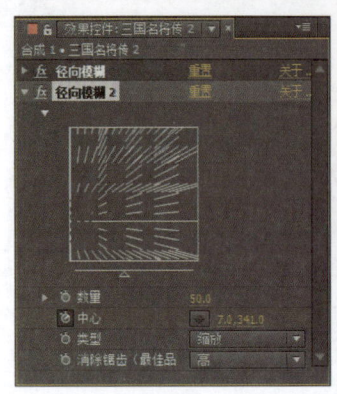

图1-124　复制模糊效果

08 在"效果控件"面板中单击鼠标右键并选择"风格化→发光"特效命令,设置"发光阈值"为50%,"发光半径"为15.0,"发光强度"为1.5,使模糊生成的放射像素产生发光效果,如图1-125所示。

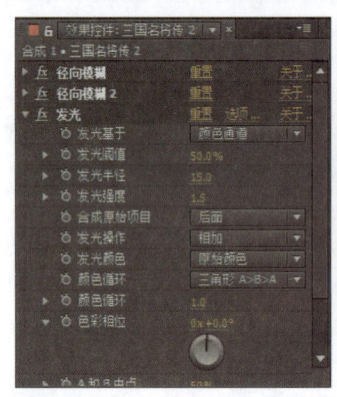

图1-125　应用发光效果

09 在"字符"面板中单击填充色右上方的 按钮,交换文字的填充色和描边色,使生成的放射光芒变成明亮的黄色,如图1-126所示。

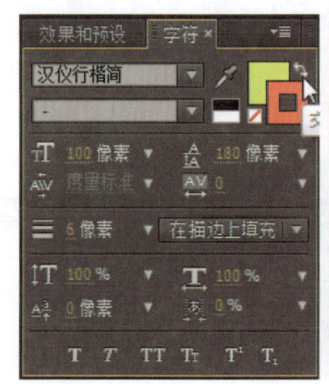

图1-126　交换文字填充色与描边色

⑩ 在时间轴窗口中选择图层1并按"T"键，展开图层的"不透明度"选项，为其编辑在开始的15帧淡入、在结尾的15帧淡出的关键帧动画，如图1-127所示。

图1-127　编辑淡入淡出动画

⑪ 按"Ctrl+S"键保存项目，拖动时间指针或按空格键，播放预览编辑完成的动画效果。

⑫ 在项目窗口中选择编辑完成的影片合成，单击"合成→添加到渲染队列"命令，打开"渲染队列"窗口，设置好影片渲染格式、保存目录和文件名称，将合成项目输出为影片文件，如图1-128所示。

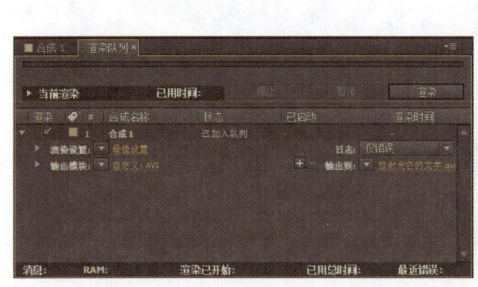

图1-128　将编辑好的合成输出为影片文件

Example 实例 11　穿越星际的光束

素材目录	光盘\实例文件\实例11\Media\
项目文件	光盘\实例文件\实例11\Complete\穿越星际的光束.aep
教学视频	光盘\教学视频\实例11：穿越星际的光束.flv
应用特效	单元格图案、亮度和对比度、快速模糊、发光
编辑要点	1. 应用"单元格图案"特效，通过设置效果参数并编辑关键帧动画，得到方格图案反复随机运动的动画效果。 2. 应用"亮度和对比度"特效，使单元格图案生成清晰的黑白对比效果。 3. 应用"快速模糊"和"发光"特效，使方格图案生成边缘模糊的发光效果。 4. 通过为图层编辑空间运动的关键帧动画，制作随机光束向纵深方向穿越的影片效果。

本实例的最终完成效果，如图1-129所示。

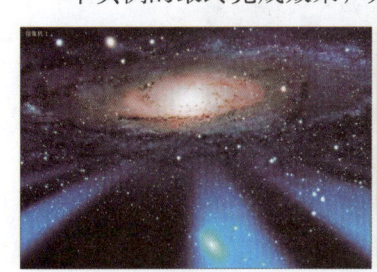

图1-129　实例完成效果

01 在项目窗口中的空白处双击鼠标左键,打开"导入"对话框,选择本实例素材目录中准备的素材文件并导入。

02 将导入的图像素材按住并拖入空白的时间轴窗口中,应用其视频属性创建合成。按"Ctrl+K"键打开"合成设置"对话框,设置合成名称为"穿越星际的光束",持续时间为5秒。

03 按"Ctrl+Y"键新建一个纯色图层"黑色 纯色1",为其添加"效果→生成→单元格图案"特效,打开"效果控件"面板,在"单元格图案"下拉列表中选择"印板",设置"分散"选项的数值为0,"大小"为30,如图1-130所示。

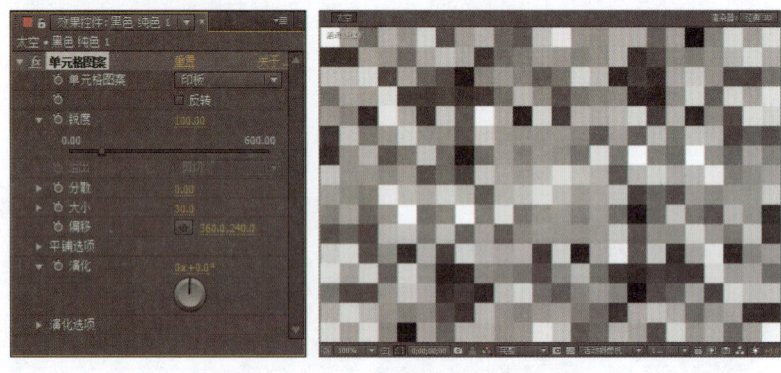

图1-130 应用"单元格图案"特效

04 将时间指针定位在合成的开始位置,为"单元格图案"特效的"演化"选项创建关键帧,然后将时间指针移动到结束位置,设置该选项的参数值为6x+0.0°,为生成的单元格图案创建反复随机运动的关键帧动画,如图1-131所示。

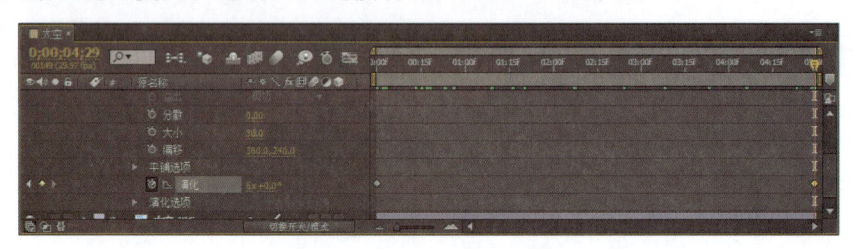

图1-131 编辑关键帧动画

05 为图层"黑色 纯色1"添加"颜色校正→亮度和对比度"特效,设置"亮度"选项的数值为−40,对比度为100,使单元格图案生成清晰的黑白对比效果,如图1-132所示。

图1-132 增强图案的黑白对比

06 为图层"黑色 纯色1"添加"模糊与锐化→快速模糊"特效，设置"模糊度"选项的数值为12，设置"模糊方向"为"水平"，勾选"重复边缘像素"复选框，如图1-133所示。

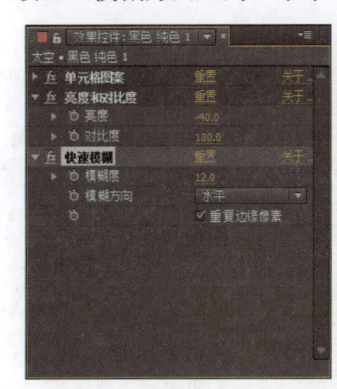

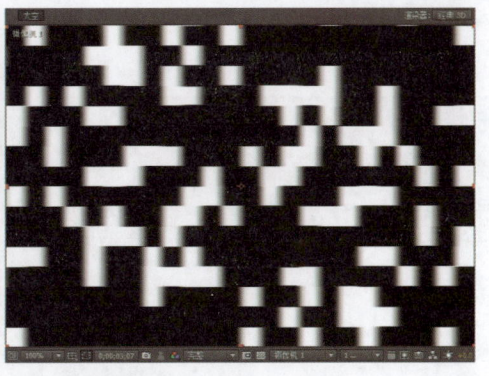

图1-133 设置模糊效果

07 为图层"黑色 纯色1"添加"风格化→发光"特效，设置"发光强度"为5.0，在"发光颜色"下拉列表中选择"A和B颜色"，并分别设置好对应的填充色，如图1-134所示。

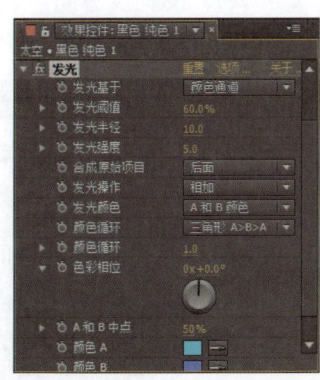

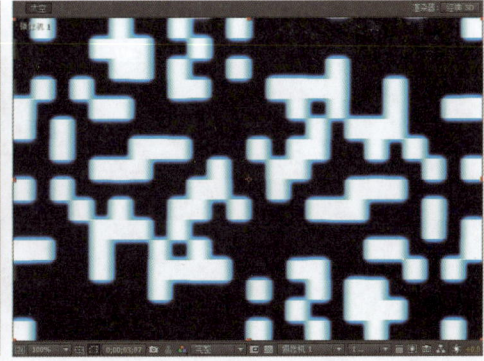

图1-134 设置发光效果

08 单击"图层→新建→摄像机"命令，在打开的"摄像机设置"对话框中，设置"预设"类型为"15毫米"，单击"确定"按钮，新建一个摄像机图层"摄像机1"，如图1-135所示。

09 在时间轴窗口中，将图层"黑色 纯色1"转换为3D图层，然后将合成窗口的视图角度切换为"摄像机1"。在工具栏中选择"矩形工具" ，在图层"黑色 纯色1"中绘制一个覆盖画面左边一半的蒙版，如图1-136所示。

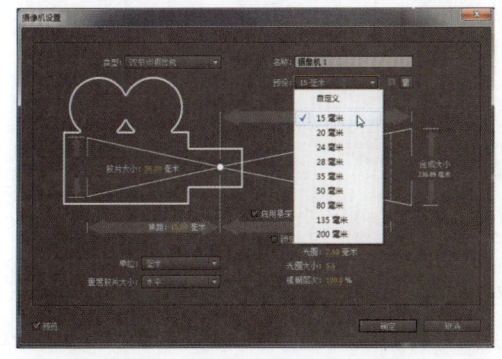

图1-135 新建摄像机图层　　　　图1-136 绘制蒙版

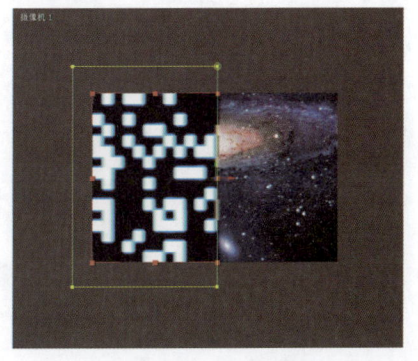

After Effects CC 光效设计

⑩ 按"M"键展开图层"黑色 纯色1"的"蒙版"选项,设置"蒙版羽化"选项的数值为100像素,"蒙版扩展"为300 像素,使扩展蒙版后的图案边缘产生羽化渐变效果,如图1-137所示。

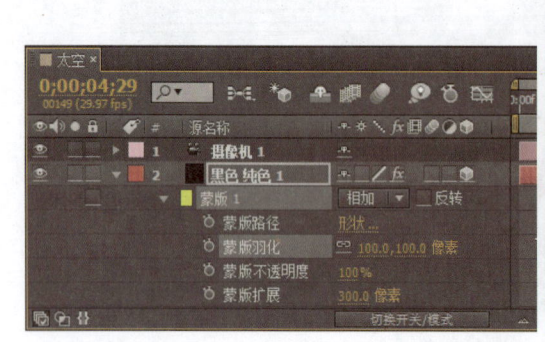

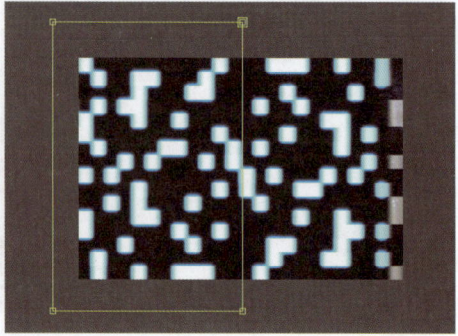

图1-137 设置蒙版羽化与扩展

⑪ 展开图层"黑色 纯色1"的"变换"选项,单击"缩放"选项后面的"约束比例"开关以关闭,然后设置其在X轴方向上的缩放比例为2000%,设置"方向"选项中Z轴方向旋转90.0°,设置"Y轴旋转"为80.0°,如图1-138所示。

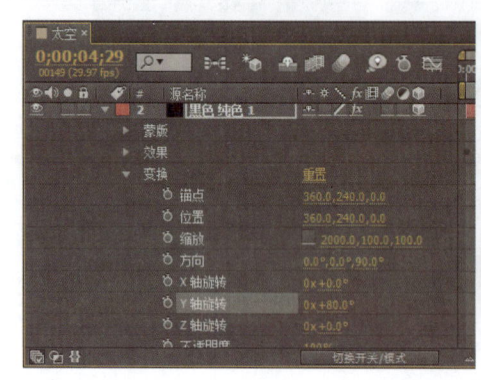

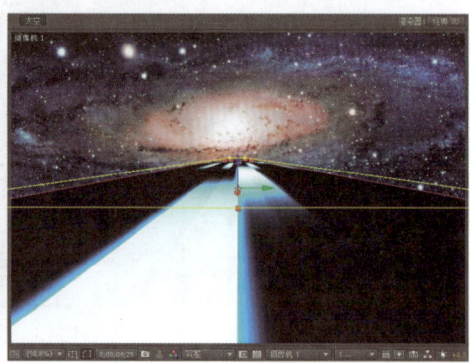

图1-138 设置图层缩放与方向

⑫ 展开"模式"窗格,将图层"黑色 纯色1"的混合模式设置为"相加"。按下"锚点"选项前面的"时间变化秒表"按钮,为其创建关键帧,设置在开始位置其数值为360.0、240.0、0.0,在合成结束位置的数值为700.0、240.0、0.0,为图层的锚点参数创建在纵向方向上的位移动画,如图1-139所示。

图1-139 编辑锚点位移动画

⑬ 按"Ctrl+S"键保存项目，拖动时间指针或按空格键，播放预览编辑完成的动画效果。

⑭ 在项目窗口中选择编辑完成的影片合成，选择"合成→添加到渲染队列"命令，打开"渲染队列"窗口，设置好影片渲染格式、保存目录和文件名称，将合成项目输出为影片文件，如图1-140所示。

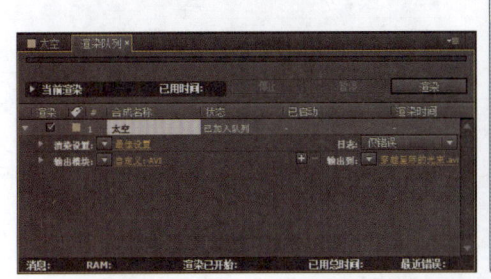

图1-140　将编辑好的合成输出为影片文件

Example 实例 12 光之魔方墙

素材目录	光盘\实例文件\实例12\Media\
项目文件	光盘\实例文件\实例12\Complete\光之魔方墙.aep
教学视频	光盘\教学视频\实例12：光之魔方墙.flv
应用特效	单元格图案、CC Radial Fast Blur、三色调
编辑要点	1. 应用"单元格图案"特效，编辑规则排列的单元格图案。 2. 应用"CC Radial Fast Blur"特效，编辑在单元格上沿白色网格生成放射光线的效果。 3. 应用"三色调"特效，为放射光线添加光色效果。 4. 编辑放射光线中心点和单元格图案的位移关键帧动画，增强放射光线的动感。

本实例的最终完成效果，如图1-141所示。

图1-141　实例完成效果

① 按"Ctrl+N"键打开"合成设置"对话框，新建一个PAL DV视频制式的合成"魔方墙"，设置持续时间为6秒，如图1-142所示。

② 按下"Ctrl+Y"快捷键打开"纯色设置"对话框，将导入的图像素材加入到时间轴窗口中，新建一个纯色图层"魔方墙"，设置任意填充色并单击"确定"按钮，如图1-143所示。

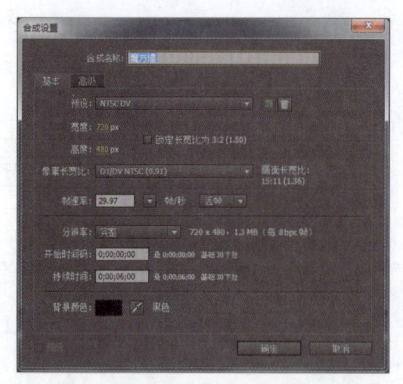

图1-142 新建合成　　　　　　图1-143 新建纯色图层

03 为图层"魔方墙"添加"生成→单元格图案"特效，打开"效果控件"面板，在"单元格图案"下拉列表中选择"枕状"并勾选"反转"复选框，设置"分散"选项的数值为0，"大小"为60，如图1-144所示。

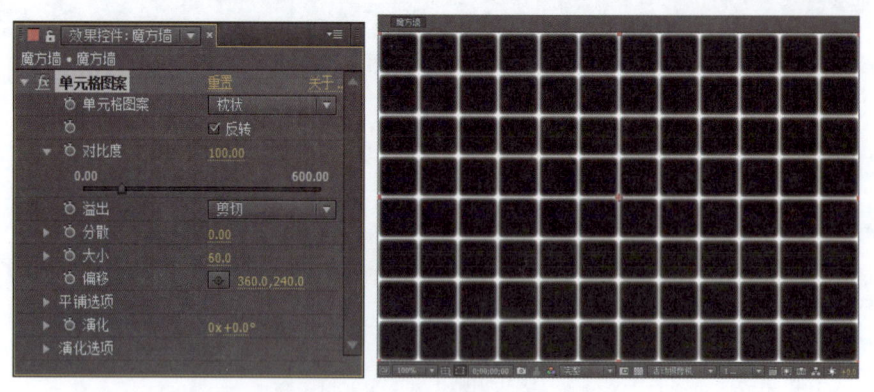

图1-144 应用"单元格图案"特效

04 为图层"魔方墙"添加"模糊和锐化→CC Radial Fast Blur（快速径向模糊）"特效，设置Amount（数值）为100，并在Zoom（缩放）下拉列表中选择Brightest（最亮），在单元格图像上沿白色网格生成放射光线，如图1-145所示。

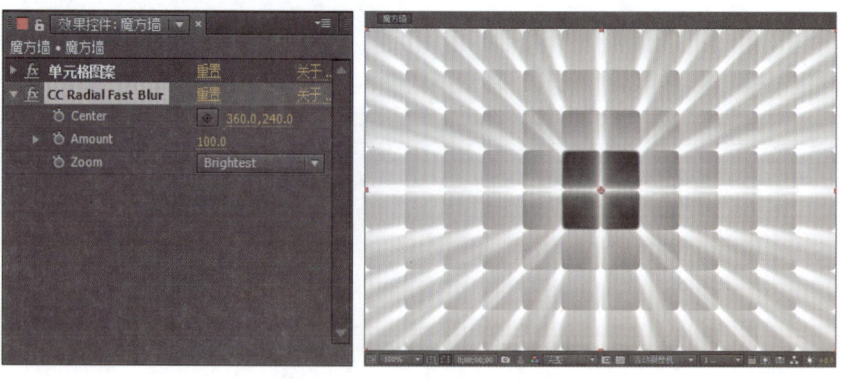

图1-145 添加放射模糊效果

05 在"效果控件"面板中单击鼠标右键并选择"颜色校正→三色调"命令，然后单击"中间调"选项后面的色块，在弹出的拾色器窗口中设置填充色为需要的颜色，为放射光线添加光色效果，如图1-146所示。

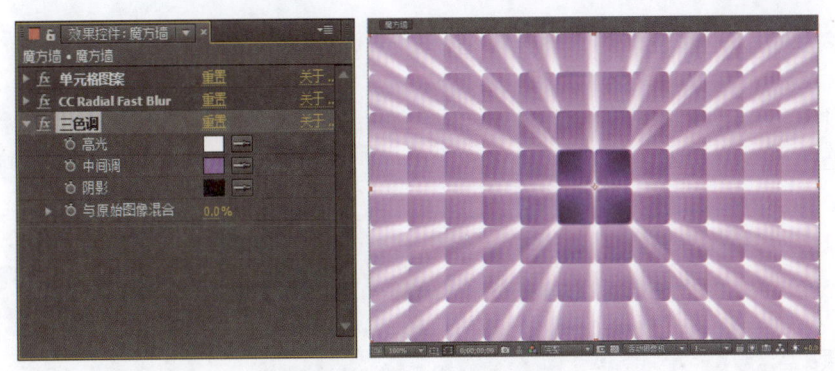

图1-146　为放射光线添加光色

06 在"效果控件"面板中按下CC Radial Fast Blur效果中Center（中心点）选项前面的"时间变化秒表"按钮，为其创建在画面中呈Z字往复运动的关键帧动画，如图1-147所示。

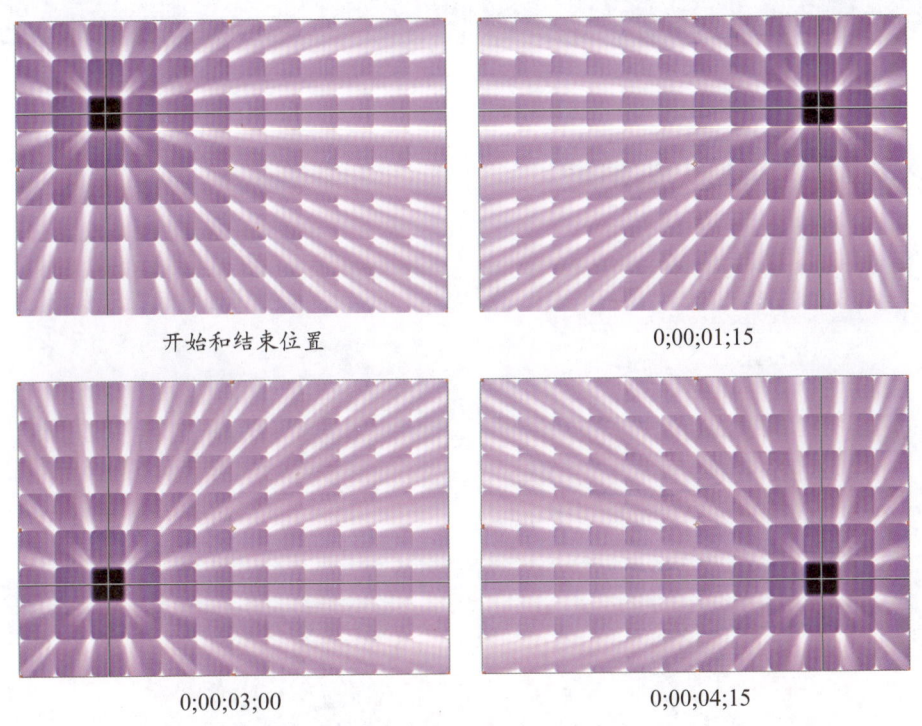

开始和结束位置　　　　　　　　　　0;00;01;15

0;00;03;00　　　　　　　　　　　　0;00;04;15

图1-147　编辑径向模糊中心点的位移动画

07 展开"单元格图案"特效的效果选项，为"偏移"选项创建于画面左侧（0.0,240.0）向右侧（720.0,240.0）移动的关键帧动画，如图1-148所示。

图1-148　编辑关键帧动画

08 按"Ctrl+S"键保存项目，拖动时间指针或按空格键，播放预览编辑完成的动画效果。

09 在项目窗口中选择编辑完成的影片合成，选择"合成→添加到渲染队列"命令，打开"渲染队列"窗口，设置好影片渲染格式、保存目录和文件名称，将合成项目输出为影片文件，如图1-149所示。

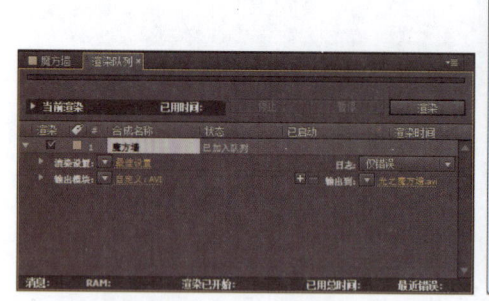

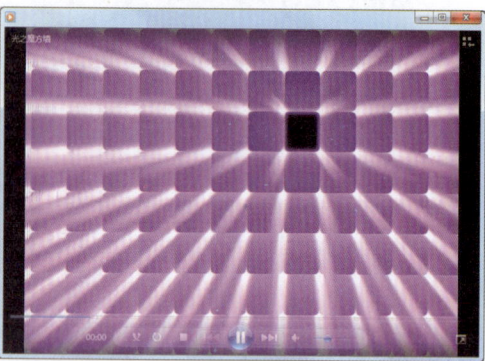

图1-149　将编辑好的合成输出为影片文件

Example 实例 13 火焰魔球

素材目录	光盘\实例文件\实例13\Media\
项目文件	光盘\实例文件\实例13\Complete\火焰魔球.aep
教学视频	光盘\教学视频\实例13：火焰魔球.flv
应用特效	发光、CC Sphere、湍流置换
编辑要点	1. 配合使用"发光"、"CC Sphere"特效，编辑出火红球体的旋转动画。 2. 应用"湍流置换"特效，通过设置参数和编辑关键帧动画，编辑出火球下层的火焰飞舞动画效果。

本实例的最终完成效果，如图1-150所示。

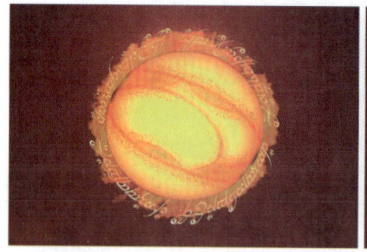

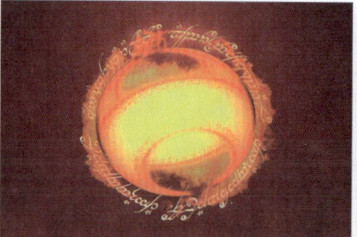

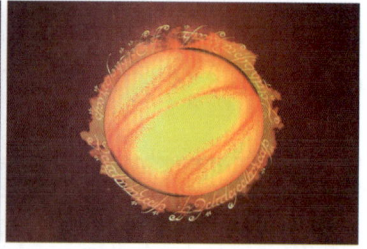

图1-150　实例完成效果

01 在项目窗口中的空白处双击鼠标左键，打开"导入"对话框，选择本实例素材目录中准备的素材文件并导入。

02 按"Ctrl+N"键打开"合成设置"对话框，新建一个NTSC DV视频制式的合成"蒙版"，设置持续时间为5秒，如图1-151所示。

03 按"Ctrl+Y"键打开"纯色设置"对话框，新建一个纯色图层"白色 纯色1"，设置填充色为白色并单击"确定"按钮，如图1-152所示。

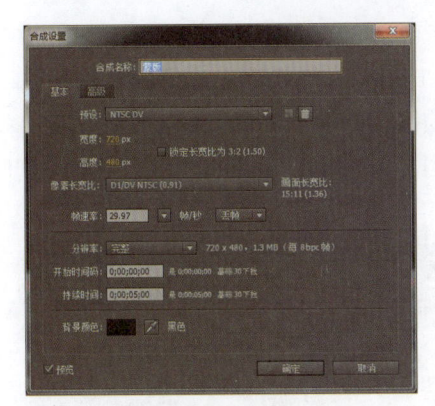

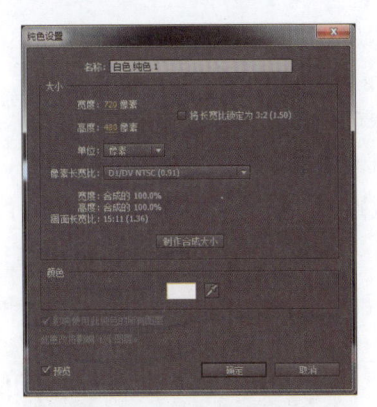

图1-151　新建合成　　　　　　　图1-152　新建纯色图层

04 选择"钢笔工具",在合成窗口中绘制一个蒙版路径,在时间轴窗口中展开图层的"蒙版"选项,设置"蒙版羽化"为30像素,如图1-153所示。

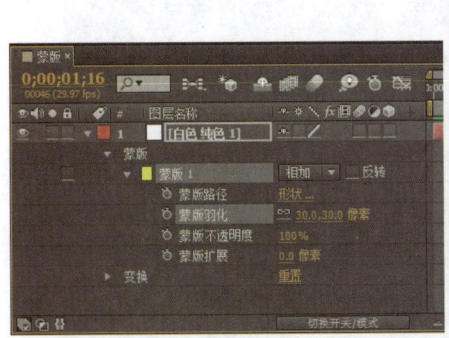

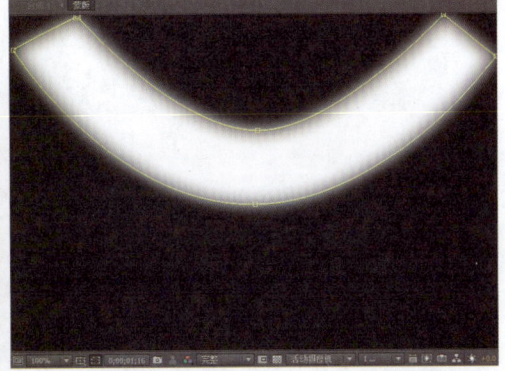

图1-153　绘制蒙版并设置蒙版羽化

05 在项目窗口中的图像素材上单击鼠标右键并选择"基于所选项新建合成"命令,新建一个合成,将编辑好的"蒙版"合成加入到新合成的时间轴窗口中的上层。

06 为图层1添加"风格化→发光"效果,在"效果控件"蒙版中设置"发光阈值"的数值为15%,"发光半径"50.0,"发光强度"为2.0。在"发光操作"下拉列表中选择"溶解",在"发光颜色"下拉列表中选择"A和B颜色",然后设置"颜色循环"的数值为2.5,并分别设置好对应的发光颜色,如图1-154所示。

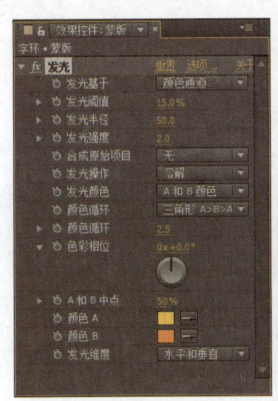

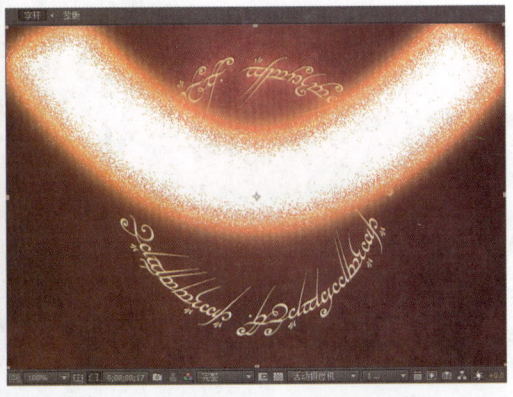

图1-154　添加发光效果

07 为图层1添加"透视→CC Sphere（球体）"特效，设置Radius（半径）为150像素，Light Intensity（灯光强度）为700，Light Height（灯光高度）为100，Light Color（灯光颜色）为橙色。在Shading（阴影）选项组中，设置Ambient（数量）为12，Diffuse（扩散）为40，并勾选Transparency Falloff（透明度衰减）复选框，将图层中的图像转换成贴图在球体上的效果，如图1-155所示。

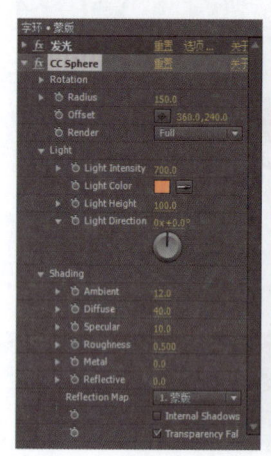

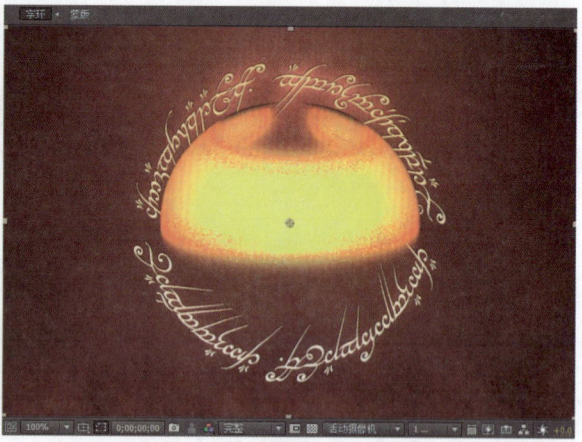

图1-155　设置CC Sphere效果

08 展开CC Sphere特效的Rotation（旋转）选项组，设置X和Z轴的旋转角度为18°，然后为Rotation Y（Y轴旋转）选项编辑从开始到结束旋转5圈的关键帧动画，如图1-156所示。

图1-156　设置Y轴旋转动画

09 对"蒙版"图层进行一次复制，然后按"R"键展开其"旋转"选项，为其设置180°的旋转，使画面中的两个图层组合成一个球体形状，如图1-157所示。

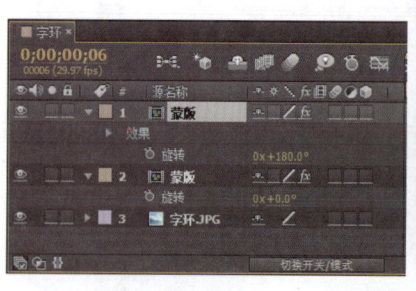

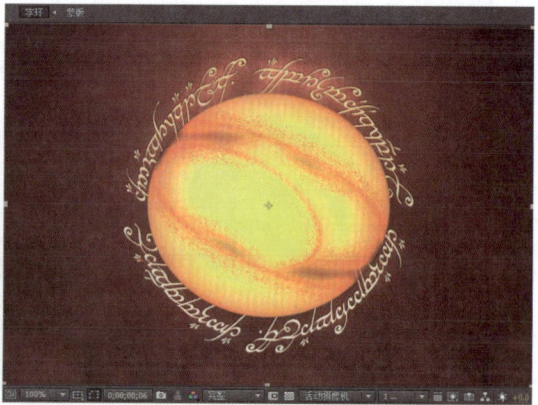

图1-157　复制图层并设置旋转

⑩ 选中两个"蒙版"图层并按"Ctrl+Shift+C"键,在弹出的对话框中将新合成命名为"球体",选择"将所有属性移动到新合成"选项,单击"确定"按钮,如图1-158所示。

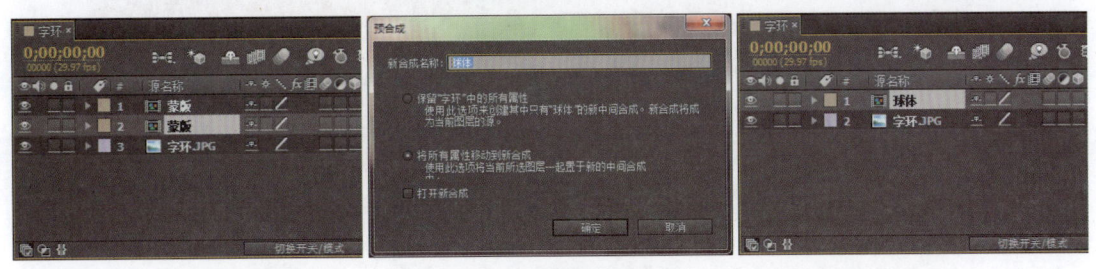

图1-158 转换图层为合成

⑪ 对转换后生成的图层"球体"进行一次复制,然后暂时隐藏处于上层的图层1。为图层2添加"扭曲→湍流置换"特效,设置"置换"选项为"凸出","数量"为60,"大小"为15,"复杂度"为5.0,然后为"演化"选项创建从开始到结束旋转3圈的关键帧动画,如图1-159所示。

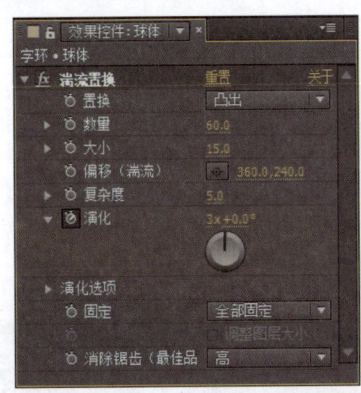

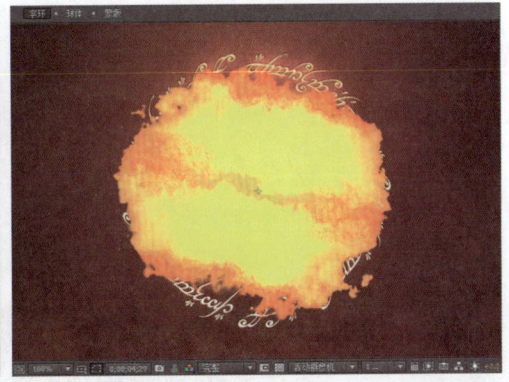

图1-159 设置湍流置换扭曲效果

⑫ 恢复图层1的显示状态,选择图层2并分别按"R"键、"Shift+T"键、"Shift+S"键,展开图层的"旋转"、"缩放"和"不透明度"选项,设置"不透明度"选项的数值为60%,"缩放"为120%,然后为图层创建从开始到结束旋转1圈的关键帧动画,如图1-160所示。

图1-160 编辑关键帧动画

⑬ 按"Ctrl+S"键保存项目,拖动时间指针或按空格键,播放预览编辑完成的动画效果。

⑭ 在项目窗口中选择编辑完成的影片合成,选择"合成→添加到渲染队列"命令,打开"渲染队列"窗口,设置好影片渲染格式、保存目录和文件名称,将合成项目输出为影片文件,如图1-161所示。

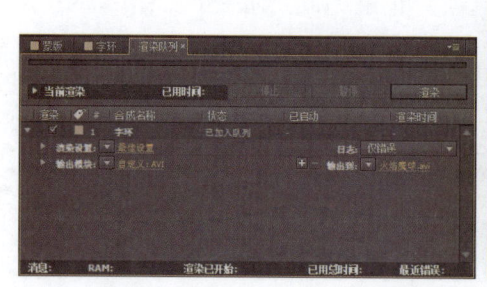

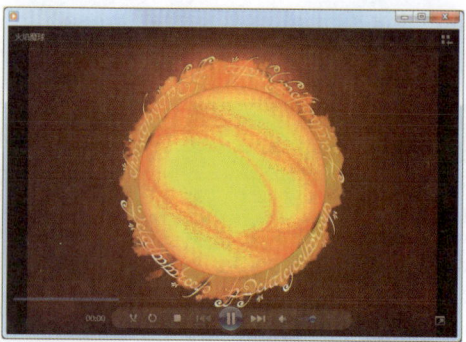

中文版 After Effects CC 光效设计

图1-161　将编辑好的合成输出为影片文件

Example 实例 14 行星光环

素材目录	光盘\实例文件\实例14\Media\
项目文件	光盘\实例文件\实例14\Complete\行星光环.aep
教学视频	光盘\教学视频\实例14：行星光环.flv
应用特效	分形杂色、色阶、发光、贝塞尔曲线变形
编辑要点	1. 应用"分形杂色"特效，编辑出水平方向上的线条纹理效果。 2. 应用"色阶"特效，增强图案中黑白像素的对比度。 3. 应用"发光"效果，为图案增添辉光效果并赋予发光颜色。 4. 应用"贝塞尔曲线变形"特效，将纯色图层扭曲变形成星球光环的弧形形状。

本实例的最终完成效果，如图1-162所示。

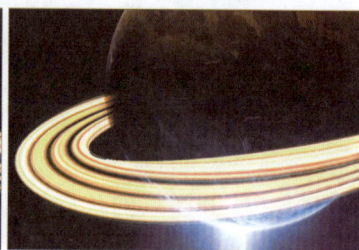

图1-162　实例完成效果

01 在项目窗口中的空白处双击鼠标左键，打开"导入"对话框，选择本实例素材目录中准备的素材文件并导入。

02 将导入的图像素材按住并拖入空白的时间轴窗口中，应用其视频属性创建合成。按"Ctrl+K"键打开"合成设置"对话框，设置合成名称为"行星光环"，持续时间为5秒。

03 按"Ctrl+Y"键打开"纯色设置"对话框，新建一个纯色图层"光环"，设置填充色为白色，单击"确定"按钮。

04 选择纯色图层"光环"并选择"效果→杂色与颗粒→分形杂色"命令，为其添加该特效。在"效果控件"面板中，设置"亮度"为-50.0，"溢出"为"反绕"，"复杂度"为10.0。展开"变换"选项组，取消对"统一缩放"复选框的选择后，设置"缩放宽度"为10000，如图1-163所示。

52

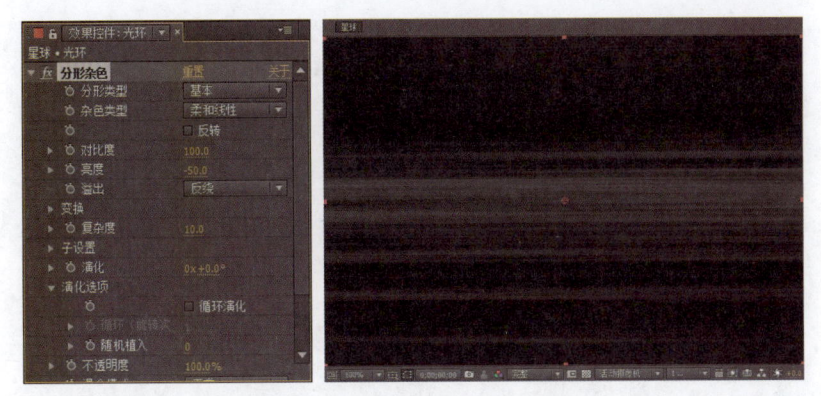

图1-163　添加特效并设置参数

05 在"效果控件"面板中单击鼠标右键并选择"颜色校正→色阶"命令，然后将其"输入白色"的数值设置为50，"输出黑色"设置为-20，增强图像效果中的黑白对比，如图1-164所示。

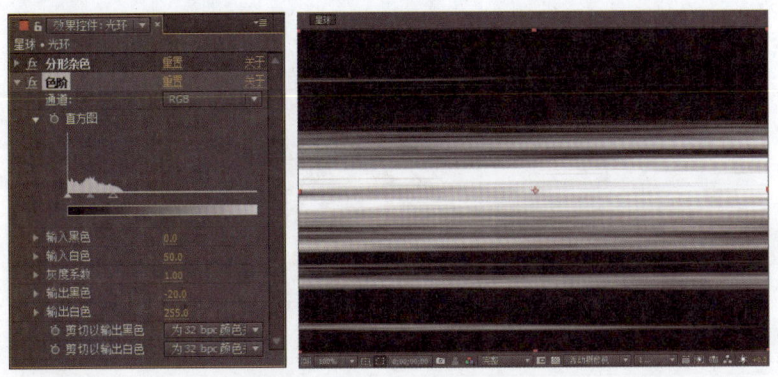

图1-164　设置色阶调整效果

06 为纯色图层"光环"添加"风格化→发光"效果，设置"发光阈值"为30%，"发光半径"为20，"发光强度"为2.0。在"发光颜色"下拉列表中选择"A和B颜色"，然后分别设置"颜色A"为红色，"颜色B"为黄色，如图1-165所示。

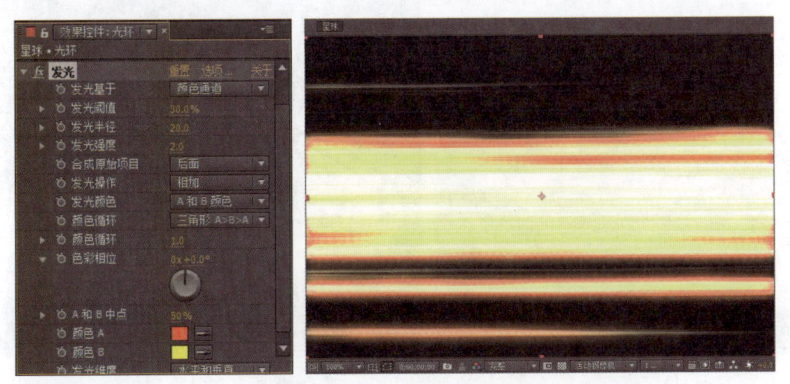

图1-165　设置发光效果

07 为纯色图层"光环"添加"扭曲→贝塞尔曲线变形"效果，然后在合成窗口中调整顶点的位置，并拖动切点控制柄调整曲线形状，将纯色图层扭曲成弧形状态，如图1-166所示。

图1-166 调整图层形状

08 展开"分形杂色"效果的设置选项,为"演化"选项创建从开始到结束旋转一圈的关键帧动画,使编辑的星球光环图像产生旋转的动画效果,如图1-167所示。

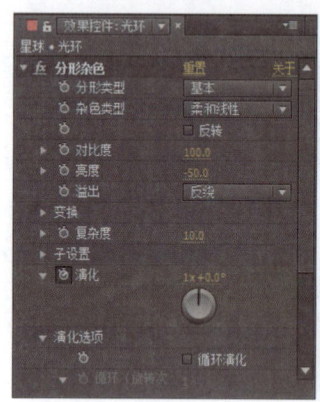

图1-167 为特效编辑关键帧动画

09 在时间轴窗口中展开"模式"窗格,将纯色图层"光环"的混合模式设置为"屏幕",使图像中的黑色像素变为透明,显示出下层图像,如图1-168所示。

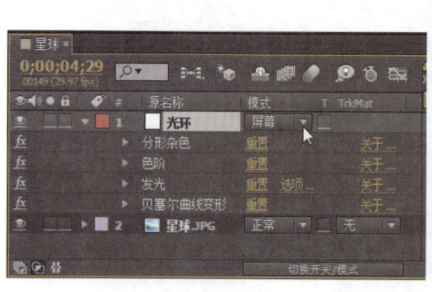

图1-168 设置图层混合模式

10 按"Ctrl+S"键保存项目,拖动时间指针或按空格键,播放预览编辑完成的动画效果。

11 在项目窗口中选择编辑完成的影片合成,选择"合成→添加到渲染队列"命令,打开

"渲染队列"窗口，设置好影片渲染格式、保存目录和文件名称，将合成项目输出为影片文件，如图1-169所示。

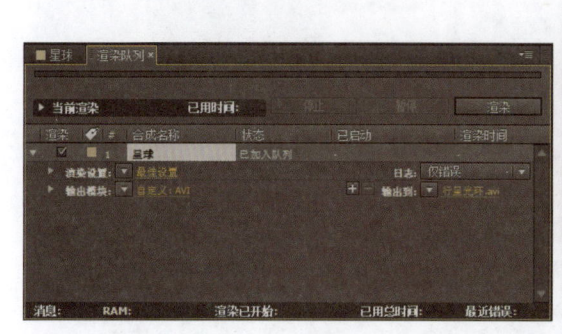

图1-169 将编辑好的合成输出为影片文件

Example 实例 15 迷宫魅影

素材目录	光盘\实例文件\实例15\Media\
项目文件	光盘\实例文件\实例15\Complete\迷宫魅影.aep
教学视频	光盘\教学视频\实例15：迷宫魅影.flv
应用特效	勾画、发光
编辑要点	1. 创建文字图层并复制，分别设置不同文字图层的不同文本属性。 2. 创建纯色图层并添加"勾画"特效，创建描边动画效果。 3. 为描边动画添加"发光"效果，生成运动的光线动画。 4. 复制编辑好光线动画的图层并修改各图层的特效参数设置，生成新的光线动画。

本实例的最终完成效果，如图1-170所示。

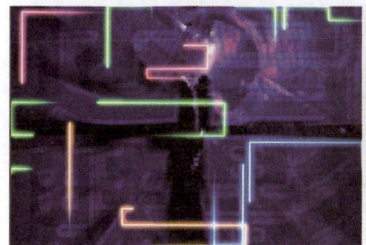

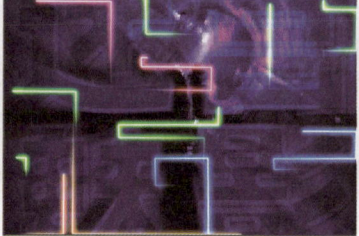

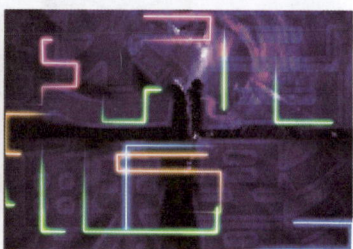

图1-170 实例完成效果

01 在项目窗口中的空白处双击鼠标左键，打开"导入"对话框，选择本实例素材目录中准备的素材文件并导入。

02 将导入的图像素材按住并拖入空白的时间轴窗口中，应用其视频属性创建合成。按"Ctrl+K"键打开"合成设置"对话框，设置合成名称为"迷宫魅影"，持续时间为5秒。

03 在工具栏中选择文字输入工具，在合成窗口中输入文字"AE"，然后通过"字符"面板设置文字的字体为D3 Mouldism Alphabet，字号为240，如图1-171所示。

04 选择文字图层并按4次"Ctrl+D"键，对其进行复制，得到5个文字图层，如图1-172所示。

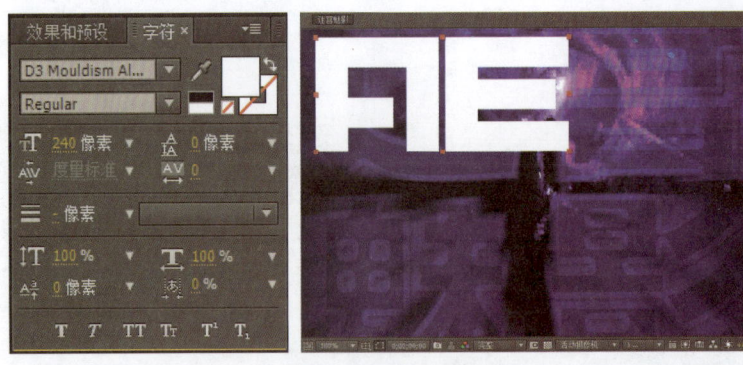

After Effects CC 光效设计

图1-171 输入文字

图1-172 复制文字图层

05 选择图层"AE 2",在"字符"面板中修改其字号大小为280,并将其移动到画面的右下方(250.0,480.0)。为方便与其他文字图层相区别,可以为其设置一个填充色,如图1-173所示。

图1-173 修改文字显示属性

06 选择图层"AE 3",修改其字号大小为340,并将其移动到(-130.0,445.0)的位置。

07 选择图层"AE 4",修改其字号大小为420,并将其移动到(200.0,225.0)的位置。

08 选择图层"AE 5",修改其字号大小为520,并将其移动到(-220.0,520.0)的位置,完成效果如图1-174所示。

09 在时间轴窗口中关闭5个文字图层的显示状态。按"Ctrl+Y"键打开"纯色设置"对话框,新建一个纯色图层"光线",设置填充色为黑色,单击"确定"按钮。

10 在时间轴窗口中,将新建纯色图层"光线"的混合模式设置为"相加",为其添加"生成→勾画"特效,打开"效果控件"面板并展开"图像等高线"选项组,在"输入图层"下拉列表中选择图层"AE"作为其勾画图层。设置"片段"为1,"长度"为0.3,勾选"随机相位"复选框并设置"随机植入"的数值为5,然后设置填充色为白色，如图1-175所示。

图1-174 修改文字字号大小和位置

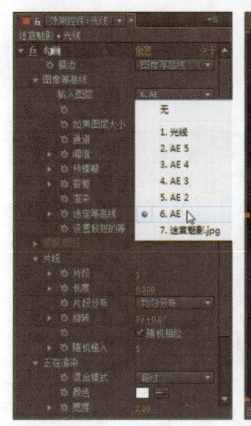

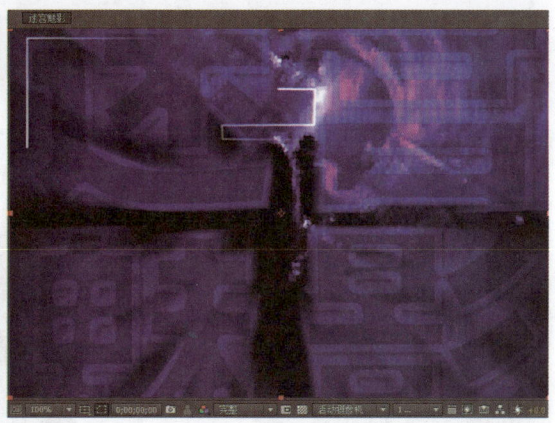

图1-175 设置"勾画"效果参数

⑪ 为"勾画"效果的"旋转"选项创建从开始到结束旋转一圈的关键帧动画，使生成的勾画光线产生沿指定文字图层轮廓旋转的动画效果。

⑫ 为纯色图层"光线"添加"风格化→发光"效果，设置"发光阈值"为15%，"发光半径"为12，"发光强度"为2.0。在"发光颜色"下拉列表中选择"A和B颜色"，然后分别设置"颜色A"为紫色，"颜色B"为红色，如图1-176所示。

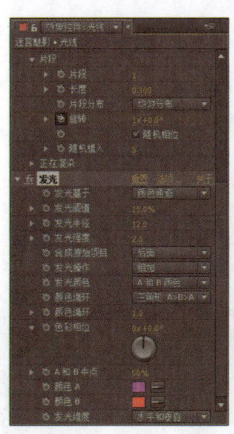

图1-176 添加发光效果

⑬ 选择纯色图层"光线"并按4次"Ctrl+D"键，对其进行复制，得到5个纯色图层，如图1-177所示。

图1-177 复制"光线"图层

⑭ 选择图层2，在"效果控件"面板中展开其"勾画"效果，在"输入图层"下拉列表中选择图层"AE 2"作为其勾画图层，然后修改"随机植入"选项的数值为6，如图1-178所示。

⑮ 在"效果控件"面板中展开图层2的"发光"效果，修改填充色为深蓝色和浅蓝色，如图1-179所示。

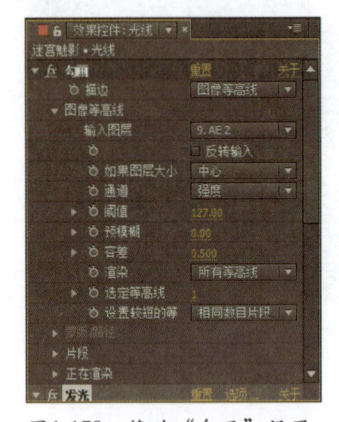

图1-178 修改"勾画"设置　　　　图1-179 修改"发光"设置

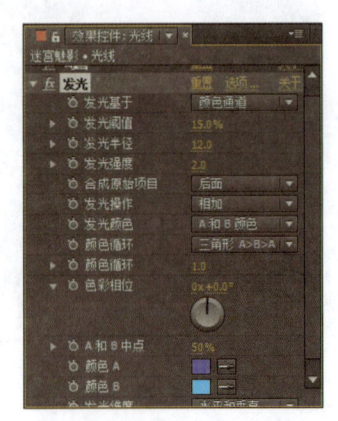

⑯ 选择图层3，为其"勾画"效果的"输入图层"选项指定图层"AE 3"作为其勾画图层，修改"随机植入"选项的数值为7，修改"发光"效果中的填充色为绿色和水蓝色。

⑰ 选择图层4，为其"勾画"效果的"输入图层"选项指定图层"AE 4"作为其勾画图层，修改"随机植入"选项的数值为8，修改"发光"效果中的填充色为黄色和绿色。

⑱ 选择图层5，为其"勾画"效果的"输入图层"选项指定图层"AE 5"作为其勾画图层，修改"随机植入"选项的数值为9，修改"发光"效果中的填充色为红色和黄色，完成效果，如图1-180所示。

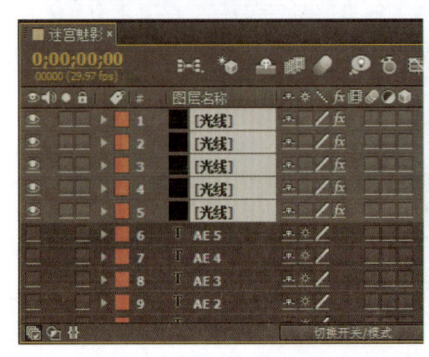

图1-180 分别为各"光线"图层修改效果参数

⑲ 在时间轴窗口中选中所有的文字图层和"光线"图层并按"Ctrl+Shift+C"键,在打开的"预合成"对话框中将新合成命名为"光线组",选择"将所有属性移动到新合成"选项并单击"确定"按钮,将这些图层创建为一个新的合成"光线组",如图1-181所示。

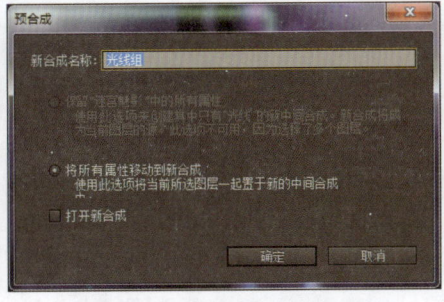

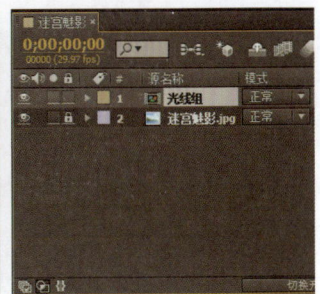

图1-181 将图层转换为合成

⑳ 将在时间轴窗口中转换后得到的新合成"光线组"的图层混合模式设置为"相加",然后按"Ctrl+D"键对其进行一次复制,增强画面中光线的发光强度,如图1-182所示。

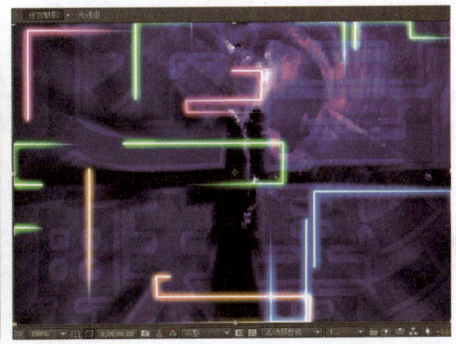

图1-182 复制图层

㉑ 按"Ctrl+S"键保存项目,拖动时间指针或按空格键,播放预览编辑完成的动画效果。

㉒ 在项目窗口中选择编辑完成的影片合成,选择"合成→添加到渲染队列"命令,打开"渲染队列"窗口,设置好影片渲染格式、保存目录和文件名称,将合成项目输出为影片文件,如图1-183所示。

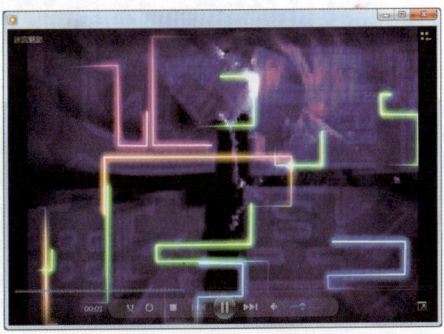

图1-183 将编辑好的合成输出为影片文件

After Effects CC 光效设计

Example 实例 16 流光溢彩的视界

素材目录	光盘\实例文件\实例16\Media\
项目文件	光盘\实例文件\实例16\Complete\流光溢彩的视界.aep
教学视频	光盘\教学视频\实例16：流光溢彩的视界.flv
应用特效	分形杂色、色相/饱和度、贝塞尔曲线变形、发光
编辑要点	1. 应用"分形杂色"特效，编辑出水平方向上的线条纹理效果。 2. 应用"色相/饱和度"特效，为线条纹理着色并编辑变色动画。 3. 应用"发光"效果，为图案增添辉光效果。 4. 应用"贝塞尔曲线变形"特效，对纯色光线图层进行变形扭曲。

本实例的最终完成效果，如图1-184所示。

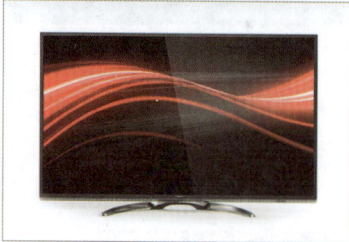

图1-184　实例完成效果

01 在项目窗口中的空白处双击鼠标左键，打开"导入"对话框，选择本实例素材目录中准备的素材文件并导入。

02 将导入的图像素材按住并拖入空白的时间轴窗口中，应用其视频属性创建合成。按"Ctrl+K"键打开"合成设置"对话框，将合成名称设置为"流光溢彩的视界"，持续时间设置为5秒。

03 按"Ctrl+Y"键打开"纯色设置"对话框，新建一个纯色图层"光线"，设置填充色为白色，单击"确定"按钮。

04 选择纯色图层"光线"并选择"效果→杂色与颗粒→分形杂色"命令，为其添加该特效。在"效果控件"面板中，设置"对比度"为500，"亮度"为-90.0，"溢出"为"剪切"；展开"变换"选项组，取消对"统一缩放"复选框的选择后，设置"缩放宽度"为4000，如图1-185所示。

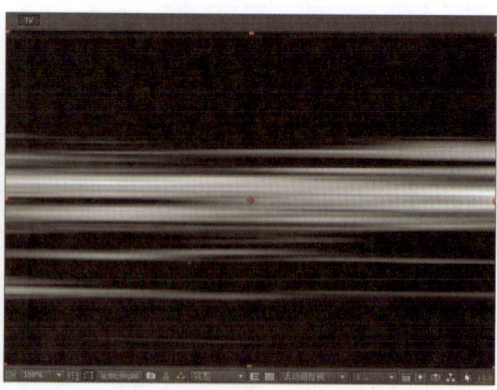

图1-185　添加特效并设置参数

05 在"效果控件"面板中单击鼠标右键并选择"颜色校正→色相/饱和度"命令,勾选"彩色化"复选框后,设置"着色饱和度"为100,然后为"着色色相"选项创建在开始时0x+0.0°、在结束时变成0x+330.0°的变色关键帧动画,如图1-186所示。

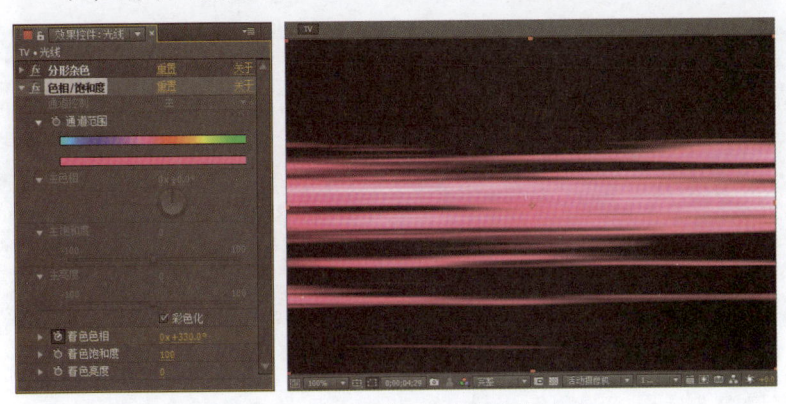

图1-186 为图像着色并编辑变色动画

06 为纯色图层"光线"添加"扭曲→贝塞尔曲线变形"效果,设置"品质"为10。在合成窗口中调整顶点的位置,并拖动切点控制柄调整曲线形状,将纯色图层"光线"扭曲成如图1-187所示状态。

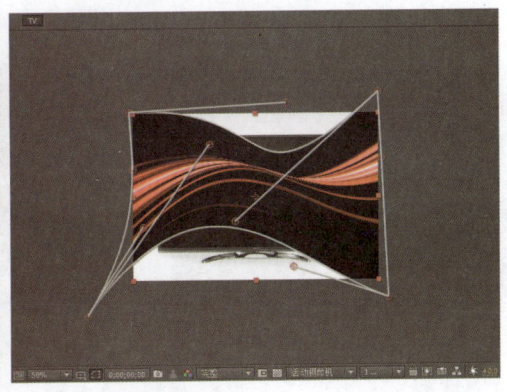

图1-187 调整图层形状

07 为纯色图层"光线"添加"风格化→发光"效果,设置"发光半径"为50,"发光强度"为1.5。保持其他选项的默认设置,为"光线"添加发光效果,如图1-188所示。

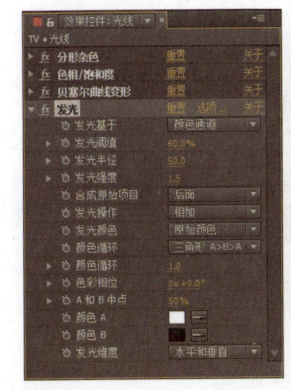

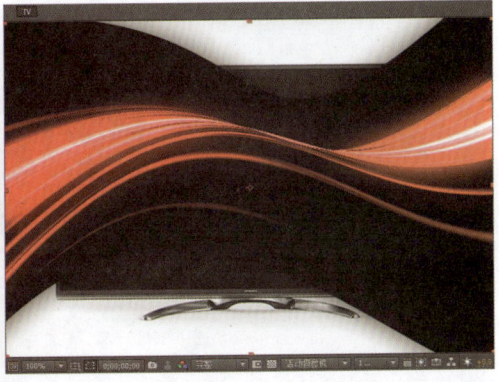

图1-188 设置发光效果

08 在时间轴窗口中,将纯色图层"光线"的图层混合模式设置为"相加",然后按"E"键展开图层上的特效选项,为"分形杂色"特效的"演化"选项创建在开始时0x+0.0°、在结束时变成1x+0.0°的关键帧动画,如图1-189所示。

图1-189 编辑光线变换动画效果

09 在项目窗口中选择导入的图像素材并将其加入到时间轴窗口中的上层。选择"矩形工具",沿图像中电视机的屏幕范围绘制一个蒙版,然后在时间轴窗口中勾选蒙版选项中的"反转"复选框,使下层图像只显示出蒙版范围中的部分,如图1-190所示。

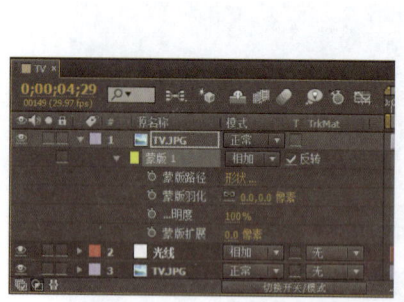

图1-190 绘制蒙版

10 在工具栏中选择"横排文字工具" T 并输入标题文字"卓越视界 流光溢彩",然后通过"字符"面板设置文字字体为方正粗倩简体、字号为80,填充色为蓝色,如图1-191所示。

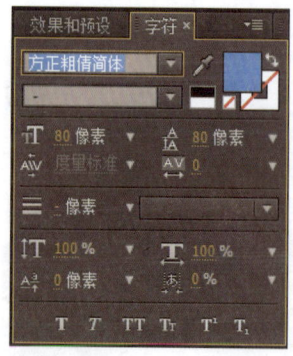

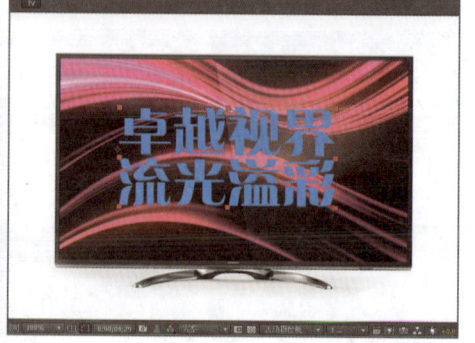

图1-191 编辑文字

11 在时间轴窗口中,将文字图层"光线"的图层混合模式设置为"相加"。按"A"键展开图层的"锚点"选项,将锚点位置移动到文字的中间(162.0,0.0)。再按"Shift+S"、"Shift+T"键,展开图层的"缩放"和"不透明度"选项,为文字编辑逐渐放大并淡入显现的关键帧动画,并为缩放动画的结束关键帧设置缓入效果,如图1-192所示。

		00:00:03:00	00:00:04:15		
⏱	缩放	70%	100%		
⏱	不透明度	0%	100%		

图1-192 编辑关键帧动画

⑫ 按"Ctrl+S"键保存项目,拖动时间指针或按空格键,播放预览编辑完成的动画效果。

⑬ 在项目窗口中选择编辑完成的影片合成,选择"合成→添加到渲染队列"命令,打开"渲染队列"窗口,设置好影片渲染格式、保存目录和文件名称,将合成项目输出为影片文件,如图1-193所示。

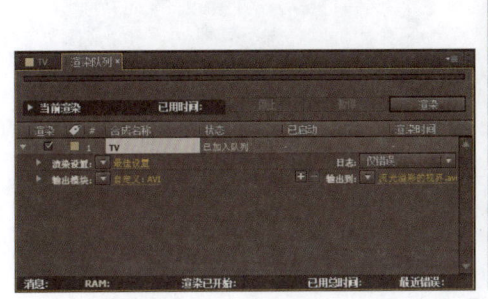

图1-193 将编辑好的合成输出为影片文件

Example 实例 17 镭射探照灯

素材目录	光盘\实例文件\实例17\Media\
项目文件	光盘\实例文件\实例17\Complete\镭射探照灯.aep
教学视频	光盘\教学视频\实例17:镭射探照灯.flv
应用特效	分形杂色、边角定位、色相/饱和度
编辑要点	1. 应用"分形杂色"特效,编辑出垂直方向上的线条纹理效果。 2. 应用"边角定位"特效,对纯色光线图层进行变形扭曲,得到光线散射效果。 3. 应用"色相/饱和度"特效,为光线动画着色并编辑变色动画。 4. 分别为光线图层编辑不同的着色和旋转动画,模拟出夜晚镭射激光灯的照射效果。

本实例的最终完成效果,如图1-194所示。

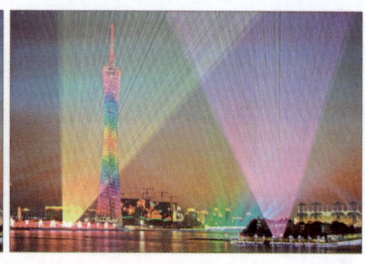

图1-194 实例完成效果

01 在项目窗口中的空白处双击鼠标左键，打开"导入"对话框，选择本实例素材目录中准备的素材文件并导入。

02 按"Ctrl+N"键打开"合成设置"对话框，新建一个合成"光线"，设置画面的宽度和高度都为1000 px，并设置持续时间为5秒，如图1-195所示。

03 按"Ctrl+Y"键打开"纯色设置"对话框，新建一个与合成画面尺寸相同的纯色图层"黑色 纯色1"，设置填充色为黑色并单击"确定"按钮，如图1-196所示。

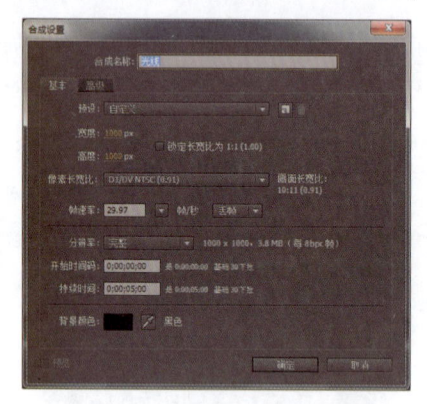

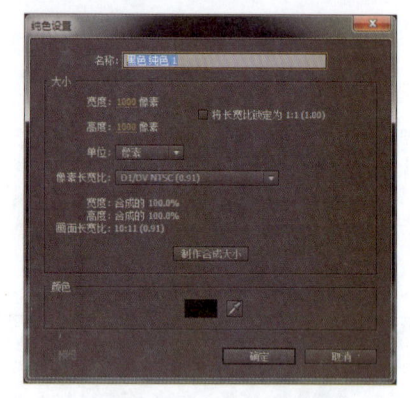

图1-195 新建合成　　　　　　　　　图1-196 新建纯色图层

04 选择纯色图层"黑色 纯色1"并选择"效果→杂色与颗粒→分形杂色"命令，为其添加该特效。在"效果控件"面板中，设置"对比度"为200，"亮度"为15.0；展开"变换"选项组，取消对"统一缩放"复选框的选择后，设置"缩放宽度"为6，"缩放高度"为10000，如图1-197所示。

图1-197 添加特效并设置参数

05 在工具栏中选择"矩形工具"，在图层上绘制一个蒙版，然后在时间轴窗口中设置

"蒙版羽化"选项的数值为30.0,600.0像素，如图1-198所示。

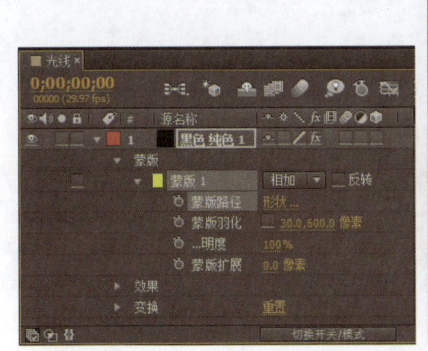

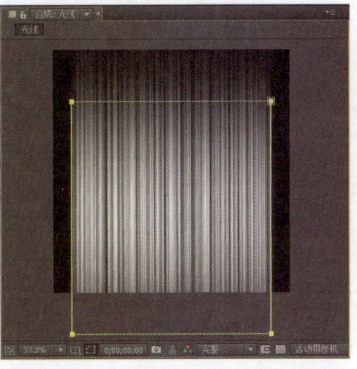

图1-198 绘制蒙版

06 为纯色图层"黑色 纯色1"添加"扭曲→边角定位"特效，设置"左下"顶点的位置为490.0,1000.0，"右下"顶点的位置为510.0,1000.0，将光线图像变成从一个位置点散射出去的效果，如图1-199所示。

图1-199 扭曲图像形状

07 在时间轴窗口中，按"E"键展开纯色图层上的特效选项，为"分形杂色"特效的"演化"选项创建在开始时0x+0.0°、在结束时变成10x+0.0°的关键帧动画，如图1-200所示。

图1-200 编辑光线变换动画效果

08 在项目窗口中的图像素材上单击鼠标右键并选择"基于所选项新建合成"命令，以其视频属性创建一个合成，然后将编辑好的"光线"合成加入其时间轴窗口中的上层。

09 将图层1的图层混合模式为"相加"，然后展开图层的"变换"选项组，将图层的"锚点"位置定位到光线的散射点（500.0,1000.0），然后将其移动到画面中的右侧（550.0,450.0），如图1-201所示。

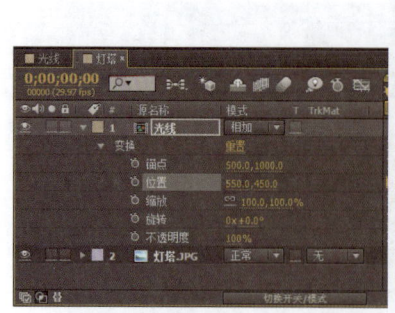

图1-201　加入光线图层

⑩ 为图层1添加"颜色校正→色相/饱和度"特效，在"效果控件"面板中勾选"彩色化"复选框后，设置"着色饱和度"为80，然后为"着色色相"选项创建在开始时0x＋0.0°、在结束时变成1x＋0.0°的变色关键帧动画，如图1-202所示。

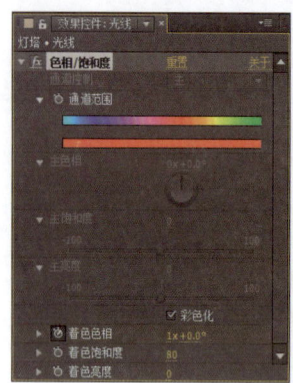

图1-202　为图像着色并编辑变色动画

⑪ 在时间轴窗口中将时间指针定位在开始位置，为图层的"旋转"选项创建关键帧并设置数值为0x＋40.0°，然后在结束位置添加一个关键帧，应用同样的旋转数值。将时间指针定位在第2秒15帧的位置，添加一个关键帧并设置数值为0x－50.0°，将该关键帧设置为缓动效果，如图1-203所示。

图1-203　编辑旋转动画

⑫ 按"Ctrl＋D"键对"光线"图层进行一次复制。在时间轴窗口中将图层的位置移动到画面的左侧（115.0,430.0），将"着色色相"选项结束关键帧的数值修改为－1x＋0.0°，将"旋转"选项在开始、结束关键帧的数值修改为0x－10.0°，得到一个新的光线效果图层，如图1-204所示。

图1-204 修改复制图层的关键帧动画效果

⑬ 按"Ctrl+S"键保存项目，拖动时间指针或按空格键，播放预览编辑完成的动画效果。

⑭ 在项目窗口中选择编辑完成的影片合成，选择"合成→添加到渲染队列"命令，打开"渲染队列"窗口，设置好影片渲染格式、保存目录和文件名称，将合成项目输出为影片文件，如图1-205所示。

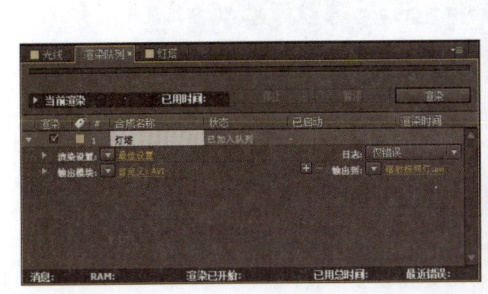

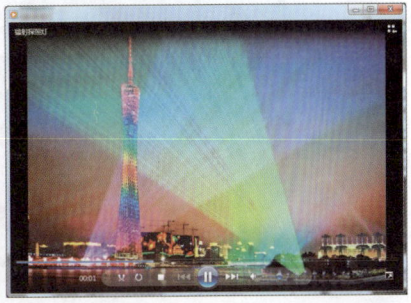

图1-205 将编辑好的合成输出为影片文件

Example 实例 18 水晶球的光环

素材目录	光盘\实例文件\实例18\Media\
项目文件	光盘\实例文件\实例18\Complete\水晶球的光环.aep
教学视频	光盘\教学视频\实例18：水晶球的光环.flv
应用特效	分形杂色、极坐标、色相/饱和度、发光
编辑要点	1. 应用"分形杂色"特效，编辑出水平方向上的线条纹理效果。 2. 应用"极坐标"特效，对纯色光线图层进行变形扭曲，得到圆弧形状的光线束图像。 3. 应用"色相/饱和度"特效，为光线动画着色并编辑变色动画。 4. 分别为光线图层设置不同的空间角度并编辑旋转动画，模拟出在水晶球上笼罩旋转的光环动画效果。

本实例的最终完成效果，如图1-206所示。

图1-206 实例完成效果

After Effects CC 光效设计

01 在项目窗口中的空白处双击鼠标左键，打开"导入"对话框，选择本实例素材目录中准备的素材文件并导入。

02 将导入的图像素材按住并拖入空白的时间轴窗口中，应用其视频属性创建合成。按"Ctrl+K"键打开"合成设置"对话框，将合成名称设置为"水晶球的光环"，持续时间设置为5秒。

03 按"Ctrl+Y"键打开"纯色设置"对话框，新建一个纯色图层"光线"，设置填充色为黑色，单击"确定"按钮。

04 选择纯色图层"光线"并选择"效果→杂色与颗粒→分形杂色"命令，为其添加该特效。在"效果控件"面板中，设置"对比度"为180，"亮度"为12.0；展开"变换"选项组，取消对"统一缩放"复选框的选择后，设置"缩放宽度"为1000，"缩放高度"为70，如图1-207所示。

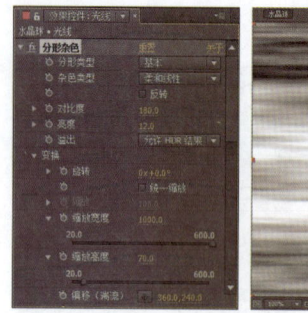

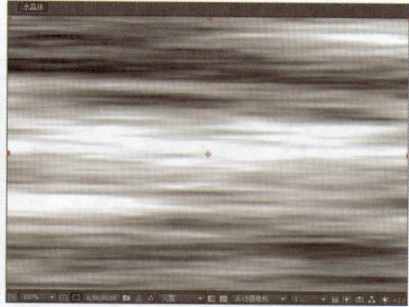

图1-207 添加特效并设置参数

05 在时间轴窗口中，按"E"键展开纯色图层上的特效选项，为"分形杂色"特效的"演化"选项创建在开始时0x＋0.0°、在结束时变成2x＋0.0°的关键帧动画，如图1-208所示。

图1-208 编辑光线变换动画效果

06 在工具栏中选择"矩形工具"，在纯色图层"光线"的下方绘制一个矩形的蒙版，然后在时间轴窗口中设置"蒙版羽化"选项的数值为50.0像素，如图1-209所示。

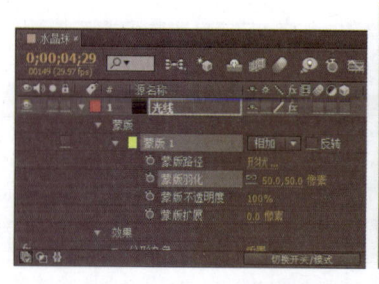

图1-209 绘制蒙版

07 在"效果控件"面板中单击鼠标右键并选择"扭曲→极坐标"特效进行添加，设置"插值"为100%，在"转换类型"下拉列表中选择"矩形到极线"选项，使蒙版区域的图像变成一个圆弧，如图1-210所示。

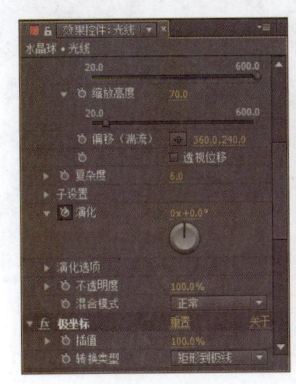

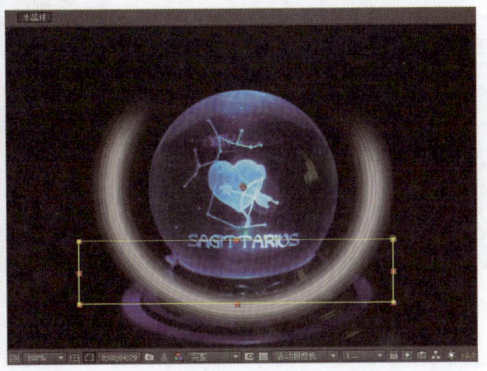

图1-210　应用变形扭曲

08 为纯色图层"光线"添加"颜色校正→色相/饱和度"特效，在"效果控件"面板中勾选"彩色化"复选框后，设置"着色饱和度"为100，然后为"着色色相"选项创建在开始时0x＋190.0°、在结束时变成0x＋300.0°的变色关键帧动画，如图1-211所示。

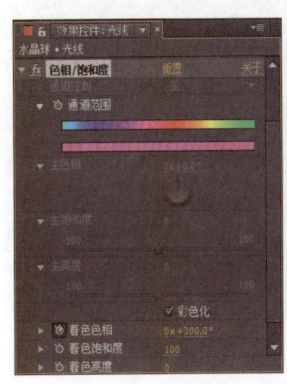

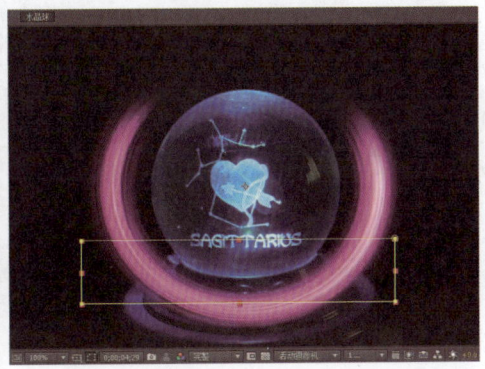

图1-211　为光线着色并编辑变色动画

09 为纯色图层"光线"添加"风格化→发光"特效，设置"发光阈值"为100%，"发光半径"为50，"发光强度"为1。保持其他选项的默认设置，为图层添加发光效果，如图1-212所示。

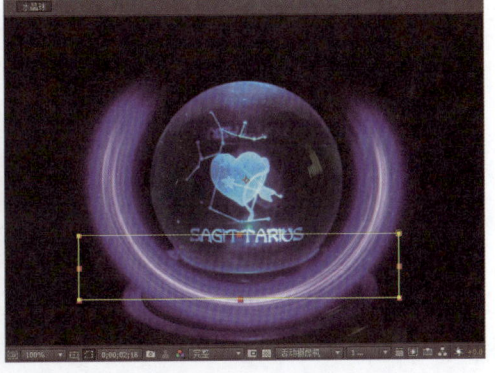

图1-212　添加发光效果

⑩ 在时间轴窗口中开启纯色图层"光线"的3D属性开关,然后按"R"键,展开图层的"旋转"选项并设置"Z轴旋转"的数值为0x+180.0°,使图层上下反转,如图1-213所示。

图1-213 翻转图层

⑪ 选择纯色图层"光线"并按3次"Ctrl+D"键进行复制,得到4个纯色图层,然后分别设置图层2的"Y轴旋转"为0x+90.0°,图层3的"Y轴旋转"为0x+180.0°图层4的"Y轴旋转"为0x+270.0°,并为图层1的"Y轴旋转"选项创建在开始时0x+0.0°、在结束时变成1x+0.0°的旋转关键帧动画,如图1-214所示。

图1-214 编辑关键帧动画

⑫ 在时间轴窗口中显示出"父级"窗格,将图层2、3、4设置为图层1的子图层,使它们获得与图层1相同的空间旋转动画,如图1-215所示。

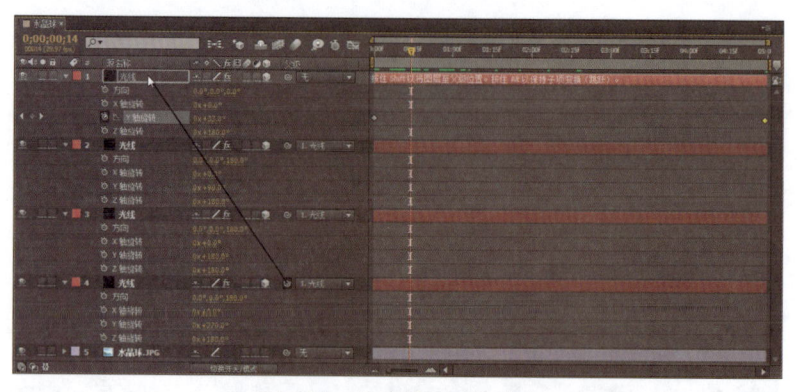

图1-215 设置父子图层关系

⑬ 打开"模式"窗格,将4个纯色图层的图层混合模式设置为"相加",增强图像的光感效果,如图1-216所示。

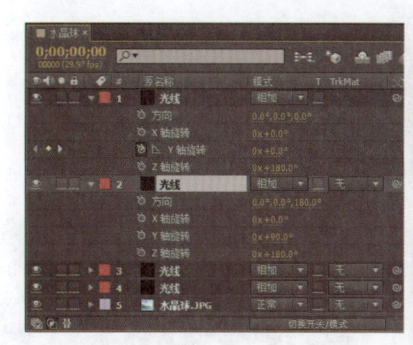

图1-216　设置图层混合模式

⑭ 按"Ctrl+S"键保存项目，拖动时间指针或按空格键，播放预览编辑完成的动画效果。

⑮ 在项目窗口中选择编辑完成的影片合成，选择"合成→添加到渲染队列"命令，打开"渲染队列"窗口，设置好影片渲染格式、保存目录和文件名称，将合成项目输出为影片文件，如图1-217所示。

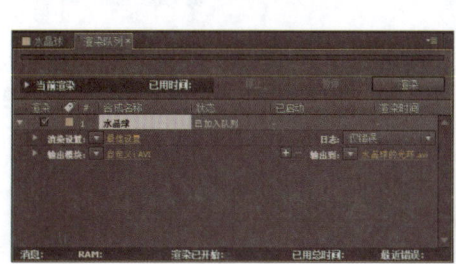

图1-217　将编辑好的合成输出为影片文件

Example 实例 19　空间投射灯光墙

素材目录	光盘\实例文件\实例19\Media\
项目文件	光盘\实例文件\实例19\Complete\空间投射灯光墙.aep
教学视频	光盘\教学视频\实例19：空间投射灯光墙.flv
应用特效	分形杂色、CC Radial Fast Blur、色相/饱和度、投影、斜面Alpha
编辑要点	1. 应用"分形杂色"特效，编辑出方块运动背景动画效果。 2. 应用"CC Radial Fast Blur"特效，编辑在方格上沿白色区域生成放射光线的效果。 3. 应用"色相/饱和度"特效，为光线动画着色并编辑变色动画。 4. 为标题文字应用"投影"、"斜面Alpha"特效，模拟出空间立体效果。

本实例的最终完成效果，如图1-218所示。

图1-218　实例完成效果

01 按"Ctrl+N"键打开"合成设置"对话框，新建一个NTSC DV视频制式的合成"空间投射灯光墙"，设置持续时间为5秒，如图1-219所示。

02 按"Ctrl+Y"键打开"纯色设置"对话框，新建一个纯色图层"灯光墙"，设置填充色为黑色并单击"确定"按钮，如图1-220所示。

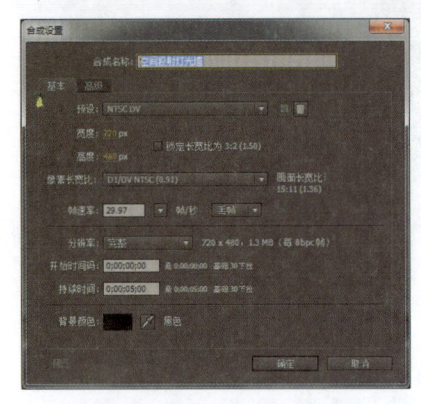

图1-219 新建合成　　　　　　　图1-220 新建纯色图层

03 选择纯色图层"灯光墙"并选择"效果→杂色与颗粒→分形杂色"命令，为其添加该特效。在"效果控件"面板中，设置"分形类型"为"湍流平滑"，在"杂色类型"下拉列表中选择"块"，设置"对比度"为100，"亮度"为0。展开"变换"选项组，设置"偏移（湍流）"为5.0,500.0，并勾选"透视位移"复选框，如图1-221所示。

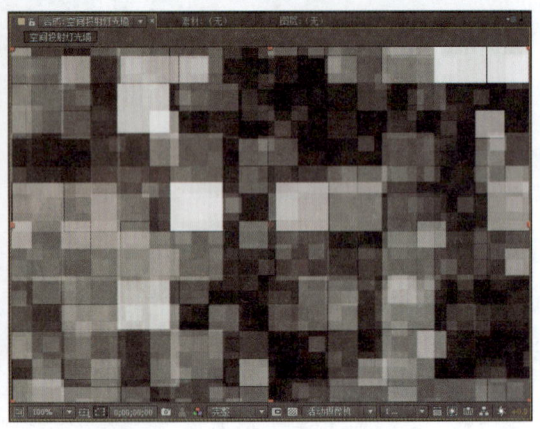

图1-221 添加特效并设置参数

04 在时间轴窗口中，按"E"键展开纯色图层"灯光墙"上的特效选项，为"分形杂色"特效的"旋转"、"缩放"、"演化"选项创建关键帧动画，并为"旋转"、"缩放"选项的中间关键帧设置缓动效果，如图1-222所示。

		00:00:00:00	00:00:02:15	00:00:04:29
	旋转	0x－15.0°	0x＋0.0°	0x＋15.0°
	缩放	150%	80%	150%
	偏移	50.0,500.0		500.0,50.0
	演化	0x＋0.0°		1x＋0.0°

图1-222　编辑关键帧动画

05 为纯色图层"灯光墙"添加"模糊和锐化→CC Radial Fast Blur（快速径向模糊）"特效，设置Amount（数值）为100，并在Zoom（缩放）下拉列表中选择Brightest（最亮），在纯色图层上沿白色方格生成放射光线，如图1-223所示。

图1-223　应用径向模糊

06 为纯色图层"灯光墙"添加"颜色校正→色相/饱和度"特效，在"效果控件"面板中勾选"彩色化"复选框后，设置"着色饱和度"为100，然后为"着色色相"选项创建在开始、结束时的参数值为0x＋190.0°，在2秒15帧时变成0x＋280.0°的变色关键帧动画，如图1-224所示。

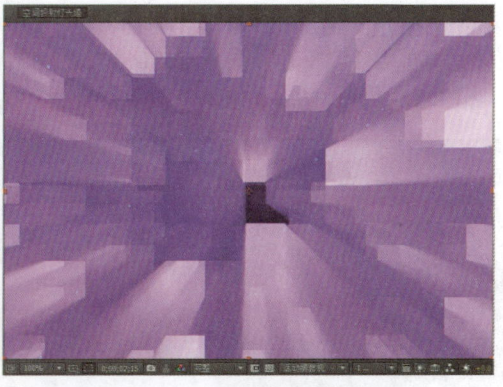

图1-224　为光线着色并编辑变色动画

07 选择"横排文字工具" T 并输入标题文字"每日新闻报道 Daily Report"，然后通过"字符"面板设置文字字体为方正超粗黑简体，设置"每日新闻报道"的字号为88，设置"Daily Report"的字号为80，填充色为黄色，如图1-225所示。

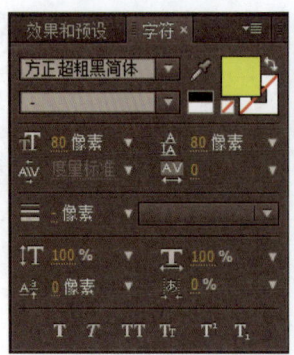

图1-225 编辑标题文字

⑧ 在时间轴窗口中，开启文字图层"灯光墙"的3D属性开关。按"A"键展开图层的"锚点"选项，修改其数值为（275.0,0.0,0.0），将锚点位置定位在文字图像的中心。按"Shift+P"键，展开"位置"选项，修改其数值为（370.0,240.0,0.0），将调整了锚点位置后的文字图像移动到画面的中间位置。

⑨ 按"Shift+R"键展开图层的"旋转"选项，为"位置"和"X轴旋转"、"Y轴旋转"选项在开始和结束位置添加关键帧，然后设置在开始位置时"位置"选项的数值为370.0,240.0,−100.0，"X轴旋转"的数值为0x−20.0°，"Y轴旋转"的数值为0x−30.0°，并为结束关键帧设置缓入效果，为标题文字创建在空间中翻转到画面中心的动画，如图1-226所示。

图1-226 编辑关键帧动画

⑩ 为文字图层添加"透视→投影"特效，设置"阴影颜色"为深蓝色，"距离"为7.0，"柔和度"为0。继续为文字图层添加"透视→斜面Alpha"特效，设置"边缘厚度"为3.00，将标题文字编辑出立体效果，如图1-227所示。

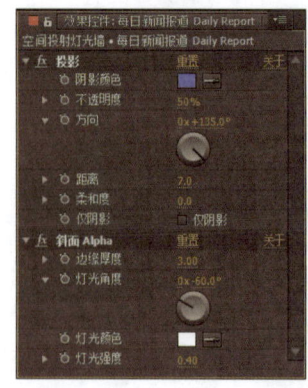

图1-227 为标题文字编辑立体效果

⑪ 按"Ctrl+S"键保存项目，拖动时间指针或按空格键，播放预览编辑完成的动画效果。
⑫ 在项目窗口中选择编辑完成的影片合成，选择"合成→添加到渲染队列"命令，打开"渲染队列"窗口，设置好影片渲染格式、保存目录和文件名称，将合成项目输出为影片文件，如图1-228所示。

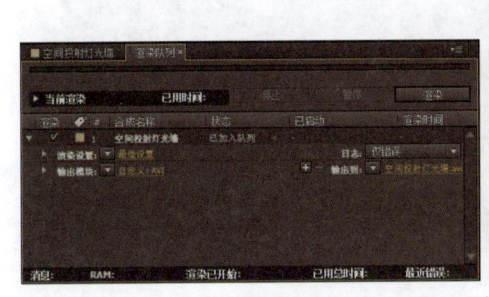

图1-228 将编辑好的合成输出为影片文件

Example 实例 20 绿光森林

素材目录	光盘\实例文件\实例20\Media\
项目文件	光盘\实例文件\实例20\Complete\绿光森林.aep
教学视频	光盘\教学视频\实例20：绿光森林.flv
应用特效	分形杂色、色阶、三色调、CC Radial Fast Blur
编辑要点	1. 应用"分形杂色"特效，编辑出类似细胞液运动的背景动画效果。 2. 应用"三色调"特效，为背景动画添加着色效果。 3. 应用"CC Radial Fast Blur"特效，编辑在运动背景上生成放射光线的效果。 4. 为标题文字应用图层样式和预设动画，快速编辑需要的图像和动画效果。

本实例的最终完成效果，如图1-229所示。

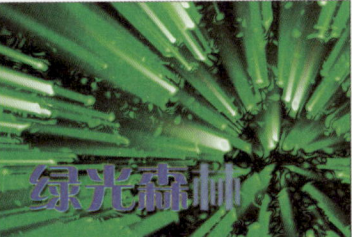

图1-229 实例完成效果

① 按"Ctrl+N"键打开"合成设置"对话框，新建一个NTSC DV视频制式的合成"绿光森林"，设置持续时间为5秒。

② 按"Ctrl+Y"键打开"纯色设置"对话框，新建一个纯色图层"黑色 纯色1"，设置填充色为黑色并单击"确定"按钮。

③ 选择纯色图层"黑色 纯色1"并选择"效果→杂色与颗粒→分形杂色"命令，为其添加该特效。在"效果控件"面板中，设置"分形类型"为"阴天"，在"杂色类型"下拉列表中选择"样条"，并勾选"反转"复选框；设置"对比度"为100，"亮度"为0。展开"变换"选项组，设置"缩放"为200%。展开"子设置"选项组，设置

"子影响"为150%，"子缩放"为60%，如图1-230所示。

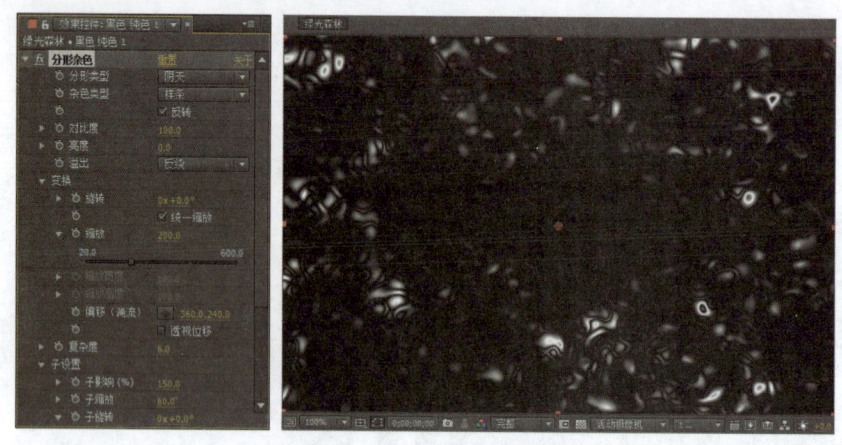

图1-230　添加特效并设置参数

④ 在时间轴窗口中，按"E"键展开纯色图层上的特效选项，为"分形杂色"特效的"演化"选项创建在开始时0x＋0.0°、在结束时变成2x＋0.0°的关键帧动画，并将"循环演化"选项设置为"开"，如图1-231所示。

图1-231　编辑关键帧动画

⑤ 在"效果控件"面板中单击鼠标右键并选择"颜色校正→色阶"命令，然后设置"输入白色"的数值为255.0，"灰度系数"的数值为2.0，增强图像效果中的黑白对比，如图1-232所示。

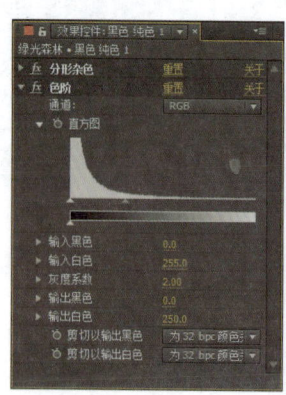

图1-232　增强黑白对比

⑥ 在"效果控件"面板中单击鼠标右键并选择"颜色校正→三色调"命令，然后单击"中间调"选项后面的色块，在弹出的拾色器窗口中设置填充色为绿色，为纹理动画添加光色效果，如图1-233所示。

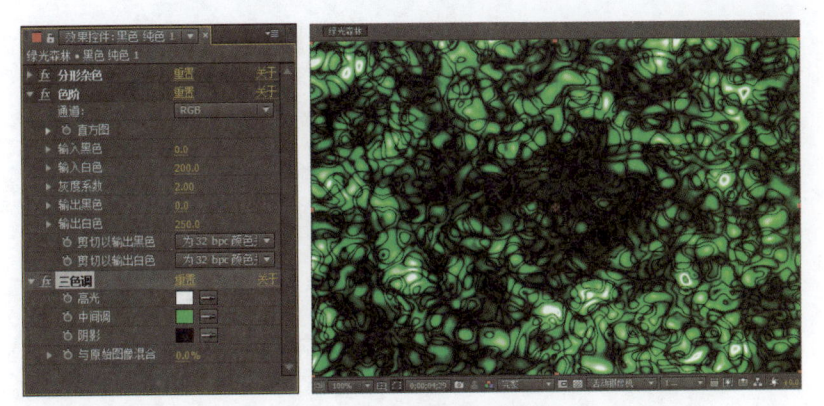

图1-233　为图像添加颜色

07 在时间轴窗口中将时间指针定位在开始位置，单击鼠标右键并选择"新建→调整图层"命令，然后为新建的调整图层添加"模糊和锐化→CC Radial Fast Blur（快速径向模糊）"特效，设置Amount（数值）为100，并在Zoom（缩放）下拉列表中选择Brightest（最亮），在单元格图像上沿白色网格生成放射光线，如图1-234所示。

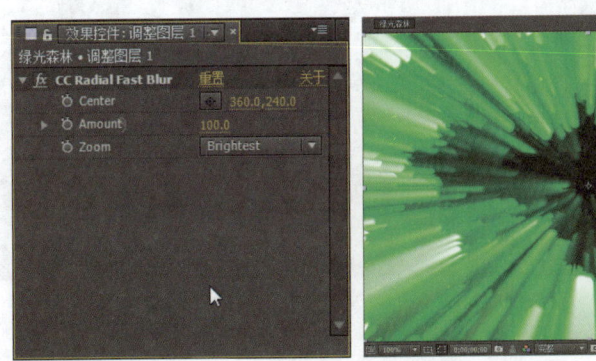

图1-234　添加径向模糊效果

08 在时间轴窗口中，将调整图层的图层混合模式设置为"点光"，按"E"键展开图层上的特效选项，为Center（中心）选项创建关键帧动画，并为后4个关键帧设置缓动效果，编辑出投射光源在背景后面移动的动画，如图1-235所示。

	00:00:00:00	00:00:01:15	00:00:02:15	00:00:04:00	00:00:04:29
Center	150.0,150.0	540.0,340.0	520.0,170.0	270.0,440.0	360.0,180.0

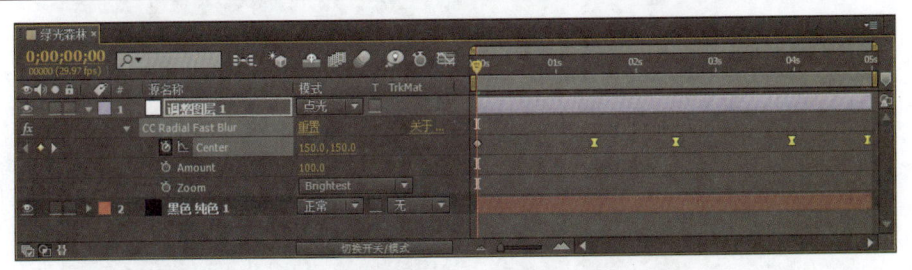

图1-235　编辑关键帧动画

09 选择"横排文字工具"并输入标题文字"绿光森林"，然后通过"字符"面板设置文字字体为方正粗倩简体，字号为100，填充色为深蓝色，如图1-236所示。

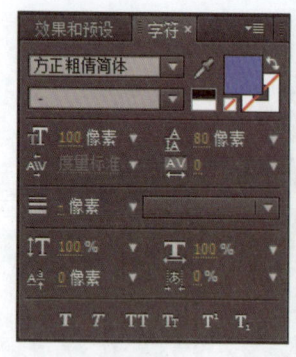

图1-236　编辑标题文字

⑩ 在时间轴窗口中的文字图层上单击鼠标右键并选择"图层样式→投影"命令，为文字添加投影效果。在时间轴窗口中展开文字图层的"图层样式"选项，设置投影颜色为深蓝色，"不透明度"为60.0%，"距离"为8.0，如图1-237所示。

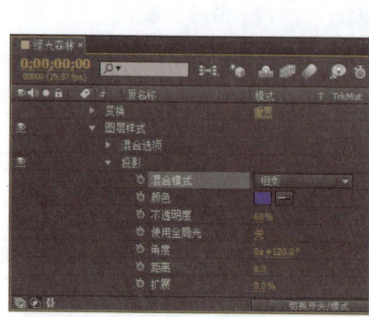

图1-237　应用图层样式

⑪ 在文字图层上单击鼠标右键并选择"图层样式→外发光"命令，为文字设置外发光效果，保持默认的选项参数设置即可。

⑫ 打开"效果与预设"面板，选择"动画预设→Preset→Text→Animate In（动态进入）→Slow Fade On（缓慢淡入）"效果并将其拖动到合成窗口中的文字对象上，为其应用该动态进入动画效果，如图1-238所示。

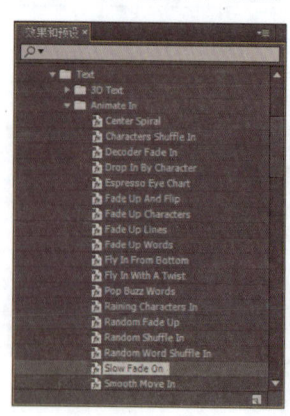

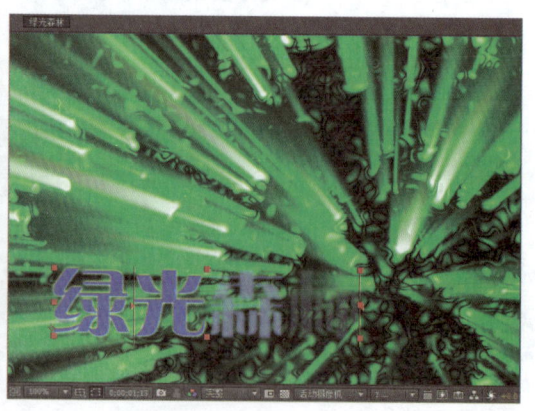

图1-238　编辑文字进入动画

⑬ 按"Ctrl+S"键保存项目，拖动时间指针或按空格键，播放预览编辑完成的动画效果。

14 在项目窗口中选择编辑完成的影片合成,单击"合成→添加到渲染队列"命令,打开"渲染队列"窗口,设置好影片渲染格式、保存目录和文件名称,将合成项目输出为影片文件,如图1-239所示。

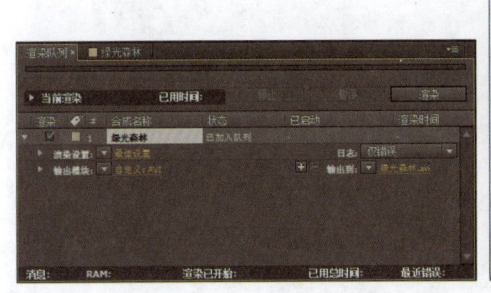

图1-239 将编辑好的合成输出为影片文件

Example 实例 21 魔法师的光球

素材目录	光盘\实例文件\实例21\Media\
项目文件	光盘\实例文件\实例21\Complete\魔法师的光球.aep
教学视频	光盘\教学视频\实例21:魔法师的光球.flv
应用特效	高级闪电、CC Lens(透镜)、发光
编辑要点	1. 应用"高级闪电"特效,在纯色图层上编辑出发光闪电动画。 2. 应用"CC Lens(透镜)"特效,将闪电图像转换成一个光球。 3. 应用"发光"特效,增加闪电光球的发光强度。 4. 复制光球图层并进行对称位置的翻转,得到光球中对称的闪电动画。

本实例的最终完成效果,如图1-240所示。

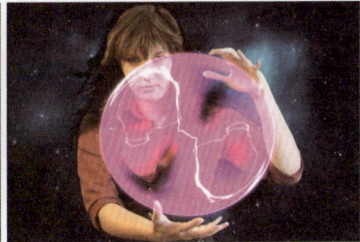

图1-240 实例完成效果

01 在项目窗口中的空白处双击鼠标左键,打开"导入"对话框,选择本实例素材目录中准备的素材文件并导入。

02 将导入的图像素材按住并拖入空白的时间轴窗口中,应用其视频属性创建合成。按"Ctrl+K"键打开"合成设置"对话框,将合成名称设置为"魔法师的光球",持续时间设置为5秒。

03 按"Ctrl+Y"快捷键打开"纯色设置"对话框,新建一个纯色图层"光球",设置填充色为黑色,单击"确定"按钮。

04 选择纯色图层"光球"并选择"效果→生成→高级闪电"命令,为其添加该特效。在

"效果控件"面板中,设置"闪电类型"为"随机"。按下"源点"选项后面的■按钮,在合成窗口中将闪电的发生点位置定位在魔术师双手的中间位置。展开"发光设置"选项组,设置发光颜色为紫色。设置"分叉"选项的数值为40%,如图1-241所示。

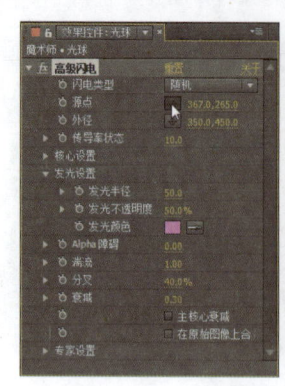

图1-241 添加特效并设置参数

05 为纯色图层"光球"添加"扭曲→CC Lens(透镜)"特效,按下Center(中心点)选项后面的■按钮,在合成窗口中将透镜效果的中心点位置定位在魔术师双手的中间位置,设置Size(大小)的数值为40.0,如图1-242所示。

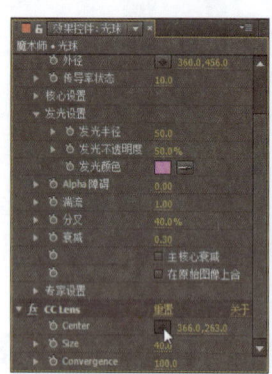

图1-242 添加特效并设置参数

06 为纯色图层"光球"添加"风格化→发光"效果,设置"发光阈值"为80%,"发光半径"为10,"发光强度"为1.0,保持其他选项的默认参数设置,增强光球图像的发光效果,如图1-243所示。

图1-243 添加特效并设置参数

07 在时间轴窗口中，将纯色图层"光球"的图层混合模式设置为"相加"。按"E"键展开图层上的特效选项，为"外径"、"传导率状态"选项创建关键帧动画，编辑出光球中的闪电随机跳跃的动画效果，如图1-244所示。

		00:00:00:00	0:00:01:18	0:00:03:15	00:00:04:29
⏱	外径	350.0,450.0	150.0,600.0	550.0,100.0	280.0,520.0
⏱	传导率状态	10.0			100.0

图1-244　编辑关键帧动画

08 按"Ctrl+D"键对"光球"图层进行一次复制，然后分别按"P"键和"Shift+R"键，展开图层的"位置"、"旋转"选项，将图层进行垂直翻转（旋转：0x+180.0°）并调整好位置（374.0,287.0），得到光球中对称的闪电动画图像，如图1-245所示。

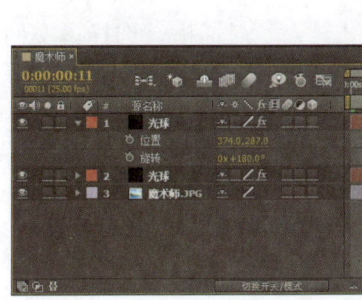

图1-245　复制图层并调整位置

09 按"Ctrl+S"键保存项目，拖动时间指针或按空格键，播放预览编辑完成的动画效果。

10 在项目窗口中选择编辑完成的影片合成，选择"合成→添加到渲染队列"命令，打开"渲染队列"窗口，设置好影片渲染格式、保存目录和文件名称，将合成项目输出为影片文件，如图1-246所示。

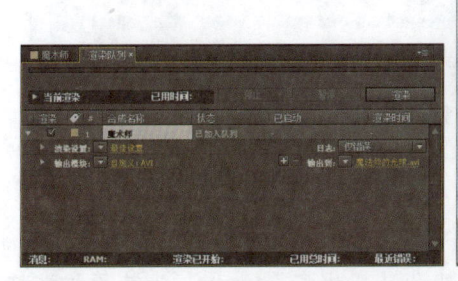

图1-246　将编辑好的合成输出为影片文件

After Effects CC 光效设计

Example 实例 22 旋转的光环球

素材目录	光盘\实例文件\实例22\Media\
项目文件	光盘\实例文件\实例22\Complete\旋转的光环球.aep
教学视频	光盘\教学视频\实例22：旋转的光环球.flv
应用特效	极坐标、色阶、发光、基本3D、镜头光晕
编辑要点	1. 应用"极坐标"特效，对纯色图层进行变形扭曲，得到圆弧形状的光线图像。 2. 应用"色阶"特效，提亮圆环中的Alpha通道白色像素。 3. 应用"发光"效果，为光环图案增添辉光效果并赋予发光颜色。 4. 应用"基本3D"效果，通过为"旋转"、"倾斜"选项添加表达式来创建随机动画。 5. 应用"镜头光晕"效果，在光环球的中心添加光晕照射效果。

本实例的最终完成效果，如图1-247所示。

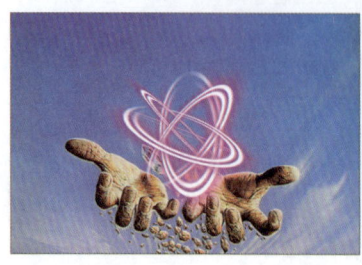

图1-247　实例完成效果

01 在项目窗口中的空白处双击鼠标左键，打开"导入"对话框，选择本实例素材目录中准备的素材文件并导入。

02 将导入的图像素材按住并拖入空白的时间轴窗口中，应用其视频属性创建合成。按"Ctrl+K"键打开"合成设置"对话框，将合成名称设置为"旋转的光环球"，持续时间设置为5秒。

03 按"Ctrl+Y"键打开"纯色设置"对话框，新建一个纯色图层"光线"，设置填充色为白色，单击"确定"按钮。

04 在工具栏中选择"矩形工具"，在纯色图层"光线"上绘制两个长条形的蒙版，在时间轴窗口中展开图层的蒙版选项，设置上面蒙版的羽化值为120.0,10.0像素，下面蒙版的羽化值为120.0,5.0像素，如图1-248所示。

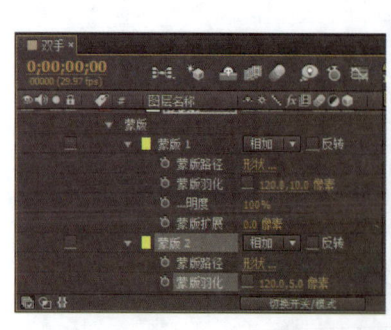

图1-248　绘制蒙版并设置边缘羽化

05 选择纯色图层"光线"并选择"效果→扭曲→极坐标"命令，为其添加该特效。在

"效果控件"面板中,设置"插值"为100%,在"转换类型"下拉列表中选择"矩形到极线"选项,使蒙版区域的图像变成一个圆环,如图1-249所示。

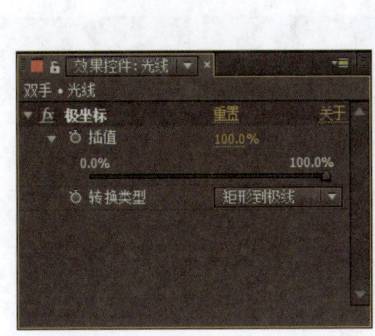

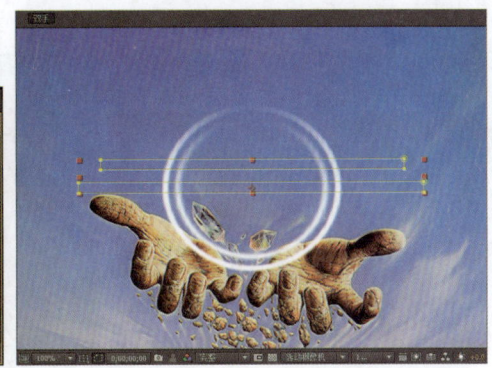

图1-249　添加特效并设置参数

06 在"效果控件"面板中单击鼠标右键并选择"颜色校正→色阶"命令,在"通道"下拉列表中选择Alpha,然后将其"输入白色"的数值设置为180,提亮圆环中的白色像素,如图1-250所示。

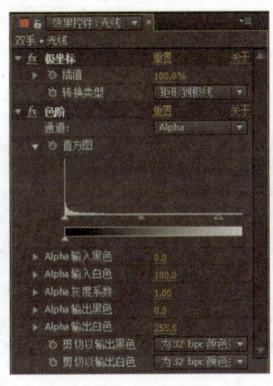

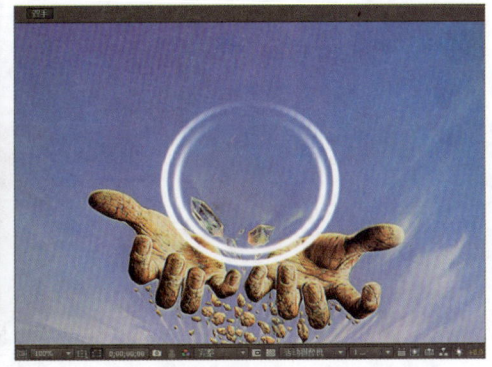

图1-250　设置色阶调整效果

07 为纯色图层"光线"添加"风格化→发光"效果,设置"发光阈值"为50%,"发光半径"为50,"发光强度"为2.0。在"发光颜色"下拉列表中选择"A和B颜色",然后分别设置"颜色A"为紫色,"颜色B"为紫红色,为光环图像增加光色效果,如图1-251所示。

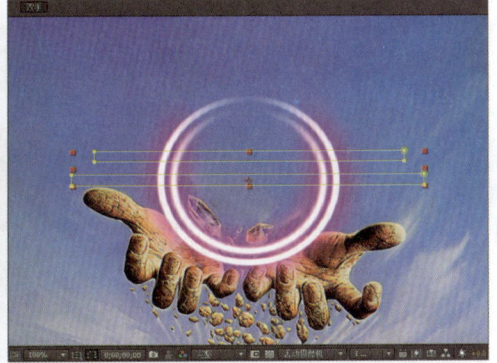

图1-251　添加特效并设置参数

08 选择时间轴窗口中的纯色图层"光线",按"Ctrl+Shift+C"键打开"预合成"对话框,选择"将所有属性移动到新合成"选项,将该图层转换成一个新建的合成"光环",如图1-252所示。

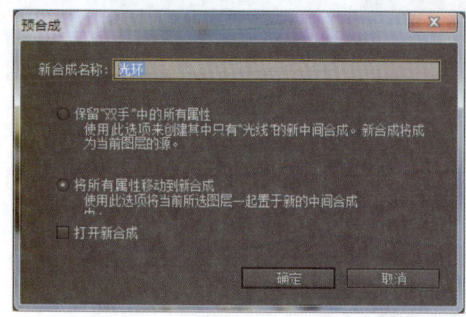

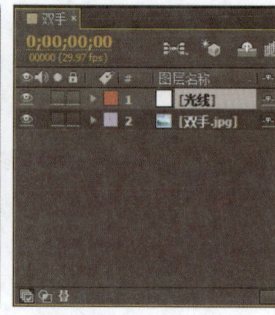

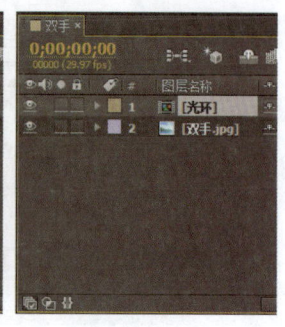

图1-252 将图层转换为合成

09 为新转换得到的图层"光环"添加"过时→基本3D"特效,在时间轴窗口中展开图层的效果选项,选择"旋转"选项并选择"动画→添加表达式"命令,输入如图1-253所示的表达式语句,为光环图像编辑从开始到第5秒,在水平方向上随机旋转角度的动画效果。

seed_random (1,true);
linear (time,0,5,random(0,360),random(0,360));

图1-253 编辑表达式动画

10 选择图层"光环"并按"Ctrl+D"键进行一次复制,然后展开其效果选项并为"倾斜"选项也添加同样的表达式语句,即可使该图层中的光环图像在播放时产生朝向任意方向的旋转和倾斜动画,如图1-254所示。

图1-254 编辑表达式动画

11 选择图层1并按3次"Ctrl+D"键进行复制,得到5个光环图层,组合成一个光环球形的动画图像,如图1-255所示。

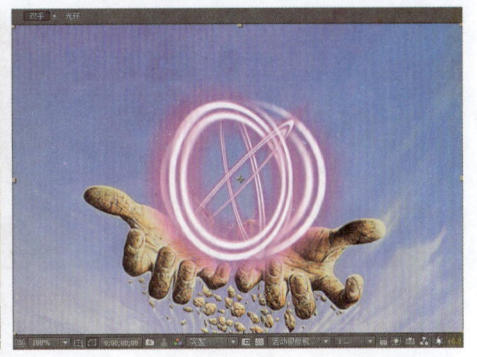

图1-255 复制图层

⑫ 将时间指针定位在开始位置，按"Ctrl+Y"键打开"纯色设置"对话框，新建一个纯色图层"光晕"，设置填充色为黑色，单击"确定"按钮。

⑬ 在新建的纯色图层"光晕"上单击鼠标右键并选择"效果→生成→镜头光晕"命令，在"效果控件"面板中设置"镜头类型"为"50-300毫米变焦"，如图1-256所示。

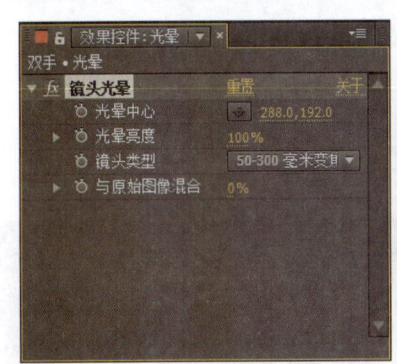

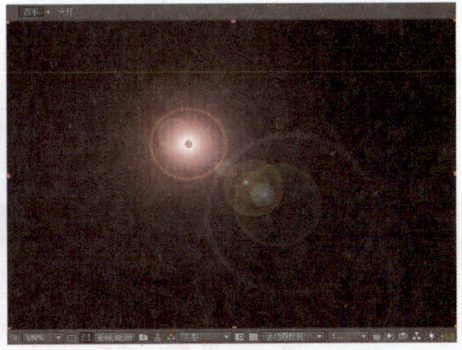

图1-256 添加镜头光晕效果

⑭ 在时间轴窗口中，将纯色图层"光晕"的图层混合模式设置为"屏幕"，然后在合成窗口中移动镜头光晕的中心点位置到光环球的中心，如图1-257所示。

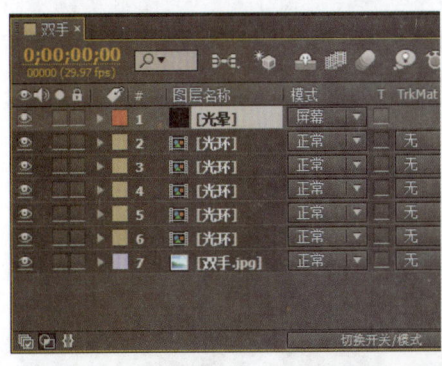

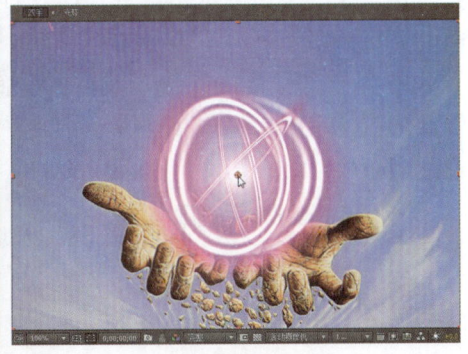

图1-257 设置光晕效果的位置

⑮ 按"Ctrl+S"键保存项目，拖动时间指针或按空格键，播放预览编辑完成的动画效果。

⑯ 在项目窗口中选择编辑完成的影片合成，选择"合成→添加到渲染队列"命令，打开"渲染队列"窗口，设置好影片渲染格式、保存目录和文件名称，将合成项目输出为影片文件，如图1-258所示。

图1-258　将编辑好的合成输出为影片文件

Example 实例 23 音乐激光球

素材目录	光盘\实例文件\实例23\Media\
项目文件	光盘\实例文件\实例23\Complete\音乐激光球.aep
教学视频	光盘\教学视频\实例23：音乐激光球.flv
应用特效	音频频谱、CC Radial Fast Blur
编辑要点	1. 应用"音频频谱"特效，在纯色图层上生成彩色的条形频谱跟随背景音乐的变化而变化的动画效果。 2. 应用"CC Radial Fast Blur"特效，在频谱图像上生成放射光线的效果。 3. 通过绘制蒙版来编辑光线球图像效果。

本实例的最终完成效果，如图1-259所示。

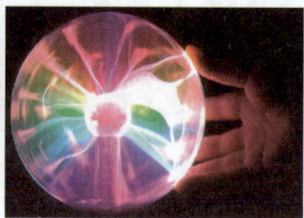

图1-259　实例完成效果

01 在项目窗口中的空白处双击鼠标左键，打开"导入"对话框，选择本实例素材目录中准备的素材文件并导入，如图1-260所示。

02 将导入的图像素材按住并拖入空白的时间轴窗口中，应用其视频属性创建合成。按"Ctrl+K"键打开"合成设置"对话框，将合成名称设置为"音乐激光球"，持续时间设置为8秒，如图1-261所示。

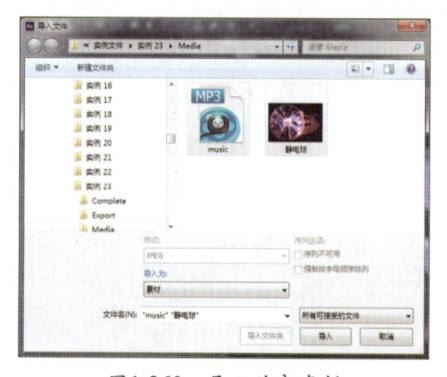

图1-260　导入外部素材　　　　图1-261　修改合成设置

03 将项目窗口中的音频素材加入到时间轴窗口中并置于图像图层的下层。

04 按"Ctrl+Y"键打开"纯色设置"对话框,新建一个纯色图层"音频频谱",设置填充色为黑色,单击"确定"按钮。

05 为纯色图层"音频频谱"添加"生成→音频频谱"特效,在"效果控件"面板中单击"音频层"选项后面的下拉列表并选择图层3作为频谱发生源图层。设置"起始频率"为1,"结束频率"为400,"频段"为60,"最大高度"为300,"厚度"为5.0。在"显示选项"下拉列表中选择"模拟谱线",并修改"色相插值"的数值为1x+0.0°,使生成的条形频谱产生色带变化效果,如图1-262所示。

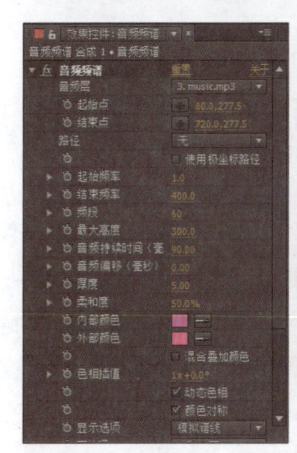

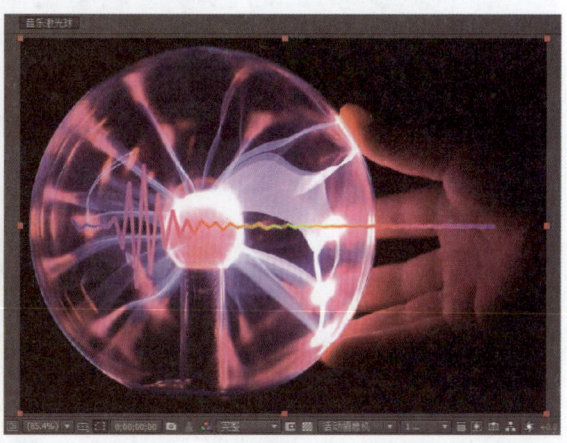

图1-262 应用特效并设置参数

06 为纯色图层"音频频谱"添加"模糊和锐化→CC Radial Fast Blur(快速径向模糊)"特效,设置Amount(数值)为100,并在Zoom(缩放)下拉列表中选择Brightest(最亮),在频谱图像上生成放射光线。按下Center(中心点)选项后面的■按钮,在合成窗口中将模糊效果的发射中心点位置定位在静电球图像的中心位置(278.0,280.0),如图1-263所示。

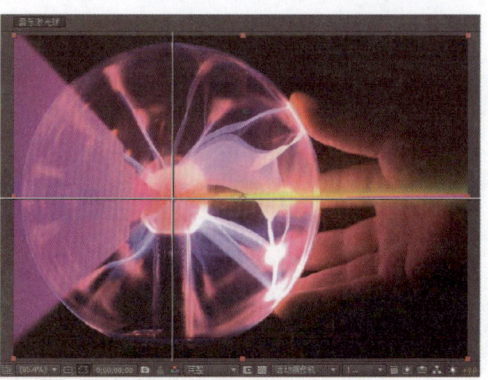

图1-263 添加径向模糊效果

07 在工具栏中选择"椭圆工具" ,在合成窗口中的纯色图层"音频频谱"上,沿下层图像中静电球中心的球体边缘绘制一个圆形,然后在"效果控件"面板中展开"音频频谱"特效的选项,在"路径"下拉列表中选择新绘制的"蒙版1"作为其形状路径,如图1-264所示。

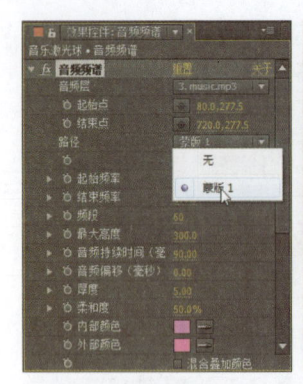

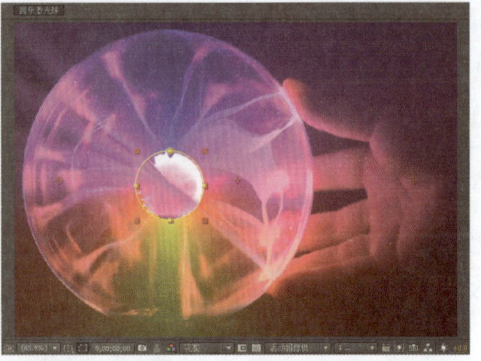

图1-264 绘制蒙版并设置形状路径

08 选择时间轴窗口中的纯色图层"音频频谱",按"Ctrl+Shift+C"键打开"预合成"对话框,选择"将所有属性移动到新合成"选项,将该图层转换成一个新建的合成"音频频谱 合成1",如图1-265所示。

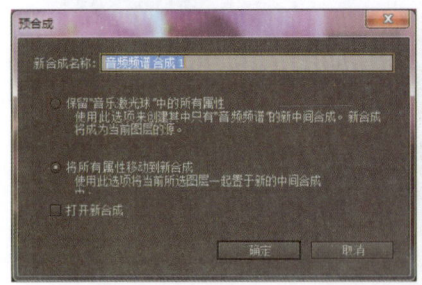

图1-265 将图层转换为合成

09 在工具栏中选择"椭圆工具",在新的合成图层"音频频谱 合成1"上绘制一个与静电球相同大小的蒙版,并调整其位置到刚好覆盖静电球图像。在时间轴窗口中将图层1的图层混合模式设置为"相加",通过与下层图像的混合来增强光感。展开图层1的蒙版选项,设置"蒙版羽化"的数值为50像素,如图1-266所示。

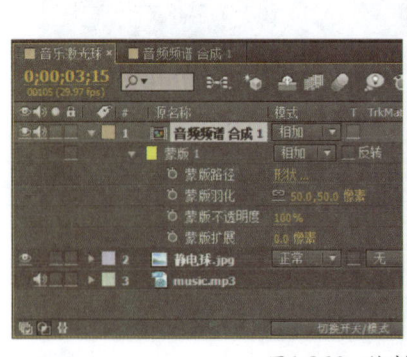

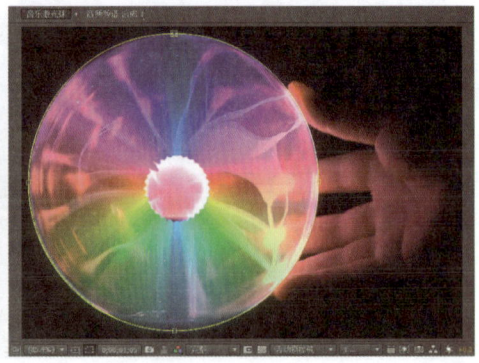

图1-266 绘制蒙版并设置蒙版羽化

10 按"Ctrl+S"键保存项目,拖动时间指针或按空格键,播放预览编辑完成的动画效果。

11 在项目窗口中选择编辑完成的影片合成,选择"合成→添加到渲染队列"命令,打开"渲染队列"窗口,设置好影片渲染格式、保存目录和文件名称,将合成项目输出为影片文件,如图1-267所示。

内置特效篇 第一篇

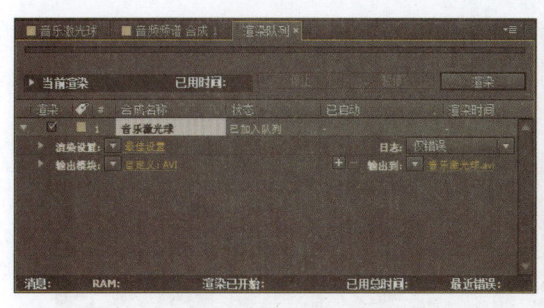

图1-267 将编辑好的合成输出为影片文件

Example 实例 24 迸射的花火

素材目录	光盘\实例文件\实例24\Media\
项目文件	光盘\实例文件\实例24\Complete\迸射的花火.aep
教学视频	光盘\教学视频\实例24：迸射的花火.flv
应用特效	CC Particle World、发光
编辑要点	1. 应用"CC Particle World"特效，设置火花粒子效果并编辑关键帧动画。 2. 应用"发光"效果，为火花粒子动画增添辉光效果。 3. 创建灯光和摄像机图层，为摄像机编辑空间位移动画。

本实例的最终完成效果，如图1-268所示。

图1-268 实例完成效果

01 按"Ctrl+N"键打开"合成设置"对话框，新建一个NTSC DV视频制式的合成"迸射的花火"，设置持续时间为5秒。

02 按"Ctrl+Y"键打开"纯色设置"对话框，新建一个纯色图层"红色 纯色1"，设置填充色为红色并单击"确定"按钮。

03 在工具栏中选择"椭圆工具"，在纯色图层"红色 纯色1"上绘制一个椭圆形的蒙版，并调整其位置到画面的中间。在时间轴窗口中展开图层的蒙版选项，设置"蒙版羽化"的数值为100像素，如图1-269所示。

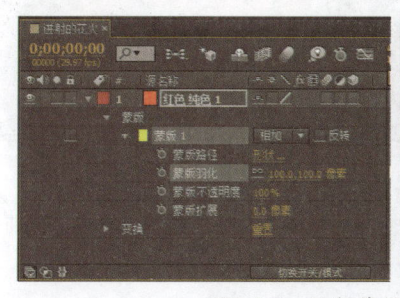

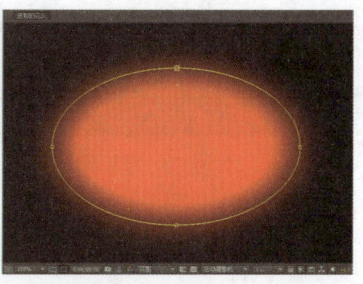

图1-269 绘制蒙版并设置蒙版羽化

89
After Effects CC

04 在时间轴窗口中打开纯色图层"红色 纯色1"的3D开关,设置其"位置"选项的数值为360.0,430.0,0.0,"方向"选项的数值为270.0,0.0,0.0,并将图层放大到130%,作为空间背景的地面图像,如图1-270所示。

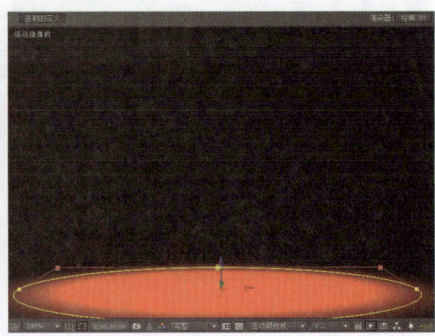

图1-270

05 选择文字工具输入文字"花火",通过"字符"面板设置其字体为"金梅毛行书",字号为200,填充色为红色,描边色为橙红色,描边宽度为8像素,如图1-271所示。

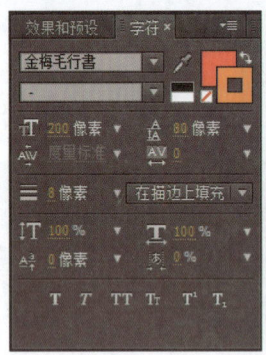

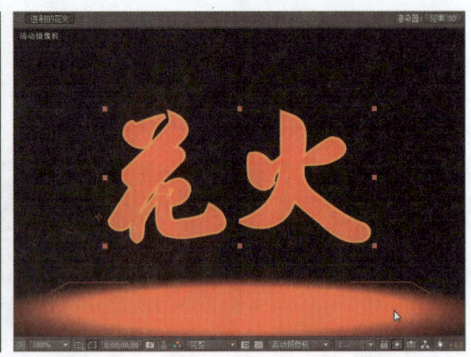

图1-271 编辑标题文字

06 在时间轴窗口中打开文字图层的3D开关,然后将其锚点移动到文字图像的中心(205.0,-60.0,0.0),并调整其"位置"参数为355.0,210.0,0.0,使文本显示在画面的中间,如图1-272所示。

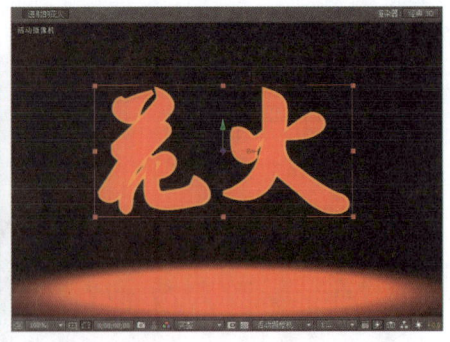

图1-272 设置文字的锚点位置

07 在文字图层上单击鼠标右键并选择"图层样式→斜面和浮雕"命令,在时间轴窗口中设置其"技术"选项为"雕刻清晰","大小"为10.0,"高度"为0x+60.0°,"高亮模式"为"叠加",为文字对象编辑立体浮雕效果,如图1-273所示。

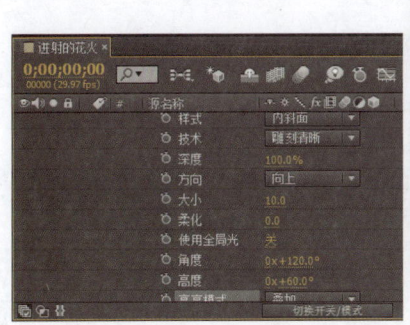

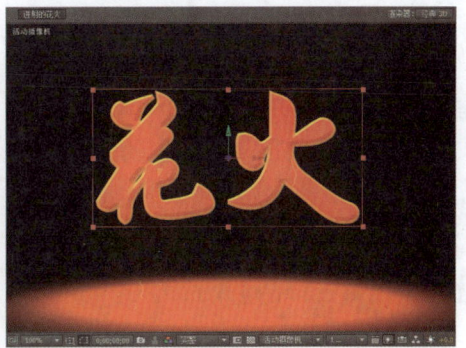

图1-273 编辑文字的立体浮雕效果

08 按"Ctrl+Y"键打开"纯色设置"对话框，新建一个纯色图层"火花"，设置填充色为橙色并单击"确定"按钮。

09 选择纯色图层"火花"并选择"效果→模拟→CC Particle World（粒子场）"命令，为其添加该特效。在"效果控件"面板中展开该特效的Particle（粒子）选项组，在Particle Type（粒子类型）下拉列表中选择Lens Convex（凸透镜），设置Birth Size（生成大小）为0.2，Death Size（消逝大小）为0.1，如图1-274所示。

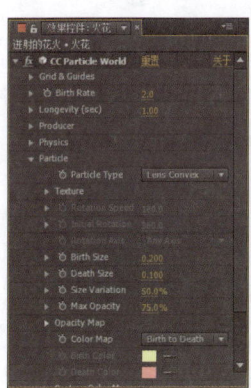

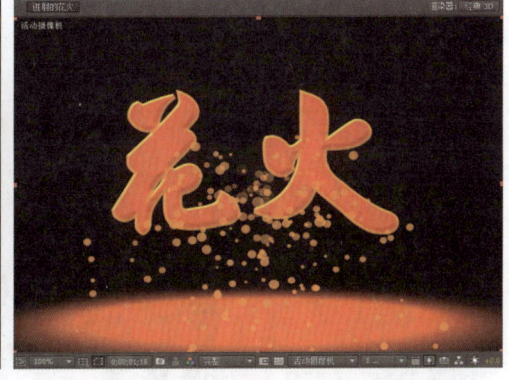

图1-274 添加特效并设置参数

10 展开Physics（物理）选项组，设置Animation（动画类型）为Twirl（旋转），Velocity（速率）为1.50，Inherit Velocity（继承速率）为2800.0，Gravity（重力）为0.050，如图1-275所示。

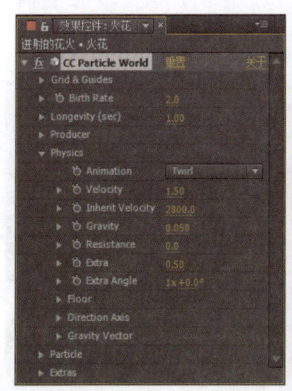

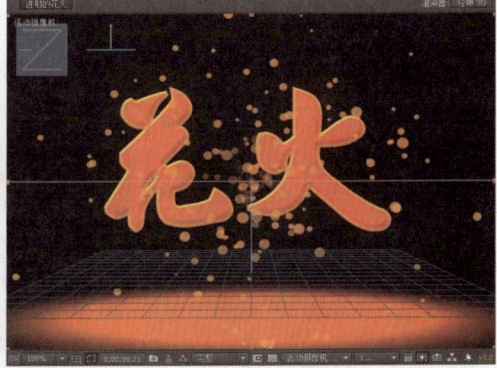

图1-275 设置粒子物理参数

⑪ 在时间轴窗口中展开纯色图层"火花"的效果选项，为Birth Rate（产生率）选项和Producer（生成器）选项组下面的Position X（X轴位置）、Position Z（Z轴位置）选项创建关键帧动画，并为Position X、Position Z选项后面的关键帧设置缓动效果，编辑出生成的粒子在画面中快速飞舞的动画效果，如图1-276所示。

		00:00:00:00	00:00:01:00	00:00:02:00	00:00:03:00	00:00:04:00
⏱	Birth Rate	2.0	0.5	1.0	2.0	1.0
⏱	Position X	−0.30		0.00	−0.05	0.01
⏱	Position Z	−0.50		0.20	0.10	0.10

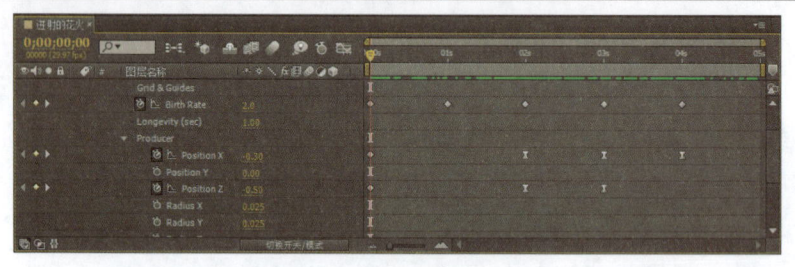

图1-276 编辑关键帧动画

⑫ 为图层"火花"添加"风格化→发光"效果，设置"发光阈值"为30%，"发光半径"为10，"发光强度"为0.5，增强火花图像的光色效果，如图1-277所示。

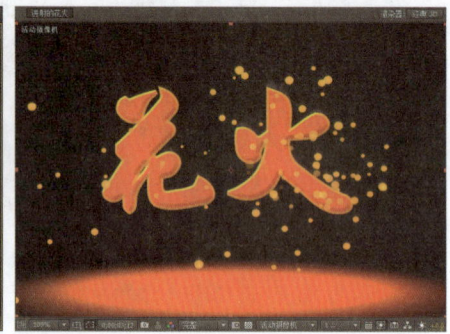

图1-277 添加特效并设置参数

⑬ 在时间轴窗口中按下工具栏上的 按钮，启用运动模糊效果。单击纯色图层"火花"在"图层开关"窗格中的运动模糊开关，使合成窗口中的火花运动动画产生动态模糊效果，模拟出火花跳跃迸射的画面效果，如图1-278所示。

图1-278 打开运动模糊效果

⑭ 在时间轴窗口中对纯色图层"火花"进行一次复制,然后将复制得到的新图层的混合模式设置为"相加",提高火花动画图像的亮度,如图1-279所示。

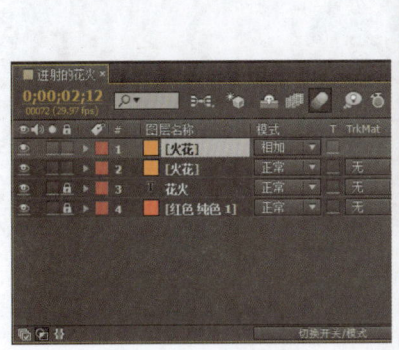

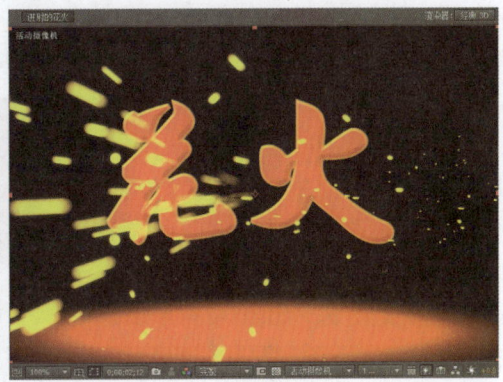

图1-279 复制图层并设置图层混合模式

⑮ 将时间指针定位在开始位置,选择"图层→新建→灯光"命令,打开"灯光设置"对话框,设置"灯光类型"为聚光灯,灯光颜色为白色,"强度"为180%,"锥形角度"为90°,然后单击"确定"按钮,新建一个灯光图层"灯光1",如图1-280所示。

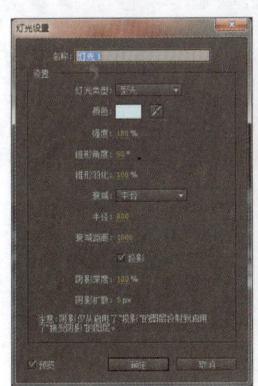

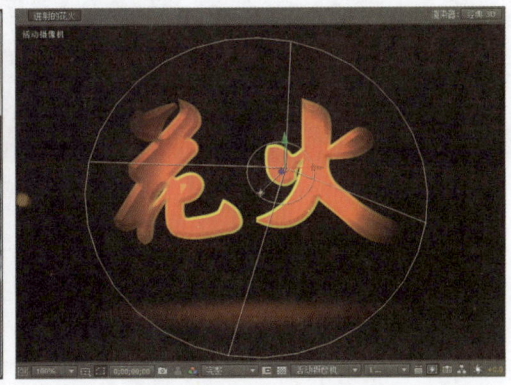

图1-280 新建聚光灯图层

⑯ 在时间轴窗口中展开"灯光1"图层的"变换"选项,将灯光移动到(400.0,-35.0,-345.0)的位置,然后设置其目标点的位置为(375.0,130.0,-85.0),使其从画面的右上方向下照射标题文字,如图1-281所示。

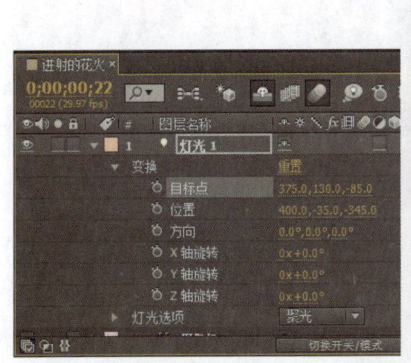

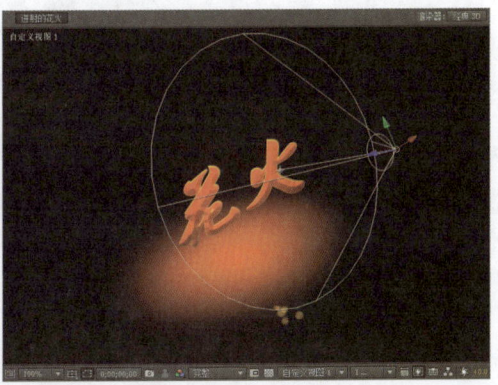

图1-281 设置灯光位置

⑰ 在时间轴窗口中单击鼠标右键并选择"新建→摄像机"命令,打开"摄像机设置"对话框,选择"类型"为"双节点摄像机",设置"缩放"为150.0毫米,单击"确定"按钮,新建一个摄像机"摄像机1",如图1-282所示。

⑱ 展开摄像机1图层的"变换"选项,为其编辑"目标点"和"位置"的位移关键帧动画,并为"位置"选项的结束关键帧设置缓入效果,如图1-283所示。

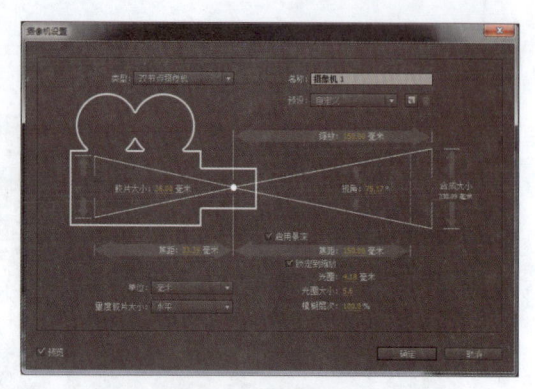

图1-282　新建摄像机

		00:00:00:00	00:00:02:15	00:00:03:00
⏱	目标点	400.0,240.0,0.0	360.0,240.0,0.0	
⏱	位置	900.0,0.0,-500.0	360.0,240.0,-500.0	360.0,350.0,-425.0

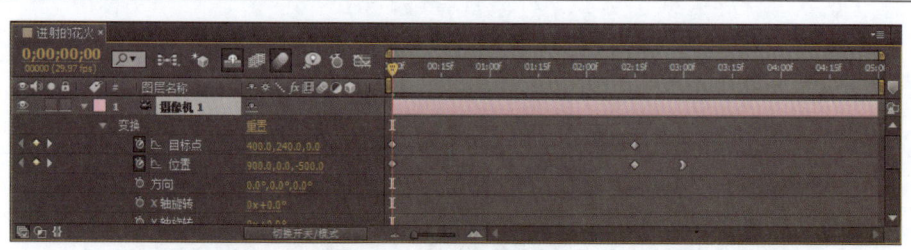

图1-283　编辑关键帧动画

⑲ 按"Ctrl+S"键保存项目,拖动时间指针或按空格键,播放预览编辑完成的动画效果。

⑳ 在项目窗口中选择编辑完成的影片合成,选择"合成→添加到渲染队列"命令,打开"渲染队列"窗口,设置好影片渲染格式、保存目录和文件名称,将合成项目输出为影片文件,如图1-284所示。

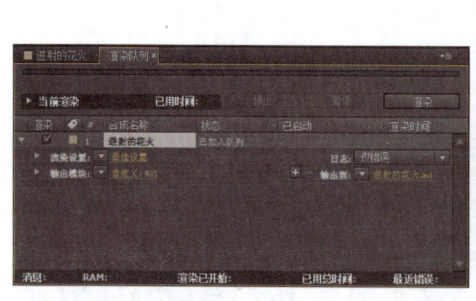

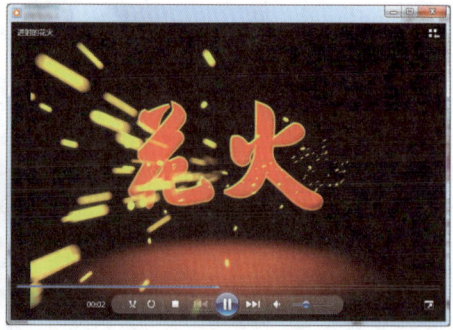

图1-284　将编辑好的合成输出为影片文件

Example 实例 25 捧在手中的焰火

素材目录	光盘\实例文件\实例25\Media\
项目文件	光盘\实例文件\实例25\Complete\捧在手中的焰火.aep

教学视频	光盘\教学视频\实例25：捧在手中的焰火.flv
应用特效	CC Particle World、CC Radial Fast Blur、CC Vector Blur、色阶、发光
编辑要点	1. 应用"CC Particle World"特效，编辑出立方体粒子火焰的燃烧动画。 2. 应用"CC Radial Fast Blur"特效，在粒子火焰动画图像上生成放射光线的效果。 3. 应用"CC Radial Fast Blur"特效，使模糊后的粒子图像生成动态火焰的图像效果。 4. 应用"色阶"、"发光"特效，增强火焰动画的动态光线效果。

本实例的最终完成效果，如图1-285所示。

图1-285 实例完成效果

01 在项目窗口中的空白处双击鼠标左键，打开"导入"对话框，选择本实例素材目录中准备的素材文件并导入。

02 将导入的图像素材按住并拖入空白的时间轴窗口中，应用其视频属性创建合成。按"Ctrl+K"键打开"合成设置"对话框，将合成名称设置为"捧在手中的焰火"，在"预设"下拉列表中选择PAL D1/DV，将合成的持续时间修改为5秒，如图1-286所示。

03 按"Ctrl+Y"键打开"纯色设置"对话框，新建一个纯色图层"火焰"，设置填充色为黑色，单击"确定"按钮，如图1-287所示。

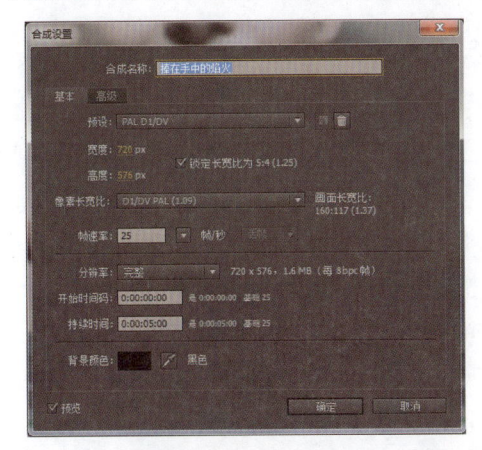

图1-286 修改合成设置

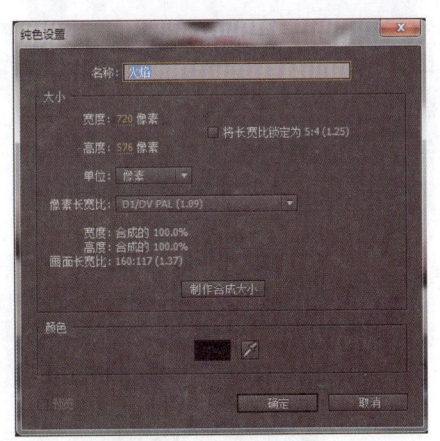

图1-287 新建纯色图层

04 选择纯色图层"火焰"并选择"效果→模拟→CC Particle World（粒子场）"命令，为其添加该特效。在"效果控件"面板中展开该特效的Producer（生成器）选项组，将Radius X/Y/Z（X/Y/Z轴半径）三个选项的数值都修改为0，将Position Y（Y轴位置）的数值修改为0.20，将粒子的发生位置设置在背景中人物的双手中间，如图1-288所示。

95

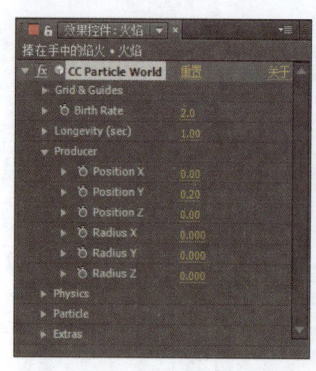

图1-288 添加特效并设置参数

05 展开特效的Physics（物理）选项组，设置Animation（动画类型）为Fire（火焰），Velocity（速率）为2.50，Gravity（重力）为0.30，Resistance（阻力）为1.0，Extra（外作用力）为1.0，如图1-289所示。

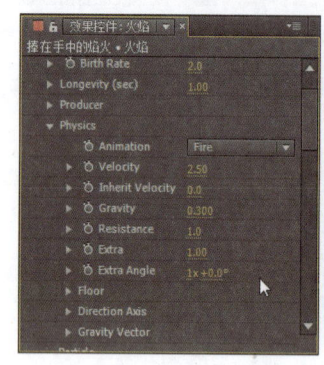

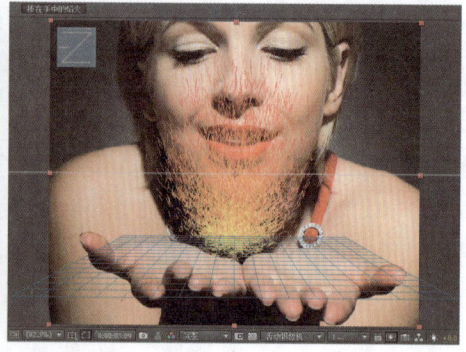

图1-289 设置粒子物理参数

06 展开Particle（粒子）选项组，在Particle Type（粒子类型）下拉列表中选择Cube（立方体），设置Rotation Speed（旋转速度）为10.0，Initial Rotation（继承旋转）为50.0，Birth Size（生成大小）为0.2，Death Size（消逝大小）为0.3，Size Variation（大小变化）为80.0%，然后设置Birth Color（生成颜色）为紫红色，Death Color（消逝颜色）为蓝色，如图1-290所示。

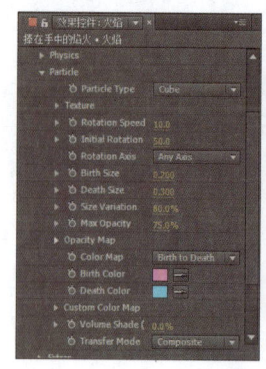

图1-290 设置粒子类型效果

07 为纯色图层"火焰"添加"模糊和锐化→CC Radial Fast Blur（快速径向模糊）"特效，设置Amount（数值）为70，并在Zoom（缩放）下拉列表中选择Standard（标准），在粒子图像上生成放射光线。按下Center（中心点）选项后面的■按钮，在合成窗口中将模糊效果的发射中心点位置定位在粒子生成的中心位置（370.0,400.0）；如图1-291所示。

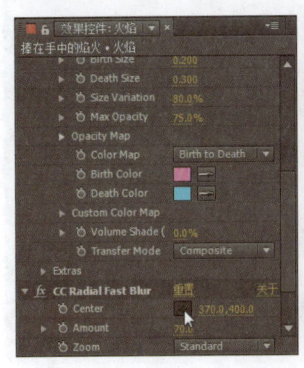

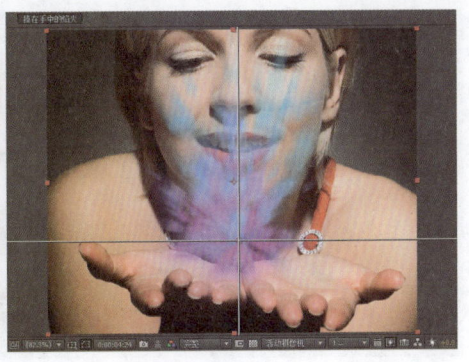

图1-291　添加径向模糊效果

08 为纯色图层"火焰"添加"模糊和锐化→CC Vector Blur（快速矢量模糊）"特效，在Type（类型）下拉列表中选择Natural（自然），设置Amount（数值）为80，Ridge Smoothness（褶皱平滑）为2.0，使模糊后的粒子图像生成类似动态火焰的图像效果，如图1-292所示。

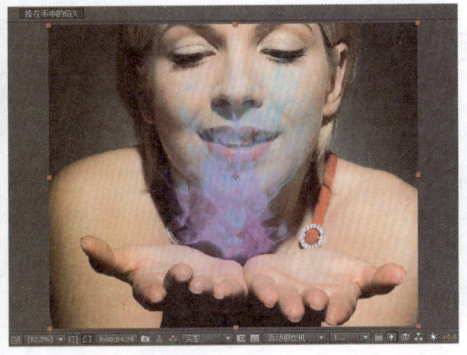

图1-292　添加矢量模糊效果

09 在"效果控件"面板中单击鼠标右键并选择"颜色校正→色阶"命令，然后设置"输入黑色"的数值为45，"输入白色"的数值为200，"灰度系数"的数值为1.0，增强火焰动画图像效果中的明暗对比，如图1-293所示。

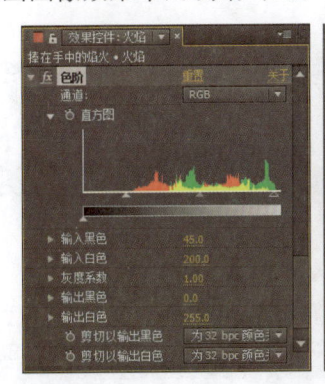

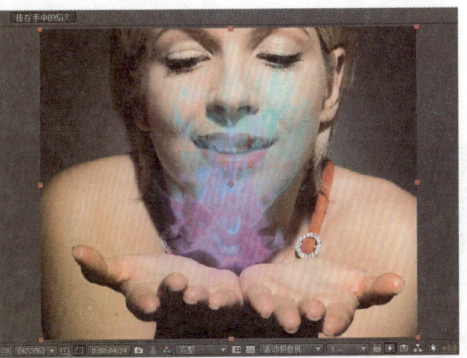

图1-293　增强明暗对比

⑩ 为纯色图层"火焰"添加"风格化→发光"特效，设置"发光阈值"为80%，"发光半径"为20，"发光强度"为2.0，保持其他选项的默认设置，为火焰动画添加发光效果，如图1-294所示。

图1-294　添加发光效果

⑪ 在时间轴窗口中选择纯色图层"火焰"并按"Ctrl+D"键对其进行一次复制，将复制得到的新图层的混合模式设置为"相加"，并将其"不透明度"修改为50%，在合成画面中进一步提升粒子火焰动画的亮度，如图1-295所示。

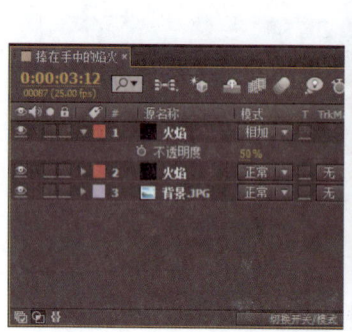

图1-295　复制图层并设置不透明度

⑫ 按"Ctrl+S"键保存项目，拖动时间指针或按空格键，播放预览编辑完成的动画效果。

⑬ 在项目窗口中选择编辑完成的影片合成，选择"合成→添加到渲染队列"命令，打开"渲染队列"窗口，设置好影片渲染格式、保存目录和文件名称，将合成项目输出为影片文件，如图1-296所示。

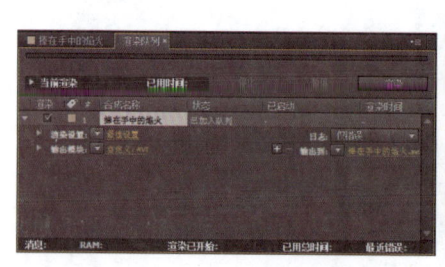

图1-296　将编辑好的合成输出为影片文件

Example 实例 26 矩阵流光文字

素材目录	光盘\实例文件\实例26\Media\
项目文件	光盘\实例文件\实例26\Complete\矩阵流光文字.aep
教学视频	光盘\教学视频\实例26：矩阵流光文字.flv
应用特效	粒子运动场、残影、置换图、发光、CC Radial Fast Blur
编辑要点	1. 应用"粒子运动场"特效，编辑文字字符随机落下的矩阵动画。 2. 应用"残影"特效，为画面中随机下落的文字动画设置残影效果。 3. 应用"置换图"特效，使文字在下落过程中根据背景人物图像的明暗变化而扭曲。 4. 应用"发光"和"CC Radial Fast Blur"特效，增强矩阵文字动画的光线效果。

本实例的最终完成效果，如图1-297所示。

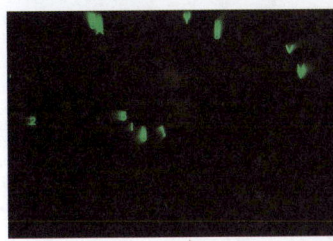

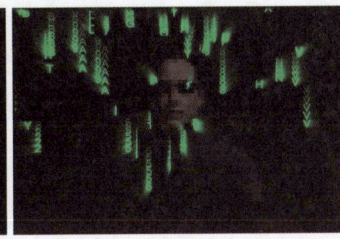

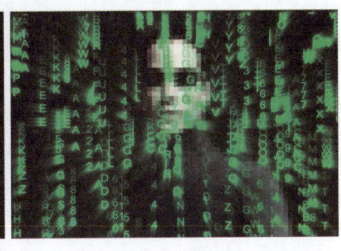

图1-297 实例完成效果

01 在项目窗口中的空白处双击鼠标左键，打开"导入"对话框，选择本实例素材目录中准备的素材文件并导入。

02 将导入的图像素材按住并拖入空白的时间轴窗口中，应用其视频属性创建合成。按"Ctrl+K"键打开"合成设置"对话框，设置合成名称为"矩阵流光文字"，持续时间为5秒。

03 按"Ctrl+Y"键打开"纯色设置"对话框，新建一个纯色图层"文字"，设置填充色为黑色，单击"确定"按钮。

04 选择纯色图层"文字"并选择"效果→模拟→粒子运动场"命令，为其添加该特效。在时间轴窗口中拖动时间指针，即可在合成窗口中查看到默认的粒子动画效果，如图1-298所示。

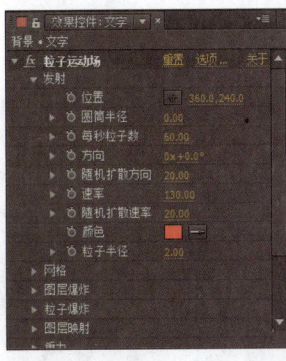

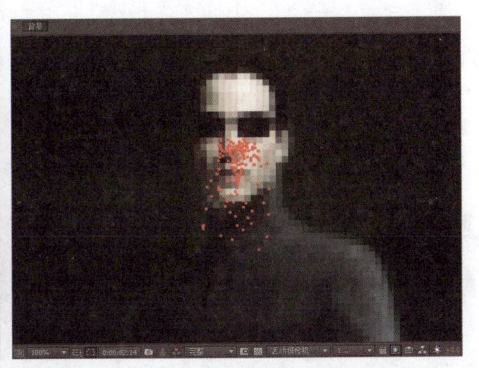

图1-298 添加特效

05 在"效果控件"面板中单击"粒子运动场"后面的"选项"文字按钮，在弹出的"粒子运动场"窗口中单击"编辑发射文字"按钮，在打开的对话框中，勾选"循环文字"复选框并选择"顺序"选项中的"随机"选项,然后在下面的文字框中输入全部英文字母和阿拉伯数字,如图1-299所示。

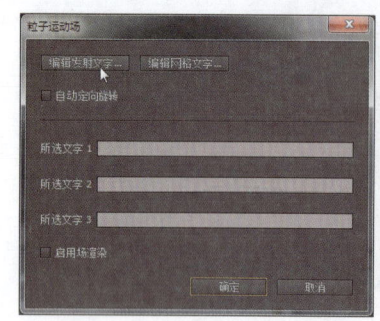

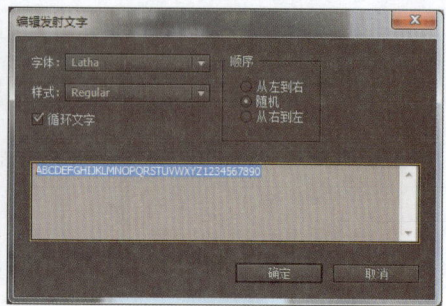

图1-299　编辑发射文字内容

06 输入需要的文字内容后,单击"确定"按钮,回到"粒子运动场"窗口中并单击"确定"按钮,回到"效果控件"面板中。展开"发射"选项组,设置"位置"数值为360.0,-100.0,将粒子的喷射位置定位与画面的上方。设置"圆筒半径"为360.0,使粒子的喷射范围覆盖画面宽度。设置"每秒粒子数"为100,"速率"为10,"颜色"为绿色,"字体大小"为25。展开"重力"选项组,设置"力"选项的数值为800,如图1-300所示。

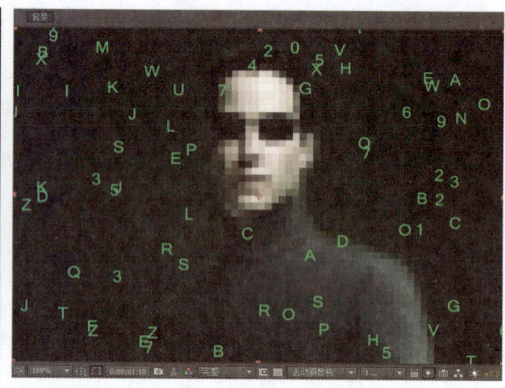

图1-300　设置粒子效果参数

07 为纯色图层"文字"添加"时间→残影"特效,设置"残影数量"为6,"衰减"数值为0.6,为画面中随机下落的文字动画设置残影效果,如图1-301所示。

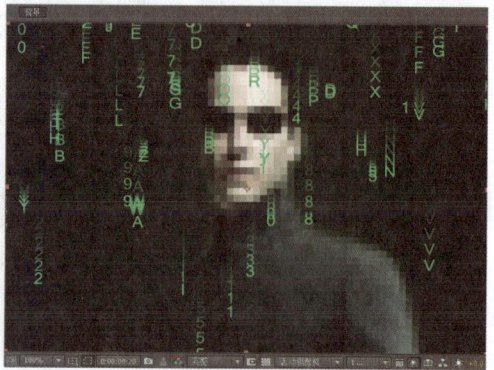

图1-301　设置残影效果

08 在时间轴窗口中选择纯色图层"文字"并按"Ctrl+D"键对其进行一次复制,在"效果控件"面板中修改"发射"选项组中的"位置"为(320.0,-150.0),"圆筒半径"为380.0,"每秒粒子数"为50,"速率"为15.0,在画面中增加粒子的数量和变化效果,如图1-302所示。

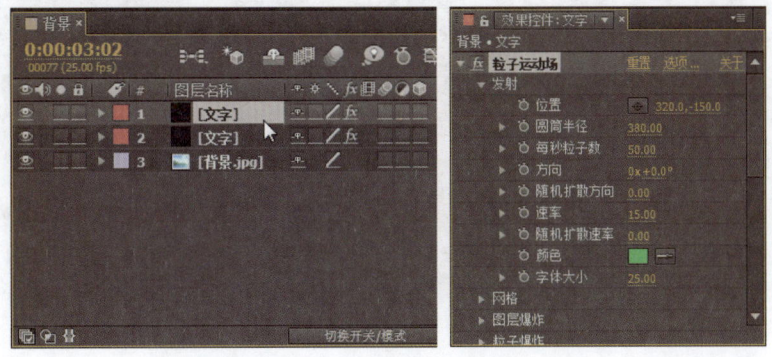

图1-302 复制图层并修改效果参数

09 选择两个"文字"图层并按"Ctrl+Shift+C"键打开"预合成"对话框,选择"将所有属性移动到新合成"选项,将选中的图层转换成一个新建的合成"矩阵文字",如图1-303所示。

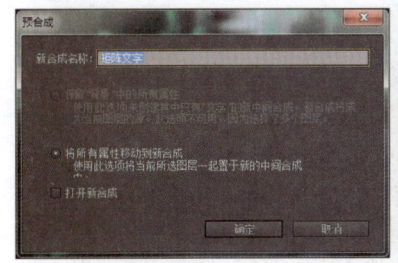

图1-303 将图层转换为合成

10 选择转换后得到的新图层"矩阵文字",为其添加"扭曲→置换图"特效,在"效果控件"面板中单击"置换图层"选项后面的下拉列表,选择图层2作为其置换图层。在"用于水平置换"、"用于垂直置换"下拉列表中选择"明亮度",使矩阵文字在下落过程中,根据背景人物图像中的明暗度变化发生相应的扭曲变形,如图1-304所示。

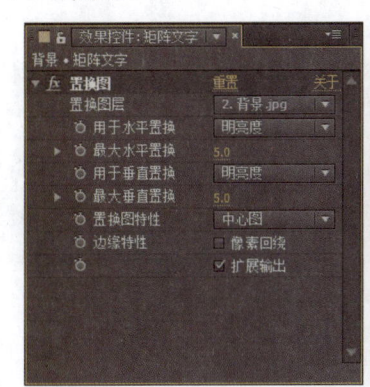

图1-304 设置图像置换效果

⑪ 为合成图层"矩阵文字"添加"风格化→发光"效果,保持所有选项的默认设置,为矩阵文字动画添加发光效果,如图1-305所示。

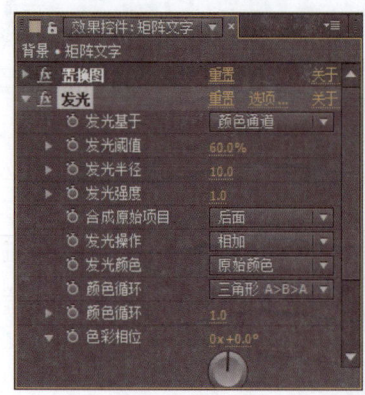

图1-305 设置发光效果

⑫ 在时间轴窗口中选择"矩阵文字"图层并按"Ctrl+D"快捷键对其进行一次复制,然后选择图层2,在"效果控件"面板中为其添加"模糊和锐化→CC Radial Fast Blur(快速径向模糊)"特效,保持所有选项的默认设置,为矩阵文字动画增加散射光线效果,如图1-306所示。

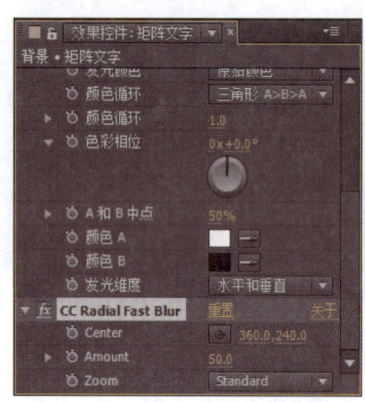

图1-306 设置径向模糊效果

⑬ 在时间轴窗口中选择背景图层并按"S"键和"Shift+T"键,展开图层的"缩放"、"不透明度"选项,为背景图层编辑从开始到第2秒,图像大小从60%逐渐放大到100%的淡入动画效果,并为"缩放"选项的结束关键帧设置缓入动画效果,如图1-307所示。

图1-307 编辑关键帧动画

⑭ 按"Ctrl+S"键保存项目,拖动时间指针或按空格键,播放预览编辑完成的动画效果。
⑮ 在项目窗口中选择编辑完成的影片合成,选择"合成→添加到渲染队列"命令,打开

"渲染队列"窗口，设置好影片渲染格式、保存目录和文件名称，将合成项目输出为影片文件，如图1-308所示。

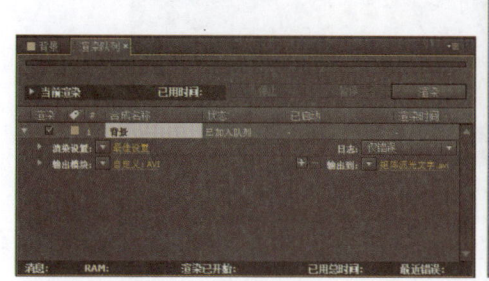

图1-308 将编辑好的合成输出为影片文件

Example 实例 27 星光闪烁

素材目录	光盘\实例文件\实例27\Media\
项目文件	光盘\实例文件\实例27\Complete\星光闪烁.aep
教学视频	光盘\教学视频\实例27：星光闪烁.flv
应用特效	CC Particle System II、发光
编辑要点	1. 应用"CC Particle System II"特效，编辑出星光粒子闪烁的动画效果。 2. 应用"发光"特效，增强星光闪烁动画的发光效果。

本实例的最终完成效果，如图1-309所示。

图1-309 实例完成效果

01 在项目窗口中的空白处双击鼠标左键，打开"导入"对话框，选择本实例素材目录中准备的素材文件并导入。

02 将导入的图像素材按住并拖入空白的时间轴窗口中，应用其视频属性创建合成。按"Ctrl+K"键打开"合成设置"对话框，设置合成名称为"星光闪烁"，持续时间为5秒。

03 按"Ctrl+Y"键打开"纯色设置"对话框，新建一个纯色图层"黑色 纯色1"，设置填充色为黑色，单击"确定"按钮。

04 选择纯色图层"黑色 纯色1"并选择"效果→模拟→CC Particle System II（粒子系统II）"命令，为其添加该特效。在时间轴窗口中拖动时间指针，即可在合成窗口中查看到默认的粒子动画效果，如图1-310所示。

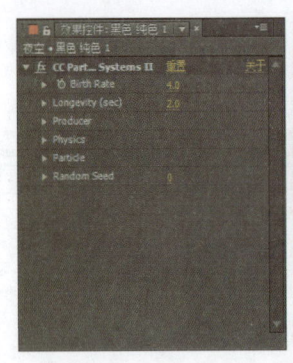

图1-310 添加特效

05 修改Birth Rate（生成频率）选项的数值为0.5，设置每0.5秒生成一次粒子。展开Particle（粒子）选项组，在Particle Type（粒子类型）下拉列表中选择Star（星星），然后设置Birth Size（生成大小）为0.05，Death Size（消逝大小）为0.2，Size Variation（大小变化）为50.0%。在Opacity Map（不透明度模式）选项的下拉列表中选择Fade In and Out（淡入并淡出），然后设置Birth Color（生成颜色）为淡黄色，Death Color（消逝颜色）为淡蓝色，如图1-311所示。

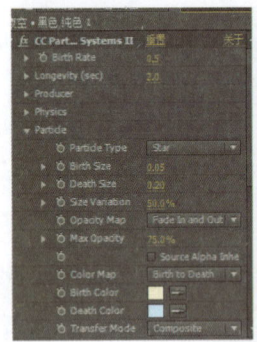

图1-311 设置效果参数

06 展开Producer（生成器）选项组，设置Radius X（X轴半径）选项的数值为120.0，Radius Y（Y轴半径）选项的数值为150.0，使生成的星光粒子散开到覆盖整个画面，如图1-312所示。

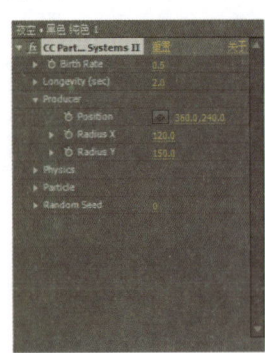

图1-312 设置效果参数

07 展开特效的Physics（物理）选项组，将Velocity（速率）和Gravity（重力）选项的数值设置为0，使生成的粒子保持在产生时的位置不下落，如图1-313所示。

⑧ 为纯色图层"黑色 纯色1"添加"风格化→发光"效果，保持所有选项的默认设置，增强星光闪烁动画的发光效果，如图1-314所示。

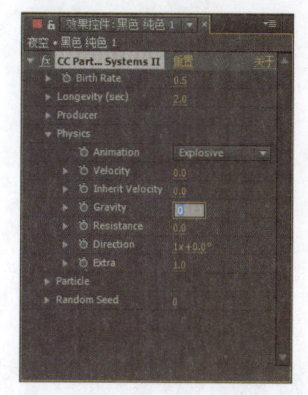

图1-313　设置粒子的物理属性　　　　　　图1-314　添加发光效果

⑨ 从项目窗口中选择图像素材，将其加入到当前合成的时间轴窗口中的最上层，然后选择"矩形工具"，在图像中的下部绘制一个矩形蒙版，在时间轴窗口中设置其"蒙版羽化"的数值为50像素，使天空中被山脉挡住的星星不显示，同时天边远处的星星被淡化处理，如图1-315所示。

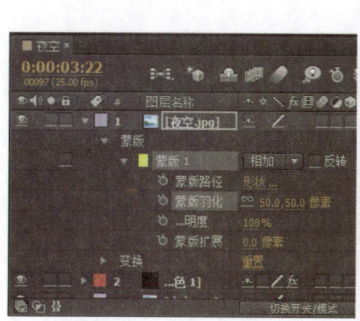

图1-315　绘制蒙版并设置蒙版羽化

⑩ 按"Ctrl+S"键保存项目，拖动时间指针或按空格键，播放预览编辑完成的动画效果。

⑪ 在项目窗口中选择编辑完成的影片合成，选择"合成→添加到渲染队列"命令，打开"渲染队列"窗口，设置好影片渲染格式、保存目录和文件名称，将合成项目输出为影片文件，如图1-316所示。

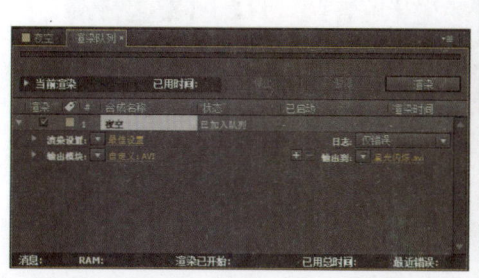

图1-316　将编辑好的合成输出为影片文件

After Effects CC 光效设计

Example 实例 28 疾驰的灯光

素材目录	光盘\实例文件\实例28\Media\
项目文件	光盘\实例文件\实例28\Complete\疾驰的灯光.aep
教学视频	光盘\教学视频\实例28：疾驰的灯光.flv
应用特效	粒子运动场、变换、快速模糊、发光
编辑要点	1. 应用"粒子运动场"特效，编辑红色粒子随机落下的动画效果。 2. 应用"变换"和"快速模糊"特效，将粒子颗粒图像拉长并生成动感模糊光效。 3. 应用"发光"特效，为拉长的粒子飞速动画增加发光效果，模拟出夜晚道路上车水马龙的汽车尾灯拖影效果。

本实例的最终完成效果，如图1-317所示。

图1-317 实例完成效果

01 在项目窗口中的空白处双击鼠标左键，打开"导入"对话框，选择本实例素材目录中准备的素材文件并导入。

02 将导入的图像素材按住并拖入空白的时间轴窗口中，应用其视频属性创建合成。按"Ctrl+K"键打开"合成设置"对话框，设置合成名称为"疾驰的灯光"，持续时间为5秒。

03 按"Ctrl+Y"键打开"纯色设置"对话框，新建一个纯色图层"灯光"，设置填充色为黑色，单击"确定"按钮。

04 选择纯色图层"灯光"并单击"效果→模拟→粒子运动场"命令，为其添加该特效。在"效果控件"面板中展开"发射"选项组，设置"圆筒半径"为300.0，设置"每秒粒子数"为100，"速率"为150，"颜色"为红色，"粒子半径"为3.0，如图1-318所示。

图1-318 添加粒子特效并设置参数

106

05 为纯色图层"灯光"添加"扭曲→变换"特效,在"效果控件"面板中展开其设置选项,取消对"统一缩放"复选框的勾选,然后设置"缩放高度"为4000,如图1-319所示。

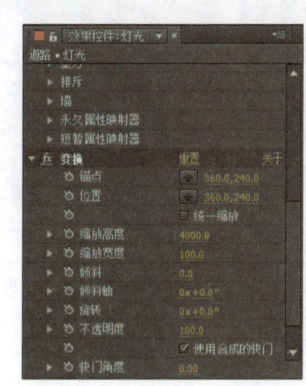

图1-319 添加特效并设置参数

06 为纯色图层"灯光"添加"模糊和锐化→快速模糊"特效,在"效果控件"面板中设置"模糊度"为300像素,然后在"模糊方向"下拉列表中选择"垂直",并勾选"重复边缘像素"复选框,如图1-320所示。

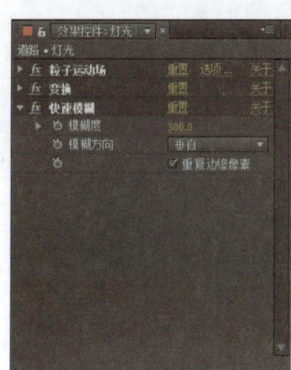

图1-320 添加特效并设置参数

07 为纯色图层"灯光"添加"风格化→发光"特效,设置"发光半径"为5.0,"发光强度"为2.0,保持其他选项的默认设置,为流光动画添加发光效果,如图1-321所示。

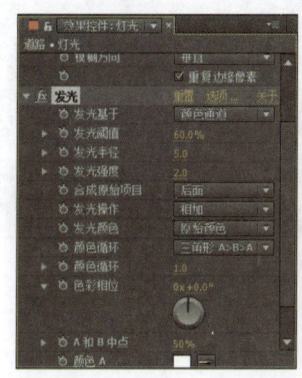

图1-321 添加特效并设置参数

08 选择时间轴窗口中的纯色图层"灯光",按"Ctrl+Shift+C"键打开"预合成"对话框，选择"将所有属性移动到新合成"选项，将该图层转换成一个新建的合成"疾驰灯光"，如图1-322所示。

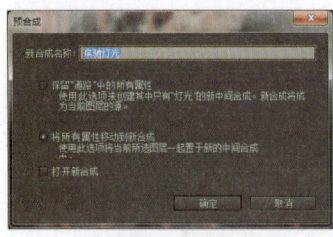

图1-322 该图层转换成合成

09 双击时间轴窗口中的合成图层"疾驰灯光"，进入其时间轴窗口。按"Ctrl+K"键打开"合成设置"对话框，取消对"锁定长宽比为……"复选框的勾选，然后修改合成的画面宽度为200像素，如图1-323所示。

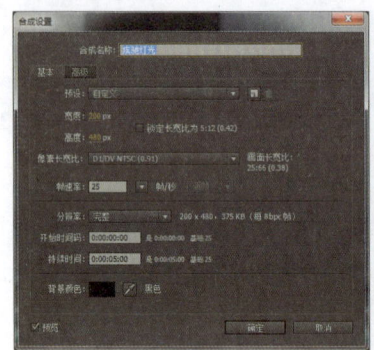

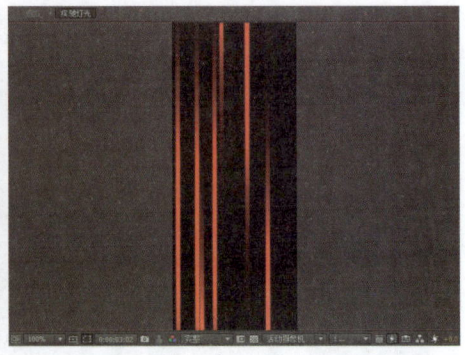

图1-323 修改合成画面宽度

10 展开合成"道路"的时间轴窗口，为其中的合成图层"疾驰灯光"设置图层混合模式为"相加"，然后为其添加"扭曲→边角定位"特效，在"效果控件"面板中修改4个定位点的位置，分别设置"左上"位置为（255.0,55.0），"右上"为（300.0,85.0），"左下"为（-120.0,480.0），"右下"为（80.0,480.0），如图1-324所示。

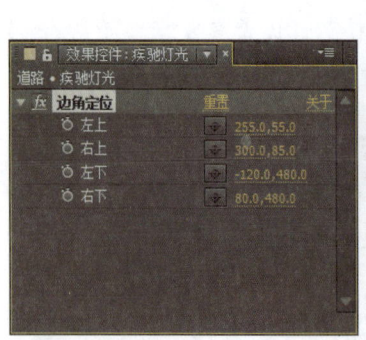

图1-324 添加特效并设置参数

11 从项目窗口中选择图像素材"道路"，将其加入到当前合成的时间轴窗口中的最上层，然后选择"钢笔工具"，沿图像街道的边缘绘制封闭的蒙版，在时间轴窗口中展开图层"道路"的蒙版选项并勾选"反转"复选框，得到图层2中的车流灯光拖影动画只显示在街道路面上的效果，如图1-325所示。

图1-325　绘制蒙版

⑫ 按"Ctrl+S"键保存项目，拖动时间指针或按空格键，播放预览编辑完成的动画效果。
⑬ 在项目窗口中选择编辑完成的影片合成，选择"合成→添加到渲染队列"命令，打开"渲染队列"窗口，设置好影片渲染格式、保存目录和文件名称，将合成项目输出为影片文件，如图1-326所示。

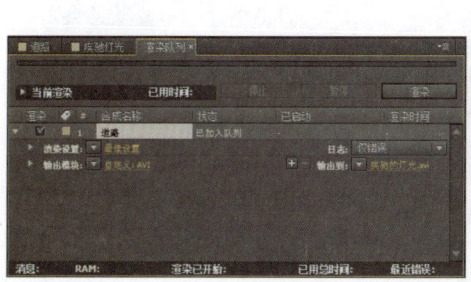

图1-326　将编辑好的合成输出为影片文件

Example 实例 29　来自星星的告白

素材目录	光盘\实例文件\实例29\Media\
项目文件	光盘\实例文件\实例29\Complete\来自星星的告白.aep
教学视频	光盘\教学视频\实例29：来自星星的告白.flv
应用特效	CC Particle System II、发光
编辑要点	1. 应用"CC Particle System II"特效，编辑出星光粒子的动画效果。 2. 为星光粒子图层与空对象图层的运动路径建立联动关系，使星光动画生成写字效果。 3. 应用"发光"特效，增强星光粒子写字动画的发光效果。

本实例的最终完成效果，如图1-327所示。

图1-327　实例完成效果

109

After Effects CC

01 在项目窗口中的空白处双击鼠标左键,打开"导入"对话框,选择本实例素材目录中准备的素材文件并导入。

02 将导入的图像素材按住并拖入空白的时间轴窗口中,应用其视频属性创建合成。按"Ctrl+K"键打开"合成设置"对话框,设置合成名称为"来自星星的告白",持续时间为5秒。

03 按"Ctrl+Y"键打开"纯色设置"对话框,新建一个纯色图层"路径",设置填充色为黑色,单击"确定"按钮,如图1-328所示。

04 在工具栏中选择"钢笔工具",在纯色图层"路径"上绘制出"I♥U"的路径,并将路径曲线调整平滑,如图1-329所示。

图1-328 新建纯色图层　　　　图1-329 绘制蒙版路径

05 在时间轴窗口中将时间指针定位在开始位置,单击鼠标右键并选择"新建→空对象"命令,新建一个空对象图层"空1",如图1-330所示。

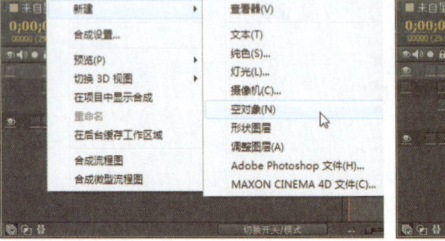

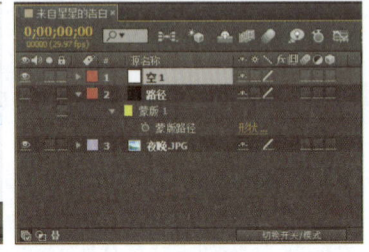

图1-330 新建空对象图层

06 按"M"键展开纯色图层"路径"的蒙版选项,选择"蒙版路径"选项并按"Ctrl+C"键进行复制,然后选择空对象图层并按"P"键,显示出"位置"选项并将其选中,按"Ctrl+V"键,将蒙版路径的顶点绘制位置作为空对象图层"位置"选项的关键帧动画位置,如图1-331所示。此时拖动时间指针,即可查看到合成窗口中空对象的运动动画。

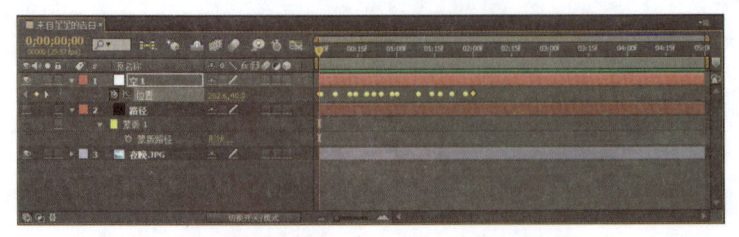

图1-331 复制路径位置创建关键帧动画

07 用鼠标框选中"位置"选项的所有关键帧，在按住"Alt"键的同时，向后拖动结束关键帧到第4秒的位置，对位移动画进行整体的拉长，如图1-332所示。

图1-332 调整关键帧动画速率

08 从项目窗口中选择前面创建的纯色图层"路径"，将其键入到时间轴窗口中的最上层，并将其图层名称修改为"星光"，如图1-333所示。

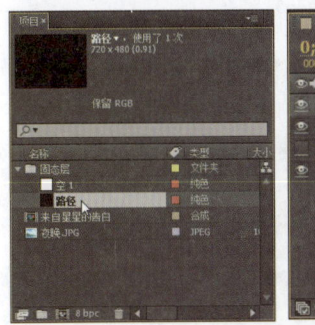

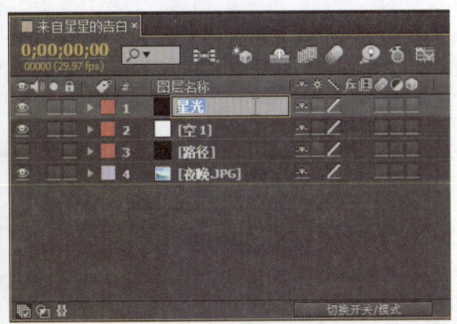

图1-333 加入素材并重命名图层

09 选择纯色图层"星光"并选择"效果→模拟→CC Particle System II（粒子系统II）"命令，为其添加该特效。展开Particle（粒子）选项组，在Particle Type（粒子类型）下拉列表中选择Star（星星），然后设置Birth Size（生成大小）为0.05，Death Size（消逝大小）为0.5，Size Variation（大小变化）为50.0%。在Opacity Map（不透明度模式）选项的下拉列表中选择Fade In and Out（淡入并淡出），然后设置Birth Color（生成颜色）为紫红色，Death Color（消逝颜色）为浅粉色，如图1-334所示。

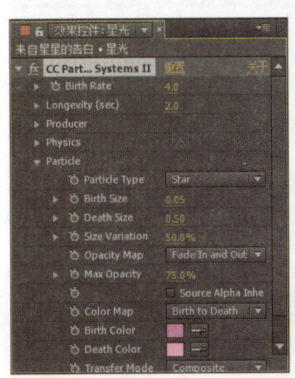

图1-334 添加特效并设置参数

10 修改Birth Rate（生成频率）选项的数值为0.5，设置每0.5秒生成一次粒子。设置Longevity（寿命）为8秒，使生成的粒子可以持续8秒的时间。展开特效的Physics（物理）选项组，设置Velocity（速率）的数值为0，Inherit Velocity（继承速率）为−30。

设置Gravity（重力）的数值为0，使生成的粒子保持在产生时的位置不下落。设置Resistance（阻力）为50.0，如图1-335所示。

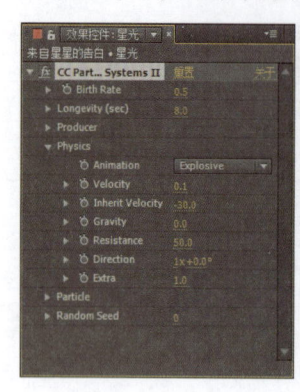

图1-335　设置粒子的物理选项

(11) 在时间轴窗口中，展开图层"空1"的"变换"选项，将"星光"图层的混合模式设置为"相加"。按"E"键展开图层"星光"的效果选项，选择Producer（生成器）选项组中的Position（位置）选项并选择"动画→添加表达式"命令，然后按住选项下面的 按钮并拖拽到图层"空1"的"位置"选项上，即可使"星光"图层获取与"空1"图层相同的位移关键帧动画，如图1-336所示。

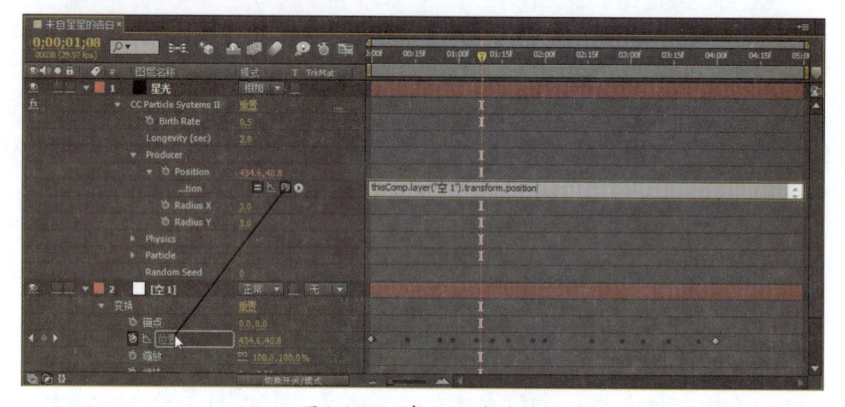

图1-336　建立联动关系

(12) 为"星光"图层添加"风格化→发光"特效，设置"发光半径"为5.0，保持其他选项的默认设置，为星光动画添加"发光"效果，如图1-337所示。

图1-337　添加发光效果

内置特效篇 第一篇

⑬ 按"Ctrl+S"键保存项目,拖动时间指针或按空格键,播放预览编辑完成的动画效果。
⑭ 在项目窗口中选择编辑完成的影片合成,选择"合成→添加到渲染队列"命令,打开"渲染队列"窗口,设置好影片渲染格式、保存目录和文件名称,将合成项目输出为影片文件,如图1-338所示。

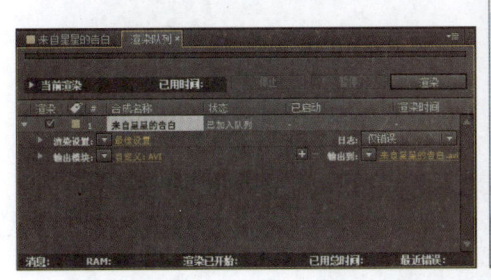

图1-338 将编辑好的合成输出为影片文件

Example 实例 30 空中穿梭的火球

素材目录	光盘\实例文件\实例30\Media\
项目文件	光盘\实例文件\实例30\Complete\空中穿梭的火球.aep
教学视频	光盘\教学视频\实例30:空中穿梭的火球.flv
应用特效	CC Particle World、发光
编辑要点	1. 应用"CC Particle World"特效,以绘制的火焰形状作为粒子形状,并为火焰动画获取与空对象图层相同的由远及近的空间运动动画。 2. 应用"发光"特效,增强火球穿梭动画的发光效果。

本实例的最终完成效果,如图1-339所示。

图1-339 实例完成效果

① 按"Ctrl+N"键打开"合成设置"对话框,新建一个合成"火焰形状",设置画面尺寸为200×200像素,设置持续时间为5秒,如图1-340所示。
② 按"Ctrl+Y"键打开"纯色设置"对话框,新建一个纯色图层"白色 纯色1",设置填充色为白色并单击"确定"按钮,如图1-341所示。
③ 在工具栏中选择"钢笔工具" ,在图层"白色 纯色1"上绘制一个火焰形状的蒙版,并调整其位置到画面的中间。在时间轴窗口中展开图层"白色 纯色1"的蒙版选项,设置"蒙版羽化"的数值为25像素,如图1-342所示。

113
After Effects CC

图1-340　新建合成

图1-341　新建纯色图层

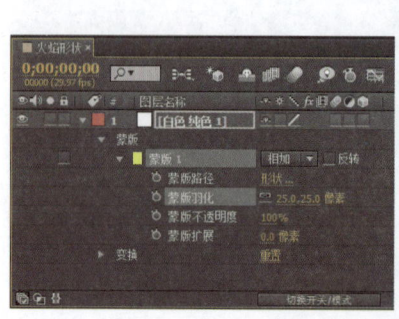

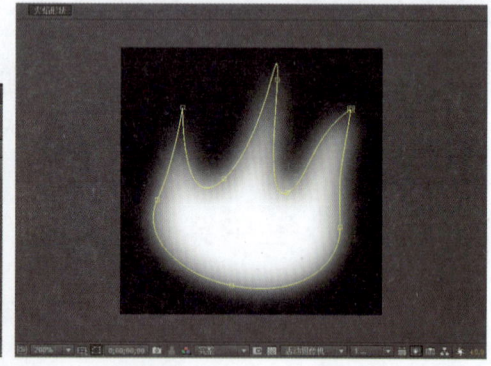

图1-342　绘制蒙版并设置蒙版羽化

04 在项目窗口中的空白处双击鼠标左键，打开"导入"对话框，选择本实例素材目录中准备的素材文件并导入。

05 在项目窗口中的图像素材上单击鼠标右键并选择"基于所选项新建合成"命令，以其视频属性创建一个合成"City"，然后将编辑好的"火焰形状"合成加入其时间轴窗口中的上层，并关闭其显示，如图1-343所示。

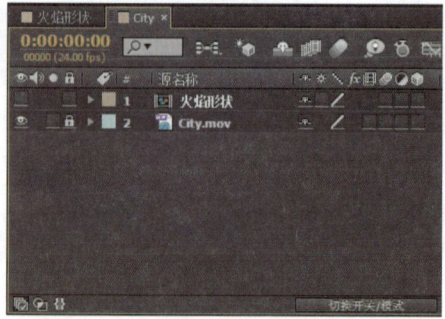

图1-343　创建合成并加入图层

06 在时间轴窗口中将时间指针定位在开始位置，单击鼠标右键并选择"新建→空对象"命令，新建一个空对象图层"Fly"，如图1-344所示。

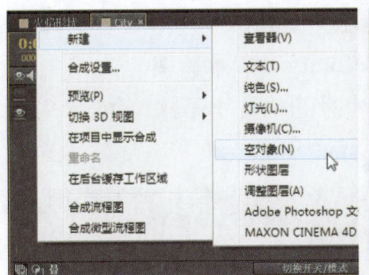

图1-344 新建空对象图层

07 打开图层"Fly"的3D开关，然后展开其"变换"选项组，按下"位置"选项前面的"时间变化秒表"按钮，为其创建位移关键帧动画，如图1-345所示。

		00:00:00:00	00:00:01:00	00:00:03:00	00:00:04:12
⏱	位置	700.0,400.0,2000.0	650.0,450.0,1200.0	470.0,250.0, -100.0	-300.0,150.0, -300.0

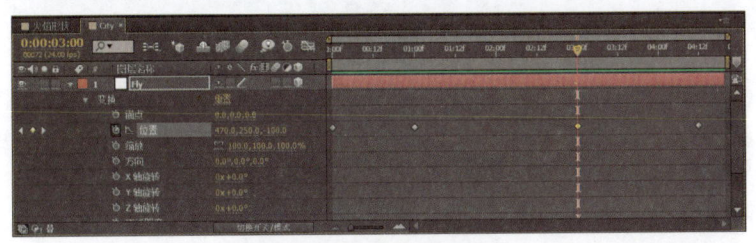

图1-345 编辑关键帧动画

08 按"Ctrl+Y"键打开"纯色设置"对话框，新建一个纯色图层"火焰球"，设置填充色为黑色，单击"确定"按钮。

09 选择"火焰球"图层并选择"效果→模拟→CC Particle World（粒子场）"命令，为其添加该特效。在"效果控件"面板中，设置Longevity（寿命）为2秒。展开Particle（粒子）选项组，在Particle Type（粒子类型）下拉列表中选择Textured Square（方形纹理），然后在Texture（纹理）子选项组的Texture Layer（纹理图层）下拉列表中选择图层"3.火焰形状"，作为其粒子形状；设置Birth Size（生成大小）为0.25，Death Size（消逝大小）为1.0，Size Variation（大小变化）为50.0%，Max Opacity（最大不透明度）为100.0%，然后设置Birth Color（生成颜色）为橙黄色，Death Color（消逝颜色）为橙红色，如图1-346所示。

图1-346 添加特效并设置参数

⑩ 展开特效的Physics（物理）选项组，设置Animation（动画类型）为Fire（火焰），Velocity（速率）的数值为0.2，Inherit Velocity（继承速率）为10.0；设置Gravity（重力）的数值为0，使生成的粒子保持在产生时的位置不下落；设置Resistance（阻力）为0.5，Extra（外作用力）为0，如图1-347所示。

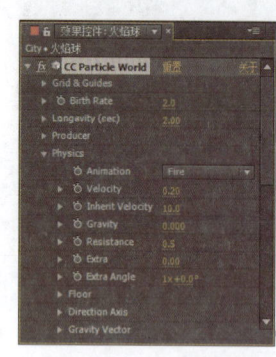

图1-347 设置粒子效果的物理参数

⑪ 在时间轴窗口中选择图层"City"并按"E"键，显示出图层的"效果"选项。展开特效的Producer（生成器）选项组，选择 Position X选项并选择"动画→添加表达式"命令，为其添加如图1-348所示的表达式语句，使粒子效果的X轴位置获得与"Fly"图层中X轴移动位置减去当前合成宽度一半后的数值。

x=thisComp.layer("Fly").transform.position[0]-thisComp.width/2

x/thisComp.width

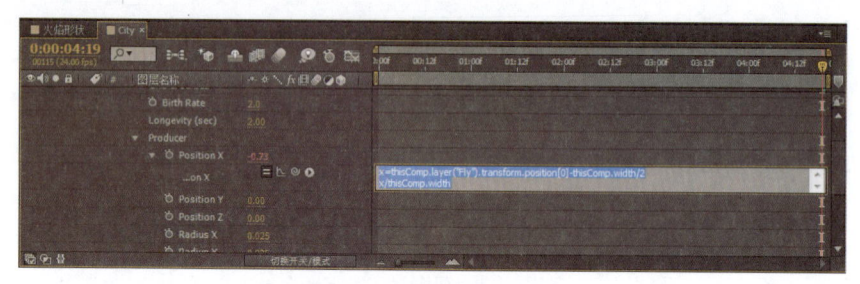

图1-348 编辑表达式语句

⑫ 选择 Position Y选项并选择"动画→添加表达式"命令，为其添加如图1-349所示的表达式语句，使粒子效果的Y轴位置获得与"Fly"图层中Y轴移动位置减去当前合成高度一半后的数值。

y=thisComp.layer（"Fly"）.transform.position[1]-thisComp.height/2

y/thisComp.width

图1-349 编辑表达式语句

⑬ 选择 Position Z选项并选择"动画→添加表达式"命令,为其添加如图1-350所示的表达式语句,使粒子效果的Z轴位置获得与"Fly"图层中Z轴移动位置相同的数值。
z=thisComp.layer("Fly").transform.position[2]
z/thisComp.width

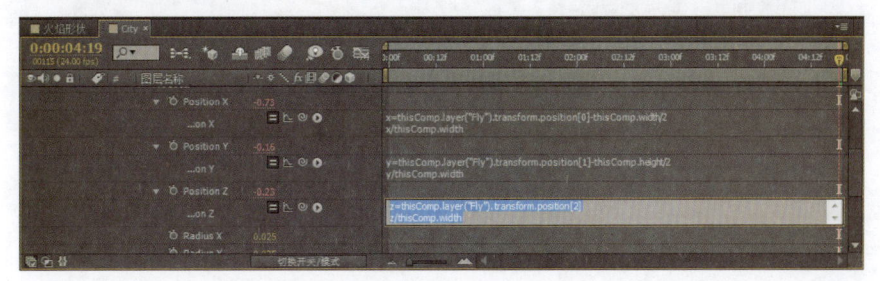

图1-350 编辑表达式语句

⑭ 拖动时间指针,即可查看到合成画面中粒子特效形成的火球在背景图层的街道中穿梭的动画效果。为"火焰球"图层添加"风格化→发光"特效,设置"发光阈值"为55.0%,"发光半径"为5.0,"发光强度"为0.5,为火焰球动画添加发光效果,如图1-351所示。

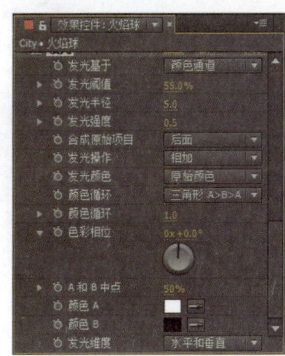

图1-351 添加发光效果

⑮ 在时间轴窗口中对"火焰球"图层进行一次复制,然后将新得到的图层1的混合模式设置为"相加",如图1-352所示。

图1-352 复制图层并设置混合模式

⑯ 选择复制得到的图层1,在"效果控件"面板中修改其CC Particle World(粒子场)特效的Longevity(寿命)选项参数为0.1秒。展开Particle(粒子)选项组,在Particle Type(粒子类型)下拉列表中选择Faded Sphere(渐隐球体),将该图层的粒子动画修改为只显示头部的动画,作为下层拖影火焰球的头部,如图1-353所示。

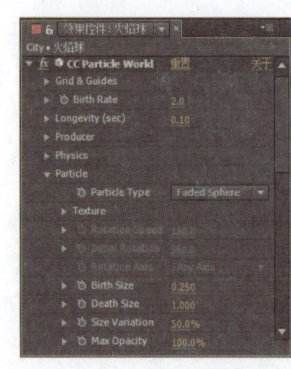

图1-353 修改复制图层的粒子效果参数

⑰ 按"Ctrl+S"键保存项目，拖动时间指针或按空格键，播放预览编辑完成的动画效果。

⑱ 在项目窗口中选择编辑完成的影片合成，选择"合成→添加到渲染队列"命令，打开"渲染队列"窗口，设置好影片渲染格式、保存目录和文件名称，将合成项目输出为影片文件，如图1-354所示。

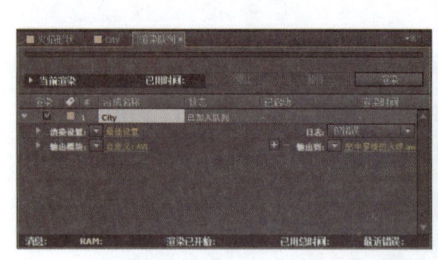

图1-354 将编辑好的合成输出为影片文件

Example 实例 31 太空飞船的光波

素材目录	光盘\实例文件\实例30\Media\
项目文件	光盘\实例文件\实例30\Complete\.aep
教学视频	光盘\教学视频\实例31：太空飞船的光波.flv
应用特效	椭圆、发光
编辑要点	1. 应用"椭圆"特效，配合关键帧动画的编辑和图层的序列化处理，编辑出光波逐次发射变大的动画效果。 2. 应用"发光"特效，增强光波动画的发光效果。 3. 通过绘制2层蒙版并设置合适的蒙版合成模式，编辑出逼真的空间层次效果。

本实例的最终完成效果，如图1-355所示。

图1-355 实例完成效果

01 在项目窗口中的空白处双击鼠标左键,打开"导入"对话框,选择本实例素材目录中准备的素材文件并导入。

02 将导入的图像素材按住并拖入空白的时间轴窗口中,应用其视频属性创建合成。按"Ctrl+K"键打开"合成设置"对话框,设置合成名称为"太空飞船的光波",持续时间为6秒,如图1-356所示。

03 按"Ctrl+Y"键打开"纯色设置"对话框,新建一个纯色图层"光波",勾选"将长宽比锁定为3:2(1.50)"复选框后,修改其尺寸大小为2000×1333像素,设置填充色为黑色,单击"确定"按钮,如图1-357所示。

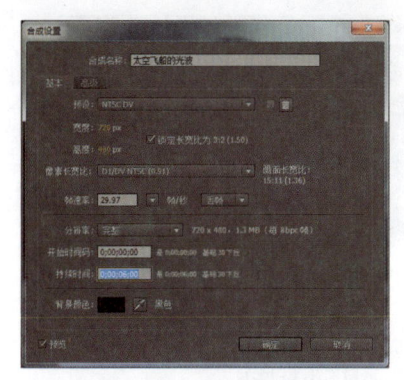

图1-356 修改合成设置　　图1-357 新建纯色图层

04 时间轴窗口中的背景图像图层仍然显示为创建合成时的持续时间长度,可以使用鼠标将其出点延长到与合成的出点对齐,然后将新建的纯色图层"光波"的混合模式设置为"相加",如图1-358所示。

图1-358 延长图层持续时间并设置混合模式

05 为纯色图层"光波"添加"生成→椭圆"特效,在"效果控件"面板中设置该特效的"柔和度"选项为100.0%,修改"内部颜色"为水蓝色,"外部颜色"为深蓝色,然后勾选"在原始图像上合成"复选框,如图1-359所示。

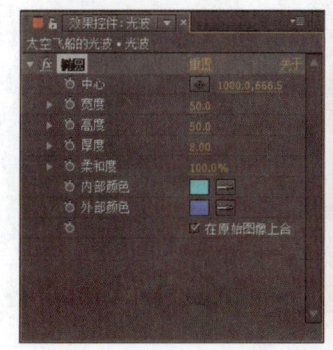

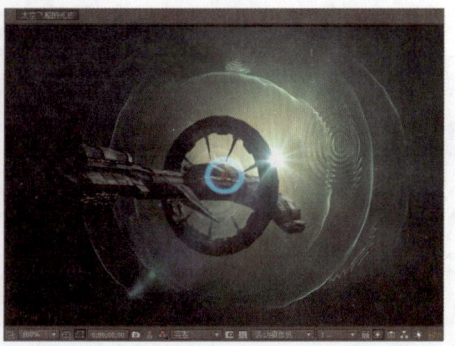

图1-359 添加特效并设置参数

06 在时间轴窗口中选择纯色图层"光波"并按"E"键,展开图层的"效果"选项,为"椭圆"特效的"高度"、"宽度"和"厚度"选项创建从开始到结束逐渐放大的关键帧动画,如图1-360所示。

		00:00:00:00	00:00:05:29		
⏱	高度	20.0	1200.0		
⏱	宽度	20.0	1200.0		
⏱	厚度	5.0	50.0		

图1-360　为特效编辑关键帧动画

07 为"光波"图层添加"风格化→发光"特效,设置"发光半径"为50.0,保持其他选项的默认设置,为光波动画添加发光效果,如图1-361所示。

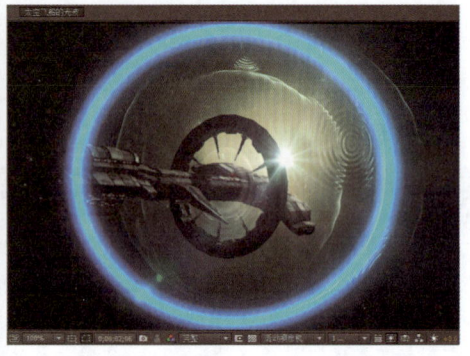

图1-361　添加发光效果

08 在时间轴窗口中打开"光波"图层的3D开关,然后展开其"变换"选项,修改其"Y轴旋转"的数值为0x+35.0°,使光波图像在空间中扭转角度到与背景图像中的飞船角度一致,如图1-362所示。

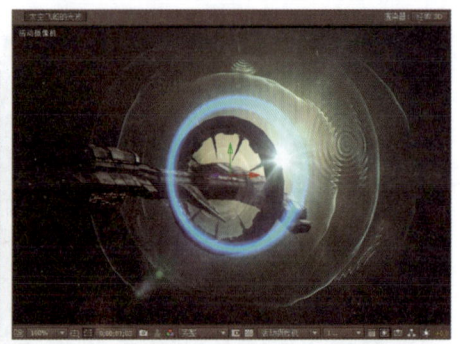

图1-362　旋转Y轴角度

09 在"效果控件"面板中按下"椭圆"特效中"中心"选项后面的■按钮,在合成窗口中将椭圆效果的中心点位置定位在太空飞船上环形图像的中间位置(980.0,682.0),如图1-363所示。

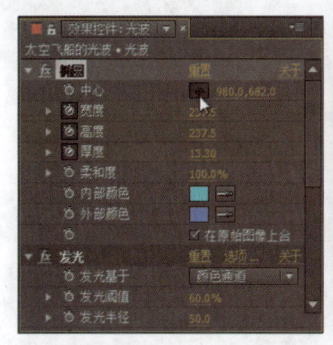

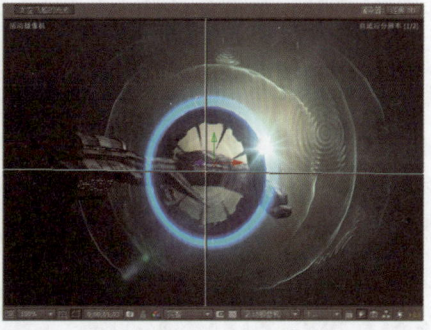

图1-363 设置椭圆中心位置

10 选择时间轴窗口中的纯色图层"光波",按"Ctrl+Shift+C"键打开"预合成"对话框,选择"将所有属性移动到新合成"选项,将该图层转换成一个新建的合成"光波组",如图1-364所示。

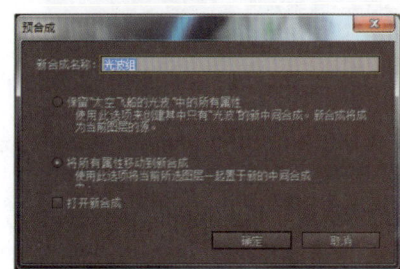

图1-364 将图层转换为合成

11 打开转换得到的新合成"光波组"的时间轴窗口,按下时间轴窗口左下方的"展开或折叠'伸缩'窗格"按钮,将"光波"图层的"伸缩"数值修改为50.0%,使其持续时间变为原来的一半,如图1-365所示。

图1-365 修改图层持续时间

12 选择"光波"图层并按3次"Ctrl+D"键进行复制,得到4个"光波"图层,如图1-366所示。

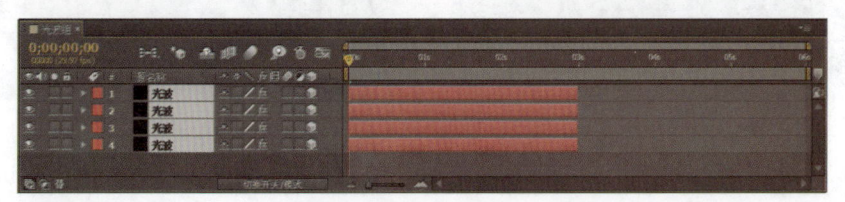

图1-366 复制图层

⑬ 选中时间轴窗口中的4个图层并选择"动画→关键帧辅助→序列图层"命令,在打开的"序列图层"对话框中,勾选"重叠"复选框,设置重叠持续时间为1秒15帧,如图1-367所示。

⑭ 单击"确定"按钮,应用对所选图层的序列化处理,即可使选中的图层在时间轴窗口中依次相隔1秒排列,得到光波动画逐次发生的动画效果,如图1-368所示。

图1-367 设置图层序列化

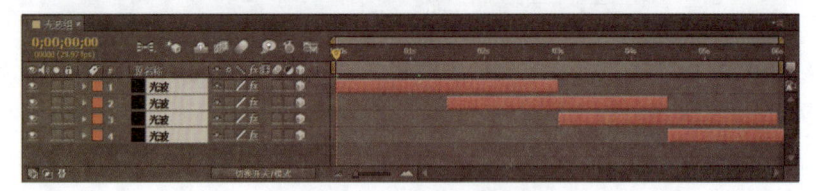

图1-368 应用图层序列化

⑮ 回到上一级合成的时间轴窗口中,将"光波组"图层的混合模式设置为"相加",拖动时间指针,即可在合成窗口中查看到当前的动画播放效果,如图1-369所示。

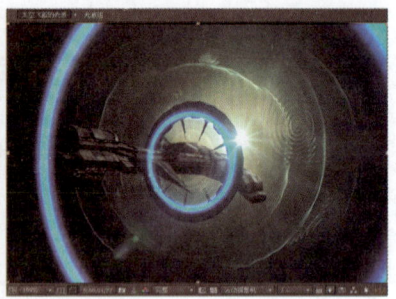

图1-369 设置图层混合模式

⑯ 从项目窗口中选择图像素材"太空船",并将其加入到当前合成的时间轴窗口中的最上层,然后选择"钢笔工具",在合成窗口中的沿太空船图像的前半部分绘制一个封闭的蒙版,如图1-370所示。

⑰ 使用"钢笔工具",沿太空船中间的环形内部边缘绘制一个封闭的蒙版,如图1-371所示。

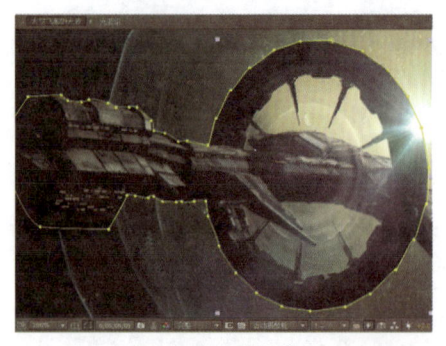

图1-370 绘制蒙版　　　　　　图1-371 绘制蒙版

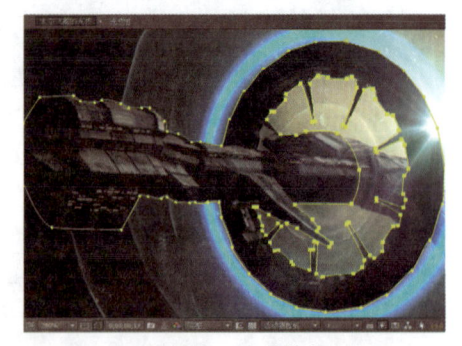

⑱ 在时间轴窗口中展开图层"太空船"的蒙版选项,将"蒙版2"的合成模式设置为"相减",使在其蒙版范围内的下层光波图像可以显示出来,如图1-372所示。

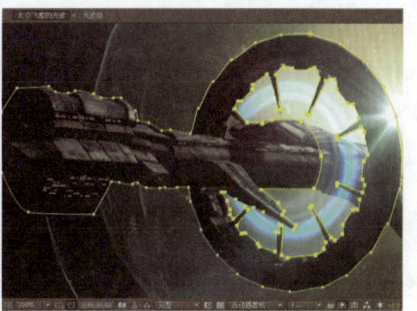

图1-372　绘制蒙版并设置蒙版羽化

⑲ 按"Ctrl+S"键保存项目，拖动时间指针或按空格键，播放预览编辑完成的动画效果。
⑳ 在项目窗口中选择编辑完成的影片合成，选择"合成→添加到渲染队列"命令，打开"渲染队列"窗口，设置好影片渲染格式、保存目录和文件名称，将合成项目输出为影片文件，如图1-373所示。

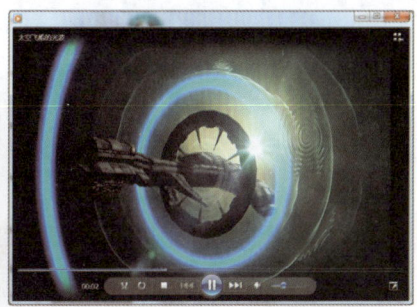

图1-373　将编辑好的合成输出为影片文件

Example 实例 32 星球爆炸的光芒

素材目录	光盘\实例文件\实例32\Media\
项目文件	光盘\实例文件\实例32\Complete\星球爆炸的光芒.aep
教学视频	光盘\教学视频\实例32：星球爆炸的光芒.flv
应用特效	碎片、CC Radial Fast Blur、发光
编辑要点	1. 应用"碎片"特效，编辑星球爆炸的动画特效。 2. 应用"CC Radial Fast Blur"和"发光"特效，增强星球爆炸动画和爆炸光芒动画的动态光线效果。

本实例的最终完成效果，如图1-374所示。

图1-374　实例完成效果

① 在项目窗口中的空白处双击鼠标左键，打开"导入"对话框，选择本实例素材目录中

准备的素材文件并导入，如图1-375所示。

02 将导入的图像素材按住并拖入空白的时间轴窗口中，应用其视频属性创建合成。按"Ctrl+K"键打开"合成设置"对话框，将合成名称设置为"星球爆炸的光芒"，持续时间设置为6秒，如图1-376所示。

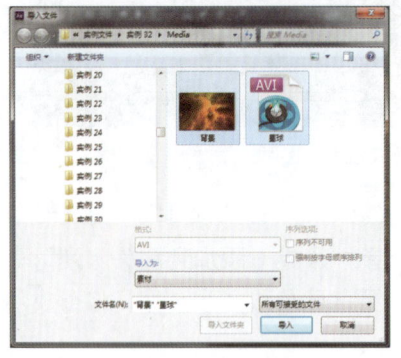

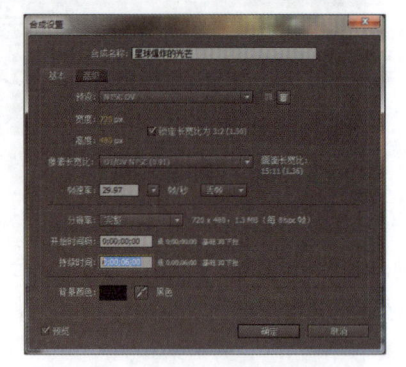

图1-375　导入素材　　　　　　　图1-376　修改合成设置

03 在时间轴窗口中将图像素材图层"背景"的持续时间延长到与合成一致，然后将项目窗口中的视频素材"星球"加入到时间轴窗口中的上层。从工具栏中选择"椭圆工具"，在合成窗口中沿星球的轮廓边缘外部适当的距离绘制一个蒙版，在时间轴窗口中设置蒙版的边缘羽化为30像素，如图1-377所示。

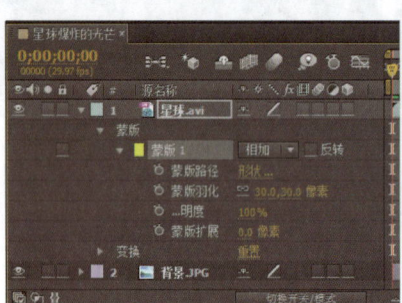

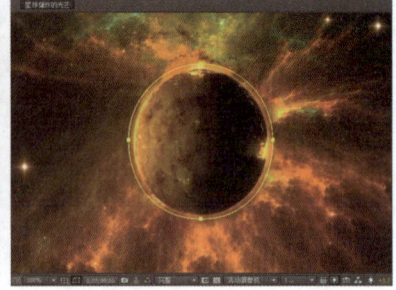

图1-377　绘制蒙版并设置边缘羽化

04 选择视频素材图层"星球"并为其添加"模拟→碎片"特效，在"效果控件"面板中设置"视图"选项为"已渲染"，展开"形状"选项组，在"图案"下拉列表中选择"玻璃"，设置"重复"为10，"凸出深度"为0.5，如图1-378所示。

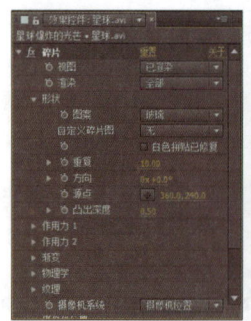

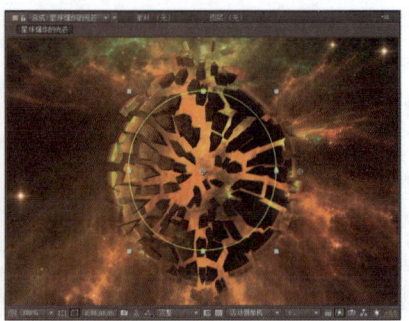

图1-378　设置效果参数

05 展开"作用力1"选项组，设置"位置"为（415.0,200.0），将爆炸的中心点向星球右上方适当偏移。设置"强度"为12.0,展开"物理学"选项组,设置"旋转速度"为0.1,"随机性"为0.3,"重力"为1.0,使爆炸后生产的碎片向四周扩散,如图1-379所示。

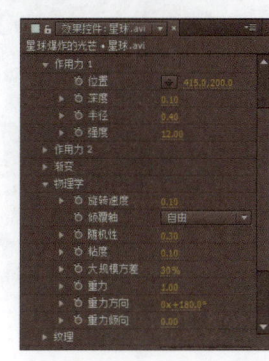

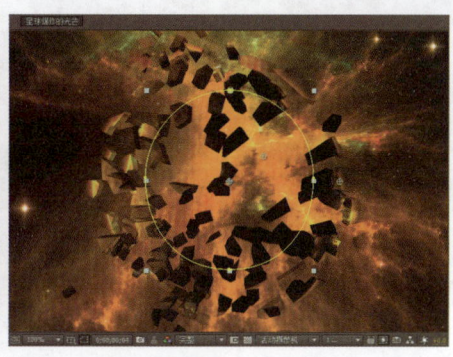

图1-379 设置效果参数

06 在时间轴窗口中展开图层"星球"的"效果"选项,为特效在"作用力"选项组中的"半径"选项创建从第3秒到第4秒,其数值从0变成0.4的关键帧动画,使"星球"视频在播放3秒后发生爆炸特效,如图1-380所示。

图1-380 编辑关键帧动画

07 为图层"星球"添加"模糊与锐化→CC Radial Fast Blur(快速径向模糊)"特效,在时间轴窗口中为其Amount(数值)选项创建从第3秒到第4秒,其数值从0变成100的关键帧动画,使"星球"爆炸后产生的碎片,随着向外扩散时产生动态模糊的效果,如图1-381所示。

图1-381 编辑关键帧动画

08 为图层"星球"添加"风格化→发光"特效,为"发光阈值"、"发光半径"、"发光强度"选项编辑关键帧动画,编辑出在爆炸发生时,星球上产生的火焰发光动画效果,如图1-382所示。

		00:00:03:00	00:00:04:00	
⏱	发光阈值	80.0%	20.0%	
⏱	发光半径	0.0	15.0	
⏱	发光强度	0.0	5.0	

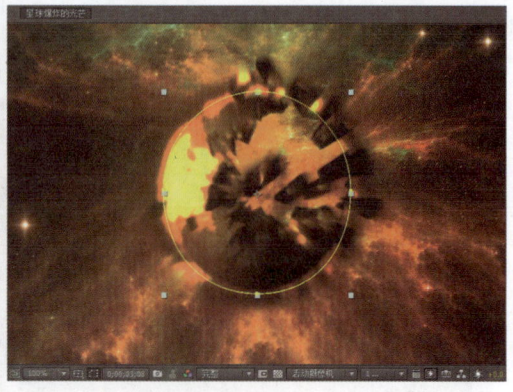

图1-382 编辑关键帧动画

09 展开图层"星球"的蒙版选项,选择绘制的"蒙版1"并按"Ctrl+C"键进行复制,将时间指针定位在第3秒的位置,按"Ctrl+Y"键新建一个橙色的纯色图层"橙色 纯色1",然后按"Ctrl+V"键,将复制的蒙版粘贴到新建的纯色图层"橙色 纯色1"中,在时间轴窗口中将蒙版选项的"蒙版羽化"数值修改为0,如图1-383所示。

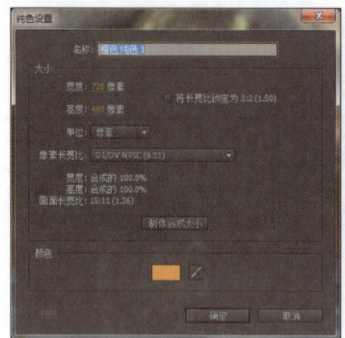

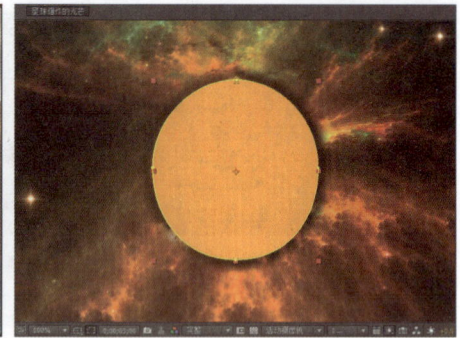

图1-383 新建纯色图层并粘贴蒙版

10 为纯色图层"橙色 纯色1"添加"风格化→毛边"特效,在"效果控件"面板中,设置"边界"选项的数值为100.0,"边缘锐度"为5.0,"比例"为10.0,如图1-384所示。

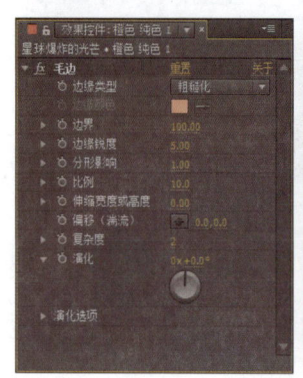

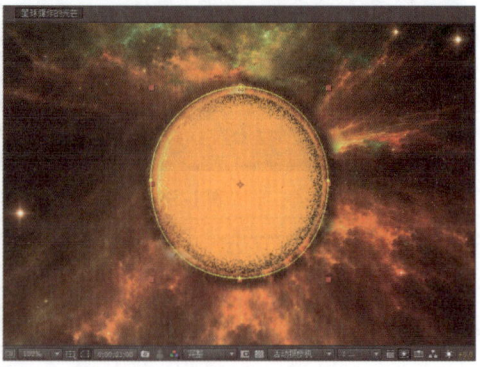

图1-384 添加特效并设置参数

11 在时间轴窗口中选择纯色图层"橙色 纯色1"并按"Ctrl+D"复制,然后按"Ctrl+Shift+Y"键打开"纯色设置"对话框,将该图层名称设置为"黑色 纯色2",并将该纯色图层的填充色修改为黑色,如图1-385所示。

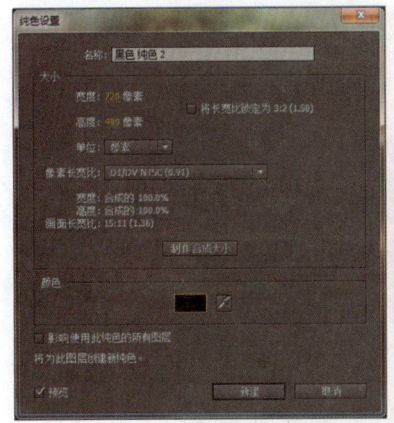

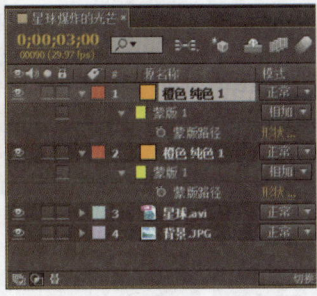

图1-385　复制纯色图层并修改填充色

⑫ 展开"黑色 纯色2"图层的蒙版选项,修改"蒙版扩展"选项的数值为-45.0像素,将蒙版区域向内缩小,如图1-386所示。

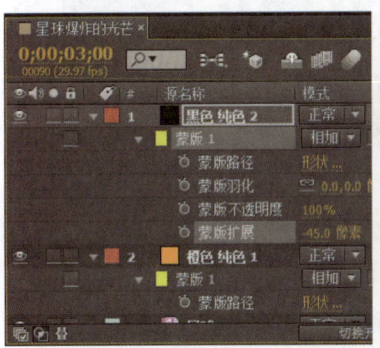

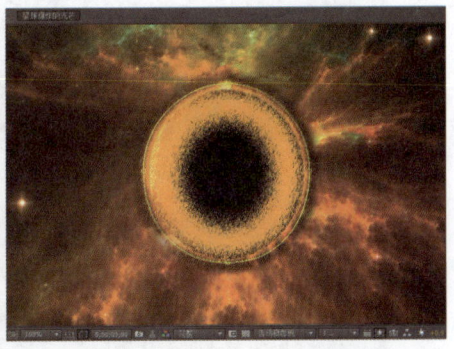

图1-386　修改蒙版扩展范围

⑬ 选择时间轴窗口中的两个纯色图层,按"Ctrl+Shift+C"键打开"预合成"对话框,选择"将所有属性移动到新合成"选项,将这两个图层转换成一个新建的合成"光芒",然后将其图层混合模式设置为"相加",如图1-387所示。

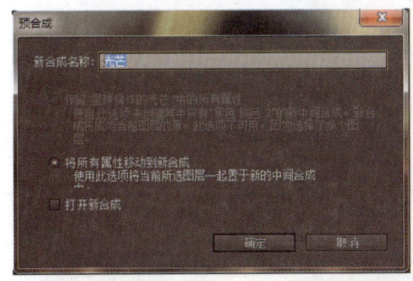

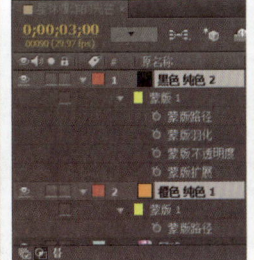

图1-387　将图层转换为合成

⑭ 为图层"光芒"添加"模糊与锐化→CC Radial Fast Blur(快速径向模糊)"特效,为其Amount(数值)选项创建从第3秒到第4秒,其数值从30变成100的关键帧动画,在"星球"爆炸的同时,生成光芒射出的效果,如图1-388所示。

⑮ 为图层"光芒"添加"风格化→发光"特效,设置"发光强度"为0.5,保持其他选项的默认设置,为光芒动画添加"发光"效果,如图1-389所示。

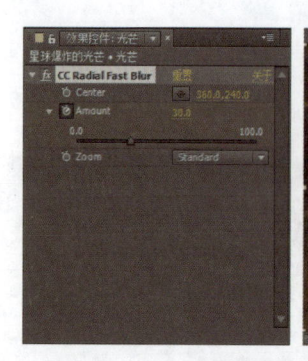

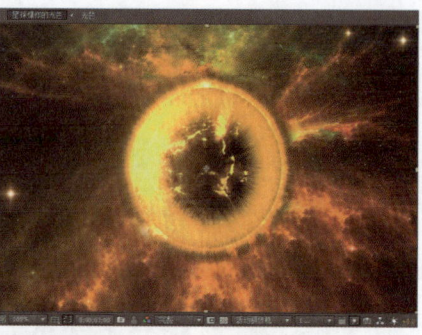

图1-388　添加特效并设置参数

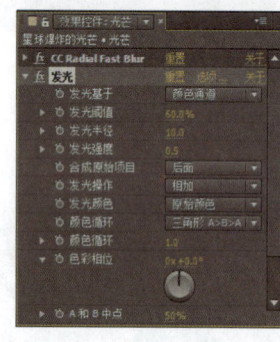

图1-389　添加特效并设置参数

⑯ 展开图层"光芒"的"变换"选项，为"不透明度"选项编辑从0;00;03;00到0;00;03;05，其数值从0到100%的快速淡入动画，如图1-390所示。

图1-390　编辑淡入动画

⑰ 按"Ctrl+S"键保存项目，拖动时间指针或按空格键，播放预览编辑完成的动画效果。

⑱ 在项目窗口中选择编辑完成的影片合成，选择"合成→添加到渲染队列"命令，打开"渲染队列"窗口，设置好影片渲染格式、保存目录和文件名称，将合成项目输出为影片文件，如图1-391所示。

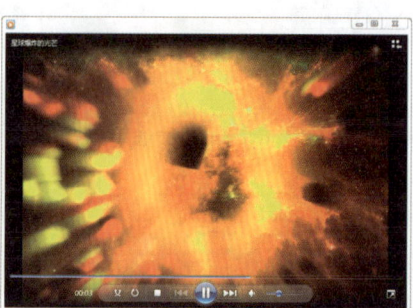

图1-391　将编辑好的合成输出为影片文件

第二篇
外挂特效篇

After Effects CC具有开放式的设计理念，允许第三方软件开发商设计各种类型的外挂插件特效，安装到After Effects CC中使用，使用这些专业的外挂特效命令，可以快速地实现丰富多样的视频影像特效，尤其是光线类外挂特效命令的应用，可以很方便地编辑出内置特效命令所不能实现的逼真光线效果，制作出更加精彩的光影特效影片。

After Effects CC 光效设计

Example 实例 33 透过云层的光

素材目录	光盘\实例文件\实例\Media\
项目文件	光盘\实例文件\实例\Complete\透过云层的光.aep
教学视频	光盘\教学视频\实例33：透过云层的光.flv
应用特效	Shine
编辑要点	应用"Shine"特效，通过设置合适的选项参数并创建关键帧动画，编辑出明亮的光线透过云层中的间隙逐渐照射下来的动画效果。

本实例的最终完成效果，如图2-1所示。

图2-1　实例完成效果

01 在项目窗口中的空白处双击鼠标左键，打开"导入"对话框，选择本实例素材目录中准备的素材文件并导入。

02 将导入的视频素材按住并拖入空白的时间轴窗口中，应用其视频属性创建合成。拖动时间指针或按空格键，对视频素材的内容继续播放预览。

03 按"Ctrl+K"键打开"合成设置"对话框，将合成名称设置为"透过云层的光线"，并将持续时间设置为21.19秒，如图2-2所示。

04 在视频素材图层上单击鼠标右键并选择"效果→Trapcode→Shine（光亮）"命令，为其添加"Shine（光亮）"特效，即可在合成窗口中查看到该特效的默认参数应用效果，如图2-3所示。

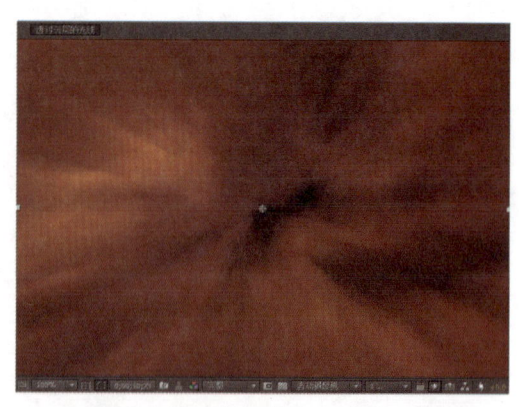

图2-2　对合成进行重命名　　　图2-3　添加Shine特效后的默认效果

05 在"效果控件"面板中，展开"Shine"效果的"着色"选项，在"着色"下拉列表中选择"无"，按下"发光点"选项后面的■按钮，在合成窗口中将光亮效果的发射点定位在画面的右上角（550.0,10.0），如图2-4所示。

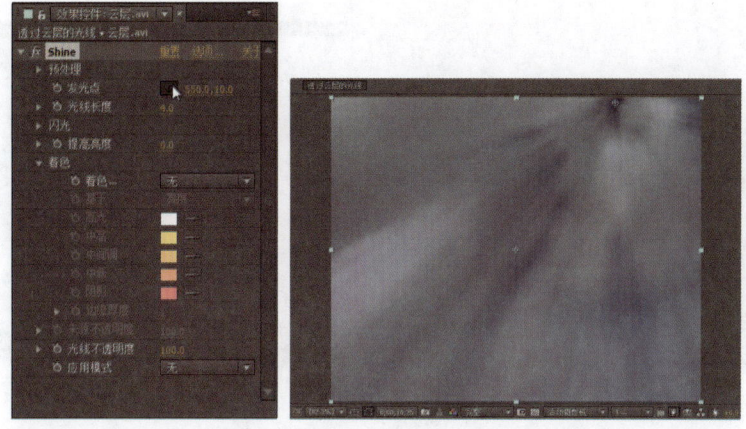

图2-4 定位光亮效果发射点

06 展开"预处理"选项组,设置"阈值"为120.0。展开"闪光"选项组,设置"幅度"选项数值为300.0,"细节"为50.0,增强光线的图像对比度,如图2-5所示。

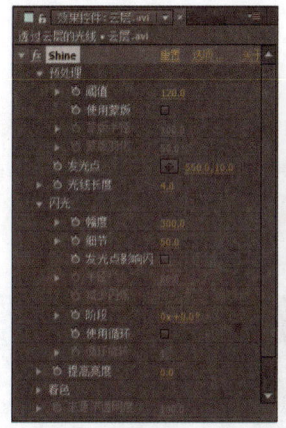

图2-5 设置效果参数

07 按E键展开图层的"效果"选项,在"应用模式"下拉列表中选择"叠加",然后为"光线不透明度"选项创建从开始到第6秒,其数值从0到100的关键帧动画,编辑出透过云层照射下来的光线逐渐显现的动画效果,如图2-6所示。

图2-6 编辑关键帧动画

08 按"Ctrl+S"键保存项目,拖动时间指针或按空格键,播放预览编辑完成的动画效果。

09 在项目窗口中选择编辑完成的影片合成,选择"合成→添加到渲染队列"命令,打开"渲染队列"窗口,设置好影片渲染格式、保存目录和文件名称,将合成项目输出为影片文件,如图2-7所示。

中文版 After Effects CC 光效设计

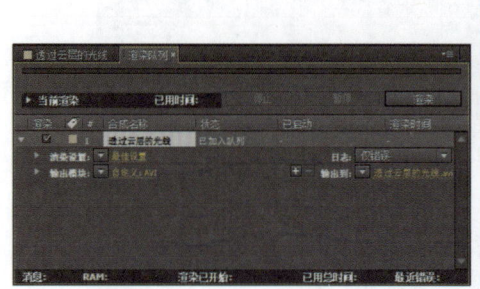

图2-7 将编辑好的合成输出为影片文件

Example 实例 34 闪耀的青花

素材目录	光盘\实例文件\实例\Media
项目文件	光盘\实例文件\实例\Complete\闪耀的青花.aep
教学视频	光盘\教学视频\实例34：闪耀的青花.flv
应用特效	更改为颜色、Shine
编辑要点	1. 应用"更改为颜色"，将黑色的图案转变为白色的图案。 2. 应用"Shine"特效设置亮光照射效果，通过为发光点创建在画面中沿图案边缘移动并停靠在中心点的关键帧动画，编辑出光线从背景投射出来的动画效果。

本实例的最终完成效果，如图2-8所示。

图2-8 实例完成效果

01 在项目窗口中的空白处双击鼠标左键，打开"导入"对话框，选择本实例素材目录中准备的素材文件并导入。

02 按"Ctrl＋N"键打开"合成设置"对话框，新建一个NTSC DV视频制式的合成"闪耀的青花"，设置持续时间为5秒，如图2-9所示。

03 从项目窗口中将导入的图像素材"图案"加入到新建合成的时间轴窗口中，展开其"变换"选项，修改其"位置"为（350.0,170.0），并将其缩小到70%的尺寸，如图2-10所示。

04 为图层添加"颜色校正→更改为颜色"特效，在"效果控件"面板中，单击"自"选项后面的颜色块，然后在弹出的拾色器窗口中设置要替换的颜色为黑色，设置"收件人"选项为白色，在"更改"选项的下拉列表中选择"色相和亮度"选项，将图层中的黑色图案变为白色，如图2-11所示。

图2-9 新建合成　　　　　　　　　　图2-10 加入图层

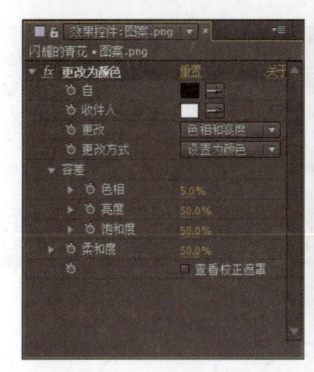

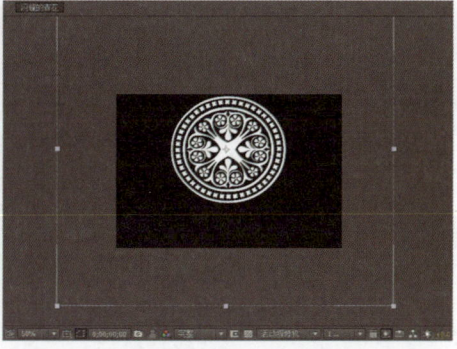

图2-11 添加特效并设置参数

05 为图层添加"效果→Trapcode→Shine（光亮）"特效，在"效果控件"面板中，设置其"应用模式"为"相乘"，然后修改"来源不透明度"为60.0，如图2-12所示。

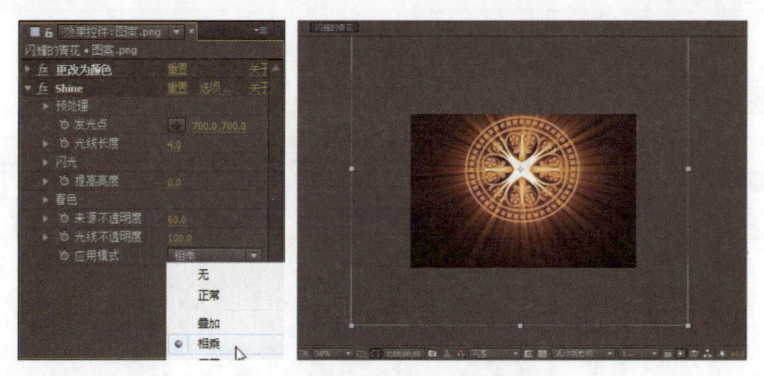

图2-12 添加特效并设置参数

06 展开"闪光"选项组，设置"幅度"为250.0，"细节"为50.0；展开"着色"选项组，在"着色"下拉列表中选择"电弧"填色类型，如图2-13所示。

07 按"E"键展开图层上的特效选项，为"Shine"特效的"发光点"选项创建在画面中的位移关键帧动画，然后选择后面的4个关键帧并将它们设置为缓动效果，编辑出光亮特效沿图案绕行一圈后回到中心的照射效果，如图2-14所示。

		00:00:00:00	00:00:01:00	00:00:02:00	00:00:03:00	00:00:04:00
	发光点	400.0,500.0	705.0,490.0	910.0,825.0	490.0,800.0	709.0,701.5

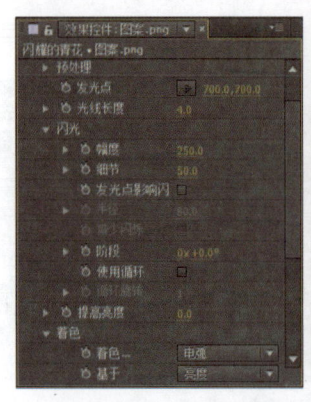

中文版 After Effects CC 光效设计

图2-13 设置发光和着色效果

图2-14 编辑关键帧动画

08 展开图层的"变换"选项组,按下"旋转"、"不透明度"选项前面的"时间变化秒表"按钮,为其编辑旋转和逐渐淡入显示的关键帧动画,并为"旋转"选项的结束关键帧设置缓入效果,如图2-15所示。

		00:00:00:00	00:00:01:00	00:00:04:00
⏱	旋转	0x＋0.0°		1x＋0.0°
⏱	不透明度	0%	100%	

图2-15 编辑旋转和淡入动画

09 将时间指针定位在第4秒的位置,在工具栏中选择文字工具,在合成窗口中输入文字"元代精品青花瓷展",通过"字符"面板设置文字字体为"金梅毛行书",字号为50,填充色为水蓝色,描边色为蓝色,并将其放置在图案的下方,如图2-16所示。

10 展开文字图层的"变换"选项组,为"不透明度"选项创建关键帧并编辑从第4秒到第4秒20帧,其数值从0%到100%的图像淡入动画,如图2-17所示。

11 按"Ctrl＋S"键保存项目,拖动时间指针或按空格键,播放预览编辑完成的动画效果。

134

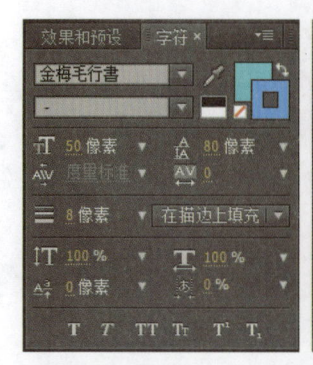

图2-16 编辑标题文字

图2-17 编辑标题文字淡入动画

⑫ 在项目窗口中选择编辑完成的影片合成，选择"合成→添加到渲染队列"命令，打开"渲染队列"窗口，设置好影片渲染格式、保存目录和文件名称，将合成项目输出为影片文件，如图2-18所示。

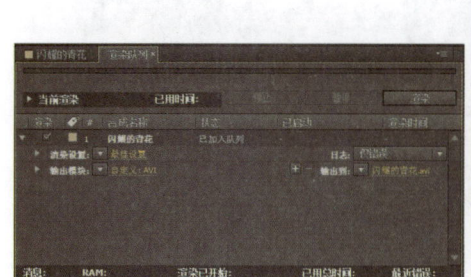

图2-18 将编辑好的合成输出为影片文件

Example 实例 35 浮光掠影的粒子

素材目录	光盘\实例文件\实例\Media\
项目文件	光盘\实例文件\实例\Complete\浮光掠影的粒子.aep
教学视频	光盘\教学视频\实例35：浮光掠影的粒子.flv
应用特效	圆形、Form、发光、Shine
编辑要点	1. 应用"圆形"特效，在纯色图层上生成羽化边缘的圆形并编辑关键帧动画。 2. 应用"Form"特效，在纯色图层上生成粒子效果，并将其他图层的范围和动画映射到粒子阵列上。 3. 添加"发光"和"Shine"特效，增强粒子图像的光效，为动画添加光线射出效果。

本实例的最终完成效果，如图2-19所示。

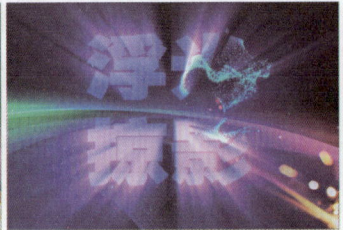

图2-19　实例完成效果

01 在项目窗口中的空白处双击鼠标左键，打开"导入"对话框，选择本实例素材目录中准备的素材文件并导入。

02 按"Ctrl+N"键打开"合成设置"对话框，新建一个NTSC DV视频制式的合成"浮光掠影"，设置持续时间为8秒。

03 从项目窗口中将导入的图像素材加入到新建合成的时间轴窗口中，然后选择文字工具，输入文字"浮光掠影"，通过"字符"面板设置字体为"方正超粗黑简体"，字号为150，填充色为白色，如图2-20所示。

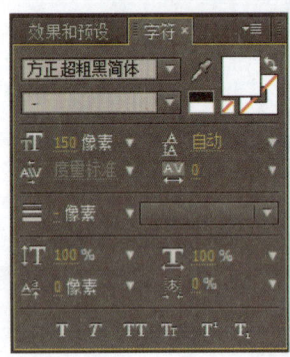

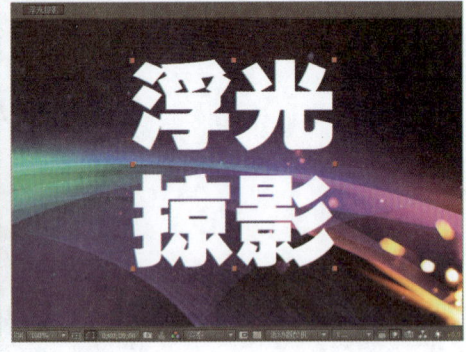

图2-20　输入标题文字

04 按"Ctrl+Y"键打开"纯色设置"对话框，新建一个纯色图层"运动圆形"，设置填充色为任意颜色，单击"确定"按钮。

05 为图层"运动圆形"添加"生成→圆形"特效，在"效果控件"面板中，设置其"半径"为100.0，"羽化外侧边缘"为30.0，然后为其设置一个任意的填充色，如图2-21所示。

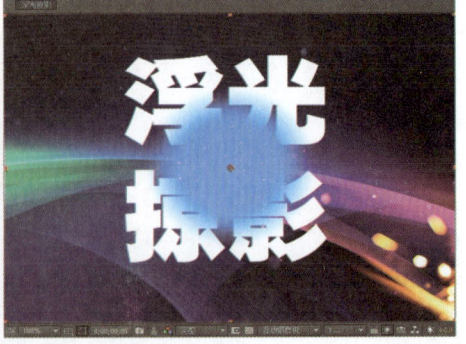

图2-21　添加特效并设置参数

06 按"E"键展开图层"运动圆形"上的特效选项,为"圆形"特效的"中心"选项编辑在画面中掠过文字图像的关键帧动画,并为后面3个关键帧设置缓动效果,如图2-22所示。

		00:00:00:00	00:00:02:00	00:00:04:00	00:00:06:00
⏱	中心	40.0,140.0	640.0,140.0	70.0,330.0	680.0,330.0

图2-22 编辑关键帧动画

07 选择时间轴窗口中的图层"运动圆形",按"Ctrl+Shift+C"键打开"预合成"对话框,选择"将所有属性移动到新合成"选项,将该图层转换成一个新建的合成"运动圆形",如图2-23所示。

08 选择时间轴窗口中的文字图层,按"Ctrl+Shift+C"键打开"预合成"对话框,将该图层也转换为一个新建的合成"浮光掠影",如图2-24所示。

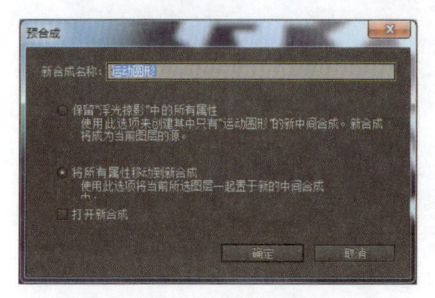

图2-23 将图层转换为合成　　　　图2-24 将图层转换为合成

09 按"Ctrl+Y"键打开"纯色设置"对话框,新建一个纯色图层"光点粒子",设置填充色为任意颜色,单击"确定"按钮,在时间轴窗口中关闭图层2、图层3的显示状态,如图2-25所示。

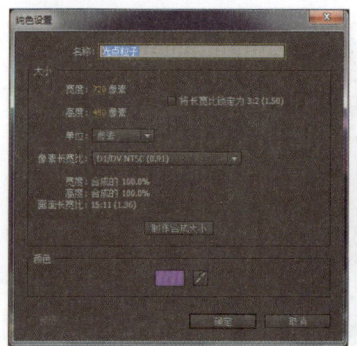

图2-25 新建纯色图层并关闭图层显示

10 为图层"光点粒子"添加"效果→Trapcode→Form(形状)"特效,在"效果控件"

面板中展开"形态基础"选项组，设置"大小X"为720，"大小Y"为480，"大小Z"为1，"X方向粒子数"为360，"Y方向粒子数"为240，"Z方向粒子数"为1，如图2-26所示。

图2-26 添加特效并设置选项参数

⑪ 展开"粒子"选项组，设置粒子"颜色"为蓝色，如图2-27所示。

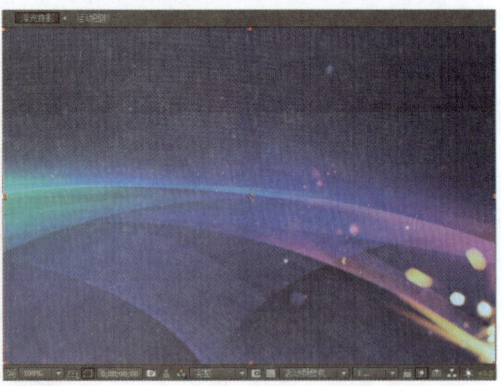

图2-27 设置粒子颜色

⑫ 展开"图层映射"选项组，在"颜色和Alpha"选项中，设置"图层"为"3.浮光掠影"，"功能"为"A到A"，"映射到"为"XY"。在"分形强度"、"分散"选项中，将"图层"都设置为"2.运动圆形"，"映射到"为"XY"，以在文字图像的范围上显示粒子，并赋予粒子与"运动圆形"图层中相同的动画轨迹，如图2-28所示。

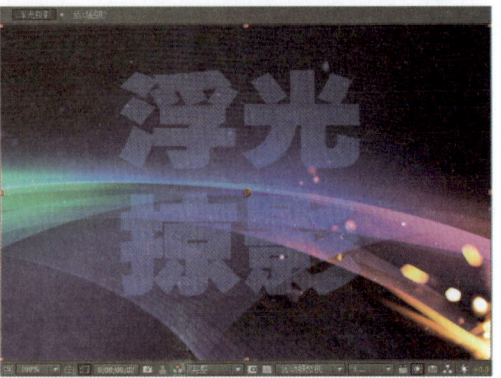

图2-28 指定映射图层

⑬ 展开"分散和扭曲"选项组，设置"分散"为5。展开"分形场"选项，设置"位置位移"数值为200，"F缩放"为20.0，在指定映射图层的基础上，使粒子产生对应的位置运动，如图2-29所示。

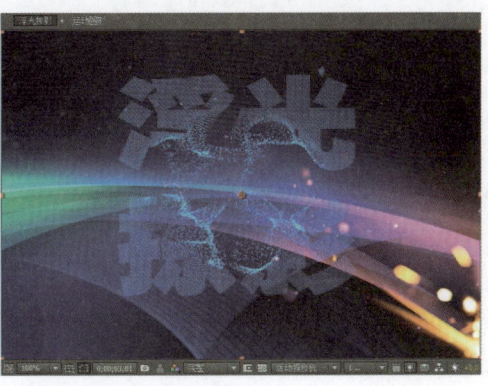

图2-29　设置粒子运动

⑭ 为图层"光点粒子"添加"风格化→发光"特效，设置"发光半径"为5.0，"发光强度"为2.0，保持其他选项的默认设置，为粒子运动动画添加发光效果，如图2-30所示。

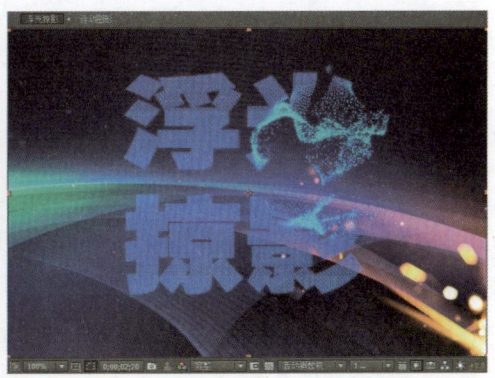

图2-30　添加发光效果

⑮ 为图层"光点粒子"添加"效果→Trapcode→Shine（光亮）"特效，在"效果控件"面板中，设置其"光线长度"为5.0，"提高亮度"为3.0。展开"着色"选项组，在"着色"下拉列表中选择"幽灵"，在"基于"下拉列表中选择"Alpha"，然后设置"应用模式"为"叠加"，为粒子图像添加光亮射出效果，如图2-31所示。

图2-31　添加光亮效果

⑯ 按"Ctrl+S"键保存项目，拖动时间指针或按空格键，播放预览编辑完成的动画效果。

⑰ 在项目窗口中选择编辑完成的影片合成，选择"合成→添加到渲染队列"命令，打开"渲染队列"窗口，设置好影片渲染格式、保存目录和文件名称，将合成项目输出为影片文件，如图2-32所示。

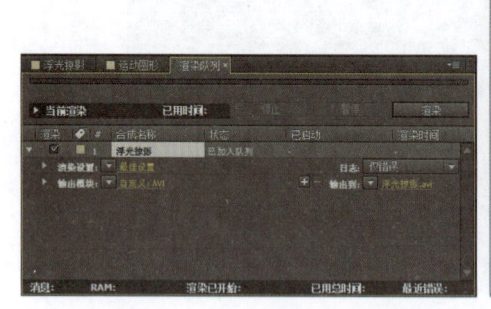

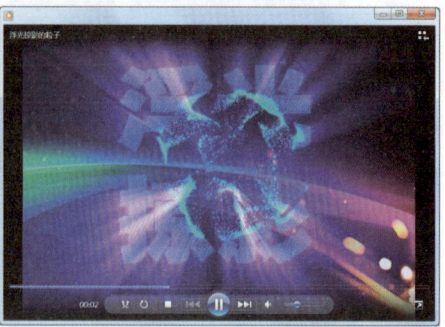

图2-32　将编辑好的合成输出为影片文件

Example 实例 36 沸腾的熔岩

素材目录	光盘\实例文件\实例\Media\
项目文件	光盘\实例文件\实例\Complete\沸腾的熔岩.aep
教学视频	光盘\教学视频\实例36：沸腾的熔岩.flv
应用特效	分形杂色、Shine
编辑要点	1. 应用"分形杂色"特效，编辑出分形图案的纹理动画。 2. 应用"Shine"特效，在分形纹理动画上生成火焰色彩的光线效果。

本实例的最终完成效果，如图2-33所示。

图2-33　实例完成效果

① 在项目窗口中的空白处双击鼠标左键，打开"导入"对话框，选择本实例素材目录中准备的素材文件并导入。

② 将导入的图像素材按住并拖入空白的时间轴窗口中，应用其视频属性创建合成。按"Ctrl+K"键打开"合成设置"对话框，设置合成名称为"沸腾的熔岩"，并将合成的持续时间修改为5秒。

③ 按"Ctrl+Y"键打开"纯色设置"对话框，新建一个纯色图层"熔岩"，设置填充色为黑色，单击"确定"按钮。

④ 为图层"熔岩"添加"杂色与颗粒→分形杂色"特效，在"效果控件"面板中设置"分形类型"为"湍流锐化"，"杂色类型"为"样条"，"亮度"为20.0，"复杂

度"为4.0，使纯色图层生成粗糙分形的图像效果，如图2-34所示。

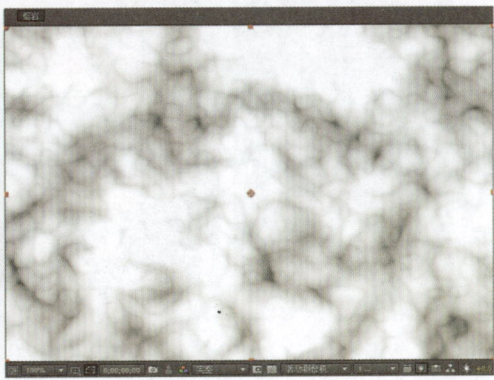

图2-34　设置分形效果

05 按E键展开图层"熔岩"的"效果"选项，为"演化"选项创建从开始到结束，其数值从0x＋0.0°变为3x＋0.0°的关键帧动画，使生成的分形杂色纹理图像产生循环的随机运动，如图2-35所示。

图2-35　编辑关键帧动画

06 在时间轴窗口中将图层"熔岩"的混合模式设置为"强光"，在工具栏中选择"钢笔工具"，沿背景图像中岩浆池的边缘绘制一个封闭的蒙版路径，然后在时间轴窗口中设置"蒙版羽化"为5像素，"蒙版扩展"为5像素，如图2-36所示。

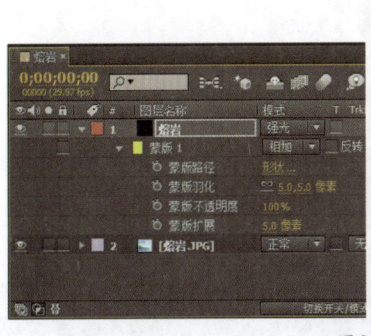

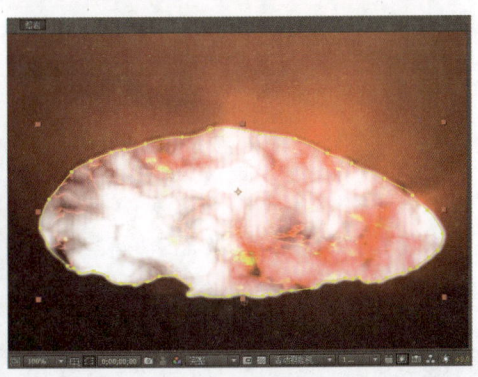

图2-36　绘制蒙版

07 为图层"熔岩"添加"效果→Trapcode→Shine（光亮）"特效，在"效果控件"面板中，设置"发光点"位置为（360.0,420.0），"光线长度"数值为2.0。展开"着色"选项组，在"着色"下拉列表中选择"火焰"，然后设置"应用模式"为"强光"，为分形杂色动画图像添加火焰色彩的光亮射出效果，如图2-37所示。

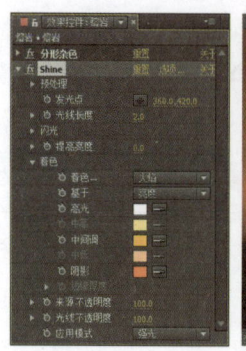

图2-37 添加特效并设置参数

08 按"Ctrl+S"键保存项目，拖动时间指针或按空格键，播放预览编辑完成的动画效果。

09 在项目窗口中选择编辑完成的影片合成，选择"合成→添加到渲染队列"命令，打开"渲染队列"窗口，设置好影片渲染格式、保存目录和文件名称，将合成项目输出为影片文件，如图2-38所示。

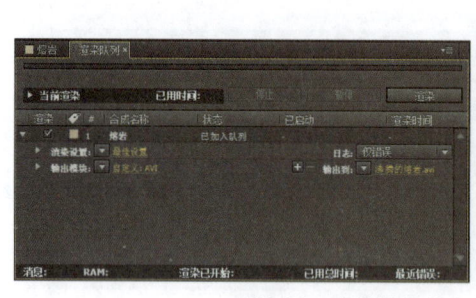

图2-38 将编辑好的合成输出为影片文件

Example 实例 37 穿越时空的光洞

素材目录	光盘\实例文件\实例\Media\
项目文件	光盘\实例文件\实例\Complete\穿越时空的光洞.aep
教学视频	光盘\教学视频\实例37：穿越时空的光洞.flv
应用特效	椭圆、分形杂色、发光、Shine
编辑要点	1. 应用"椭圆"特效，在纯色图层上生成光圈效果并编辑放大动画。 2. 应用"分形杂色"特效，在光圈动画图像上生成不规则图像像素填充效果。 3. 应用"Shine"特效，在光圈放大动画上生成光线射出效果。 4. 应用"发光"特效，为光圈动画增强光线效果。

本实例的最终完成效果，如图2-39所示。

图2-39 实例完成效果

01 在项目窗口中的空白处双击鼠标左键，打开"导入"对话框，选择本实例素材目录中准备的素材文件并导入。

02 按"Ctrl+N"键打开"合成设置"对话框，新建一个PAL D1/DV视频制式的合成"光洞"，设置持续时间为6秒，如图2-40所示。

03 按"Ctrl+Y"键打开"纯色设置"对话框，新建一个纯色图层"光圈"，设置填充色为黑色，单击"确定"按钮，如图2-41所示。

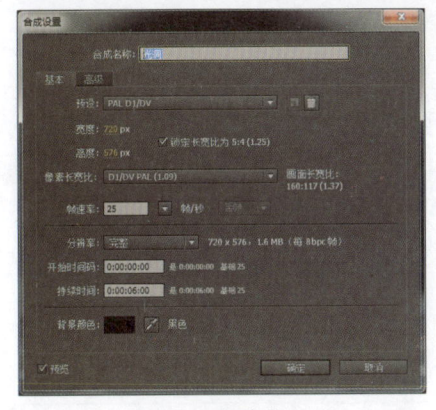

图2-40 新建合成　　　　图2-41 新建纯色图层

04 为图层"光圈"添加"生成→椭圆"特效，在"效果控件"面板中设置该特效的"柔和度"选项为100.0%，修改"内部颜色"为水蓝色，"外部颜色"为深蓝色，如图2-42所示。

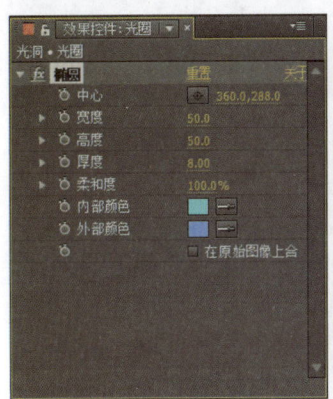

图2-42 添加特效并设置参数

05 在时间轴窗口中按"E"键，展开图层"光圈"的"效果"选项，在"椭圆"特效的"宽度"、"高度"、"厚度"选项创建并编辑逐渐放大的关键帧动画，如图2-43所示。

		00:00:00:00	00:00:00:15	00:00:01:15	00:00:02:00
⏱	高度	50.0	100.0	150.0	200.0
⏱	宽度	50.0	100.0	150.0	200.0
⏱	厚度	8.0	15.0	20.0	30.0

图2-43　编辑关键帧动画

06 为图层"光圈"添加"杂色与颗粒→分形杂色"特效，在时间轴窗口中为其"对比度"、"亮度"、"复杂度"、"演化"选项创建并编辑关键帧动画，如图2-44所示。

		00:00:00:00	00:00:00:15	00:00:02:00
	对比度	100.0		150.0
	亮度	0	10	−60.0
	复杂度	6.0	15.0	20.0
	演化	0x+0.0°		5x+0.0°

图2-44　编辑关键帧动画

07 为图层"光圈"添加"风格化→发光"效果，设置"发光强度"为2.0，保持其他选项的默认设置，为光圈放大的动画添加发光效果，如图2-45所示。

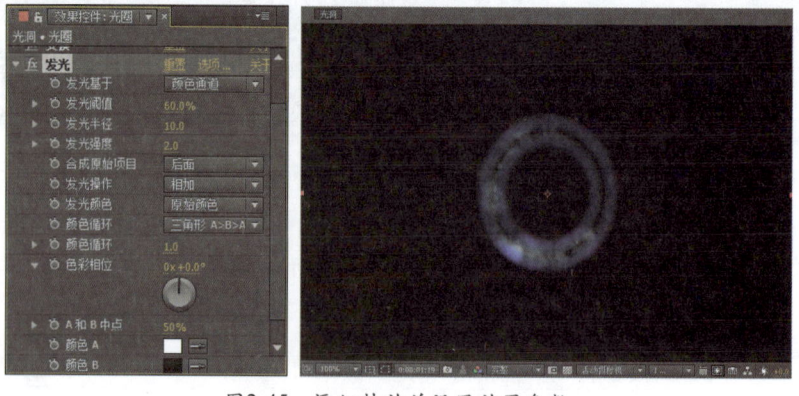

图2-45　添加特效并设置效果参数

08 为图层"光圈"添加"效果→Trapcode→Shine（光亮）"特效，在"效果控件"面板中，设置"光线长度"数值为5.0，"提高亮度"为5.0。展开"着色"选项组，在"着色"下拉列表中选择"幽灵"，为光圈放大的动画添加光亮射出效果，如图2-46所示。

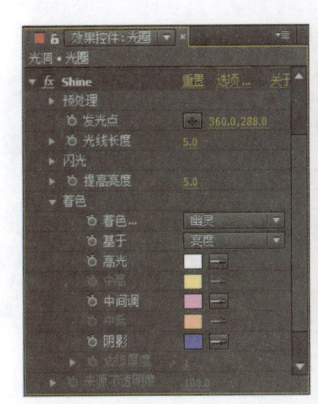

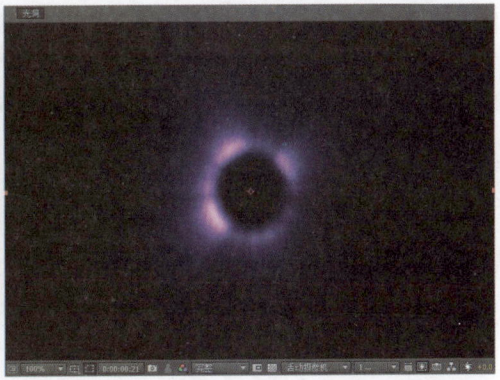

图2-46 添加特效并设置效果参数

09 在时间轴窗口中选择图层"光圈",将时间指针定位在第2秒的位置,然后按"Alt+]"键,将该图层的出点修剪至该位置,如图2-47所示。

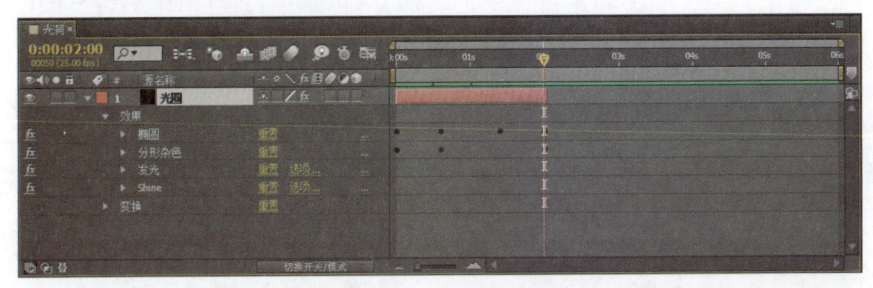

图2-47 修剪图层出点位置

10 选择编辑好动画内容的"光圈"图层,按11次"Ctrl+D"键进行复制,得到12个图层,如图2-48所示。

图2-48 复制图层

11 单击"动画→关键帧辅助→序列图层"命令,在弹出的对话框中,勾选"重叠"复选框并设置重叠持续时间为0:00:01:15,如图2-49所示。

图2-49 设置图层序列重叠

After Effects CC 光效设计

⑫ 单击"确定"按钮，对所选中的图层应用序列化处理，如图2-50所示。

图2-50 应用图层序列化

⑬ 保持对所有图层的选择状态，按"Ctrl+Shift+C"键打开"预合成"对话框，选择"将所有属性移动到新合成"选项，将所选图层转换成一个新建的合成"光圈组"，如图2-51所示。

⑭ 从项目窗口中将导入的视频素材"宇宙"加入到时间轴窗口中作为背景图像，将"光圈组"图层的图层混合模式设置为"相加"，如图2-52所示。

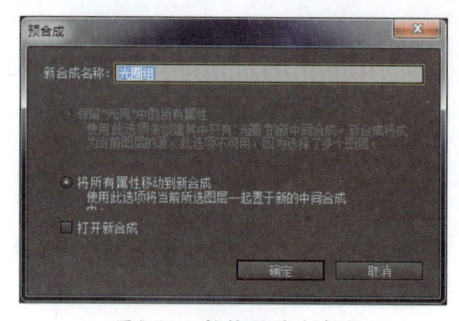

图2-51 转换图层为合成　　图2-52 加入背景图像

⑮ 为"光圈组"图层添加"风格化→发光"特效，设置"发光半径"为5.0，保持其他选项的默认设置，为其增强发光效果，如图2-53所示。

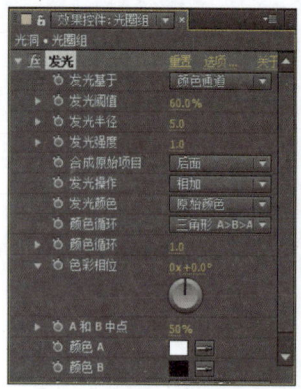

图2-53 添加发光效果

⑯ 按"Ctrl+S"键保存项目，拖动时间指针或按空格键，播放预览编辑完成的动画效果。

⑰ 在项目窗口中选择编辑完成的影片合成，选择"合成→添加到渲染队列"命令，打开"渲染队列"窗口，设置好影片渲染格式、保存目录和文件名称，将合成项目输出为影片文件，如图2-54所示。

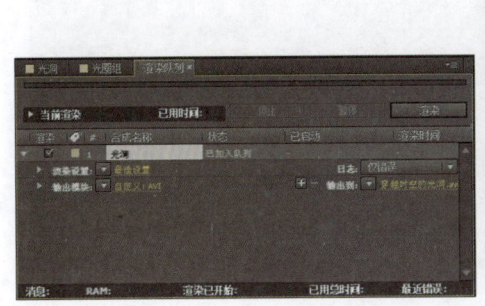

图2-54 将编辑好的合成输出为影片文件

Example 实例 38 构建空间的光线

素材目录	光盘\实例文件\实例\Media\
项目文件	光盘\实例文件\实例\Complete\构建空间的光线.aep
教学视频	光盘\教学视频\实例38：构建空间的光线.flv
应用特效	3D Stroke、Shine、发光
编辑要点	1. 应用"3D Stroke"特效，在纯色图层上生成线条构成的空间并编辑旋转动画。 2. 应用"Shine"特效，在线条构建的空间图像上生成光线射出效果。 3. 应用"发光"特效，为编辑的空间线条动画增强光线效果。

本实例的最终完成效果，如图2-55所示。

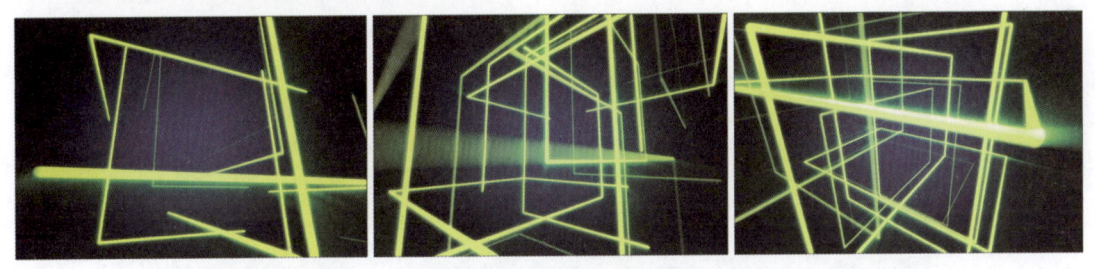

图2-55 实例完成效果

01 按"Ctrl+N"键打开"合成设置"对话框，新建一个NTSC DV视频制式的合成"空间"，设置持续时间为5秒。

02 按"Ctrl+Y"键打开"纯色设置"对话框，新建一个纯色图层"背景"，设置填充色为蓝色并单击"确定"按钮。

03 在工具栏中选择"椭圆工具"，在图层"背景"上绘制一个椭圆形的蒙版，并调整其位置到画面的中间。在时间轴窗口中展开图层"背景"的蒙版选项，设置"蒙版羽化"的数值为350像素，如图2-56所示。

04 按"Ctrl+Y"键打开"纯色设置"对话框，新建一个纯色图层"光线"，设置填充色为黑色并单击"确定"按钮，如图2-57所示。

05 在时间轴窗口中，将图层"光线"的混合模式设置为"相加"，然后在工具栏中选择"矩形工具"，在该图层上绘制一个矩形，如图2-58所示。

147

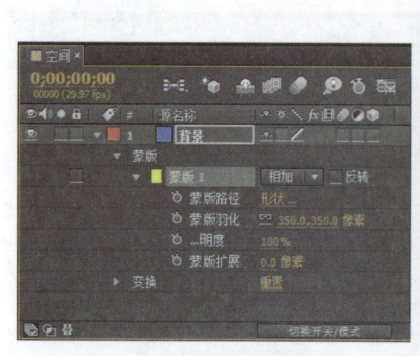

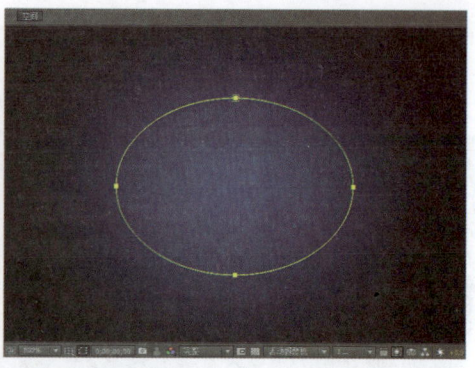

图2-56 绘制蒙版并设置蒙版羽化

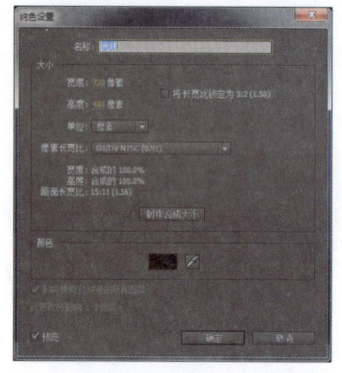

图2-57 新建纯色图层

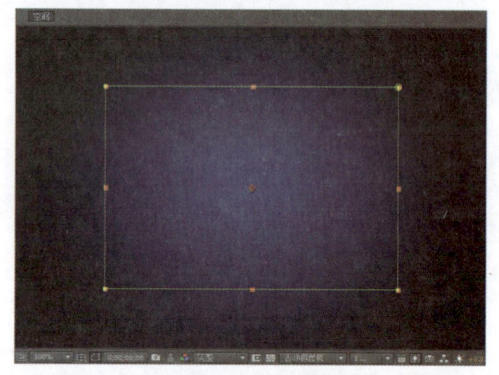

图2-58 绘制蒙版

06 为图层"光线"添加"效果→Trapcode→3D Stroke（3D描边）"特效，在"效果控件"面板中，设置其描边颜色为黄色，"厚度"数值为3.0，如图2-59所示。

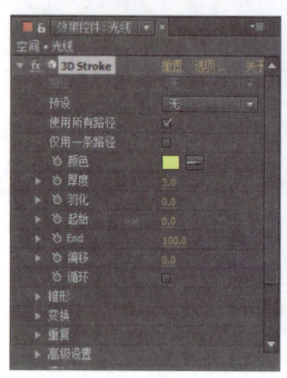

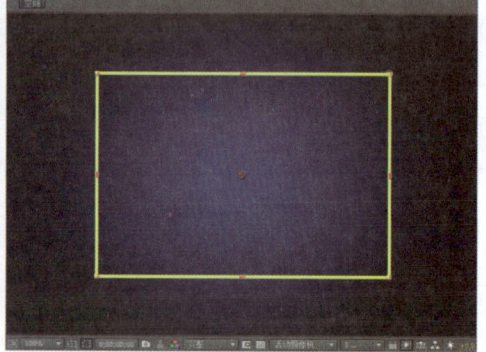

图2-59 添加特效并设置参数

07 展开"重复"选项组，勾选"启用"复选框后，设置"重复量"为10，"不透明"为50.0，"X方向移动"为60.0，"Y方向移动"为40.0，"Z方向移动"为0.0；设置"X轴方向旋转"和"Y轴方向旋转"的数值都为0x＋90.0°，在合成画面中形成空间线条结构，如图2-60所示。

08 在时间轴窗口中展开3D Stroke（3D描边）特效的"变换"选项组，为"X轴方向旋转"选项创建从开始到结束，其数值从0x－30.0°变为0x＋30.0°；"Y轴方向旋转"选项的数值从0x＋0.0°变为1x＋0.0°的旋转关键帧动画，如图2-61所示。

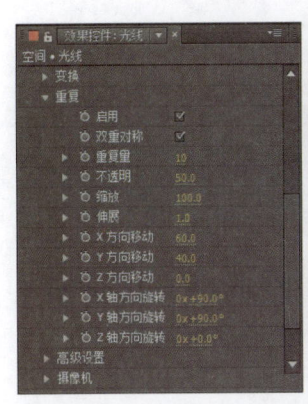

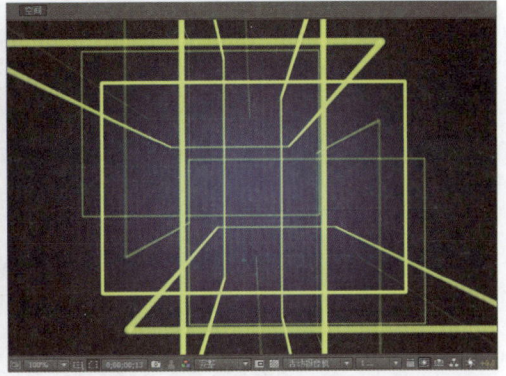

图2-60 设置效果选项的参数

图2-61 编辑光线空间旋转动画

09 在"效果控件"面板中按下"起始"选项前面的"时间变化秒表"按钮,为其创建从开始位置到第2秒,其数值从100.0变为0.0的关键帧动画,编辑出光线逐渐运动到显示完毕的动画效果,如图2-62所示。

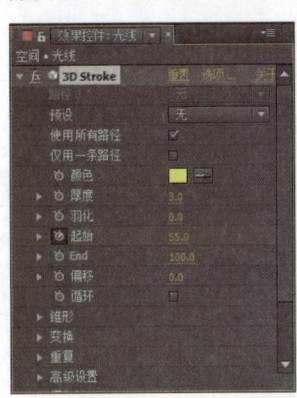

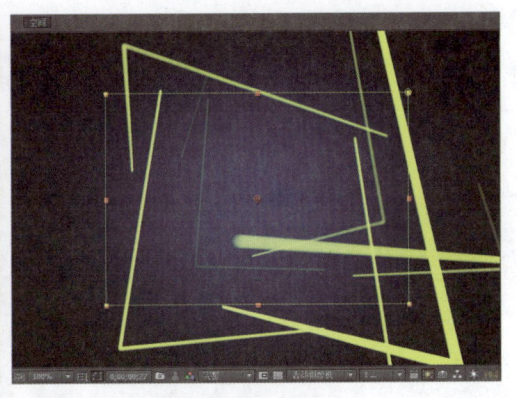

图2-62 编辑光线运动显示动画

10 为图层"光线"添加"效果→Trapcode→Shine(光亮)"特效,在"效果控件"面板中,设置"光线长度"数值为3.0,"提高亮度"为5.0。展开"着色"选项组,在"着色"下拉列表中选择"化学",为空间光线动画添加光亮射出效果,如图2-63所示。

11 在时间轴窗口中选择"光线"图层并按"Ctrl+D"键,对其进行一次复制。选择新复制得到的图层1,在"效果控件"面板中关闭其"Shine"特效,然后为其添加"风格化→发光"特效,保持默认选项的参数值,增强画面中的光线效果,如图2-64所示。

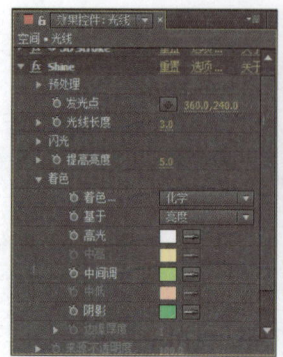

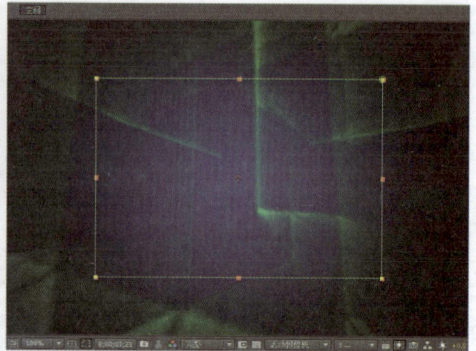

After Effects CC 光效设计

图2-63 添加特效并设置效果参数

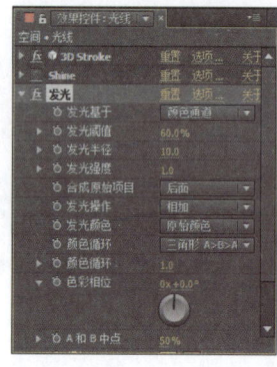

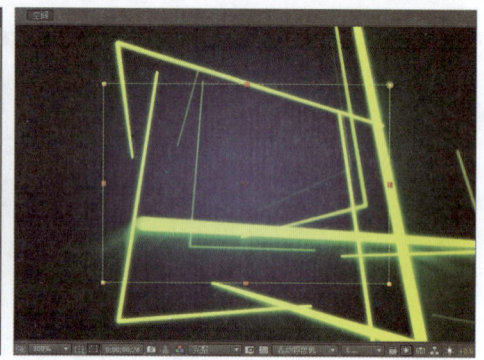

图2-64 复制图层并添加特效

12 按"Ctrl+S"键保存项目，拖动时间指针或按空格键，播放预览编辑完成的动画效果。

13 在项目窗口中选择编辑完成的影片合成，选择"合成→添加到渲染队列"命令，打开"渲染队列"窗口，设置好影片渲染格式、保存目录和文件名称，将合成项目输出为影片文件，如图2-65所示。

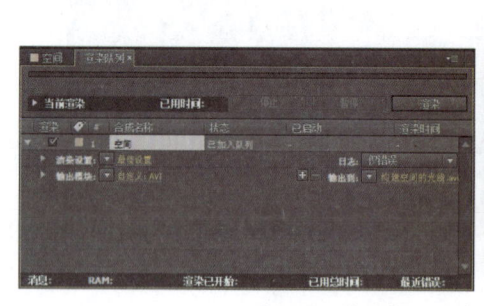

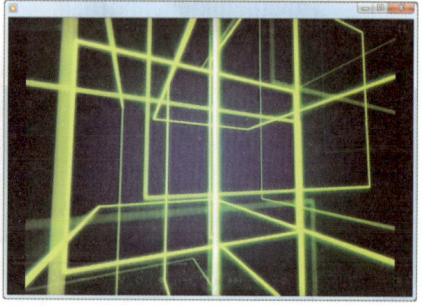

图2-65 将编辑好的合成输出为影片文件

Example 实例 39 动感炫光文字

素材目录	光盘\实例文件\实例\Media\
项目文件	光盘\实例文件\实例\Complete\动感炫光文字.aep
教学视频	光盘\教学视频\实例39：动感炫光文字.flv
应用特效	3D Stroke、Shine

编辑要点	1. 应用"从文本创建蒙版"命令，基于文本图层中的图像范围创建新图层并生成轮廓蒙版。 2. 应用"3D Stroke"特效，编辑文字轮廓空间翻转动画。 3. 应用"Shine"特效，为文字轮廓空间翻转动画添加光线射出效果。

本实例的最终完成效果，如图2-66所示。

图2-66 实例完成效果

01 在项目窗口中的空白处双击鼠标左键，打开"导入"对话框，选择本实例素材目录中准备的素材文件并导入。

02 将导入的图像素材按住并拖入空白的时间轴窗口中，应用其视频属性创建合成。按"Ctrl+K"键打开"合成设置"对话框，将合成名称设置为"动感炫光文字"，并将合成的持续时间修改为5秒。

03 选择文字工具，输入文字"东方"，通过"字符"面板设置字体为"方正隶二简体"，字号为200，填充色为红色，如图2-67所示。

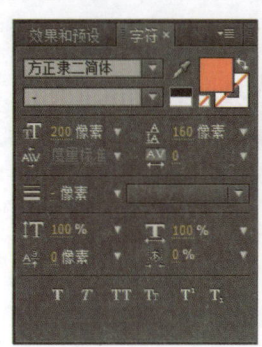

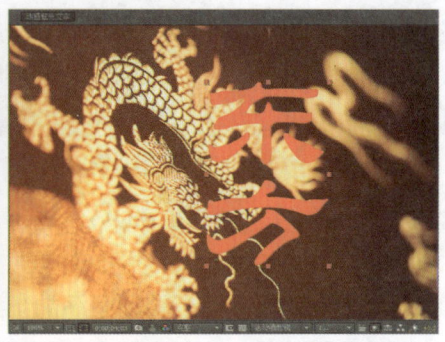

图2-67 编辑标题文字

04 选择文字图层并单击"图层→从文本创建蒙版"命令，生成一个新的纯色图层并基于当前文本图层的图像范围创建轮廓蒙版，原来的文本图层将自动关闭显示，如图2-68所示。

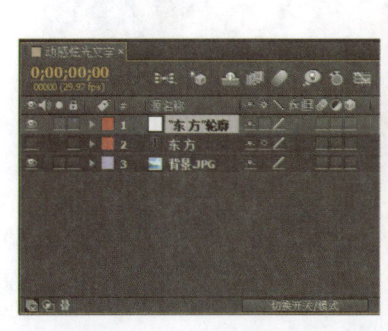

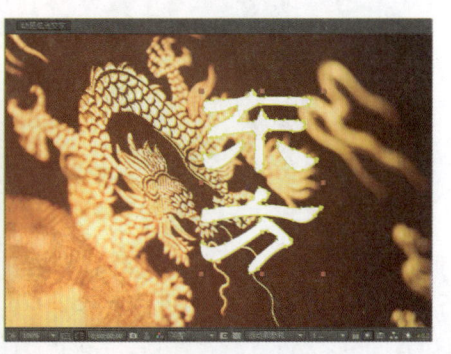

图2-68 基于文本创建蒙版图层

05 为文字轮廓图层添加"效果→Trapcode→3D Stroke（3D描边）"特效，在时间轴窗口中展开其效果选项，设置"颜色"为黄色，"厚度"数值为3.0，然后为"起始"选项，以及"变换"选项组中的"弯曲变形"、"Z方向位置"、"X轴方向旋转"、"Z轴方向旋转"选项创建关键帧动画，并为"Z方向位置"选项的结尾两个关键帧设置缓动效果，如图2-69所示。

		00:00:00:00	00:00:03:00	00:00:04:00
⏱	起始	100.0		0.0
⏱	弯曲变形	5.0		0.0
⏱	Z方向位置	50.0	−150.0	0.0
⏱	X轴方向旋转	0x＋120.0°		0x＋0.0°
⏱	Z轴方向旋转	0x＋120.0°		0x＋0.0°

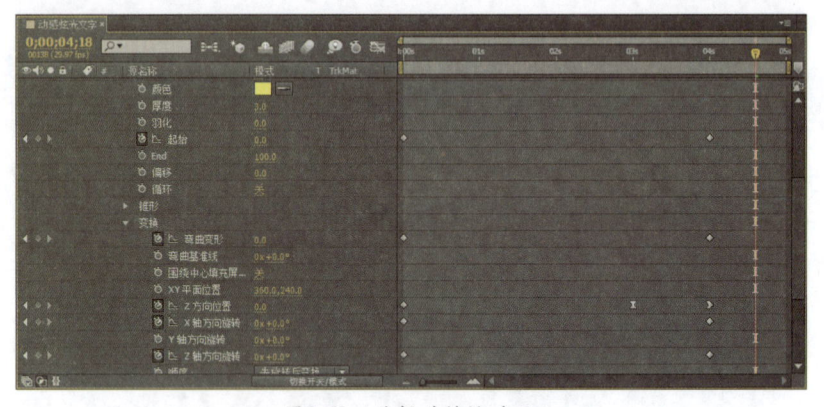

图2-69 编辑关键帧动画

06 为文字轮廓图层添加"效果→Trapcode→Shine（光亮）"特效，在"效果控件"面板中，设置"光线长度"数值为4.0，"提高亮度"为3.0，在"应用模式"下拉列表中选择"叠加"，为文字轮廓的空间翻转动画添加光亮射出效果，如图2-70所示。

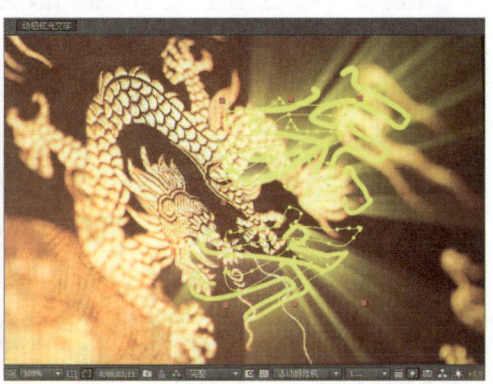

图2-70 添加特效并设置效果参数

07 在时间轴窗口中将文字轮廓图层的混合模式设置为"变亮"，展开"Shine"特效的选项，为"发光点"创建从开始到第4秒，从画面右侧（680.0,240.0）逐渐移动到画面中心（360.0,240.0）的关键帧动画，如图2-71所示。

图2-71　编辑发光点位移动画

08 恢复文本图层的显示状态，将其图层混合模式设置为"叠加"。按T键展开图层的"不透明度"选项，为其编辑从第4秒到第4秒20帧，"不透明度"从0%到100%的淡入显示动画，如图2-72所示。

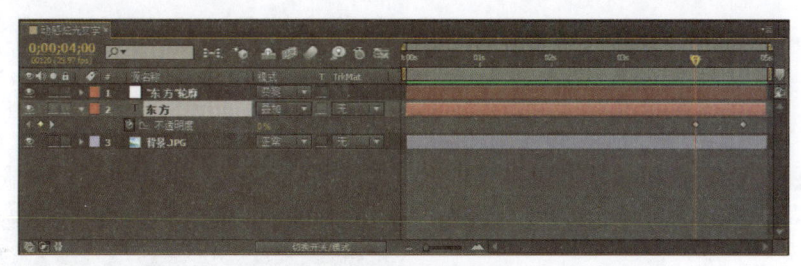

图2-72　编辑淡入动画

09 按"Ctrl+S"键保存项目，拖动时间指针或按空格键，播放预览编辑完成的动画效果。

10 在项目窗口中选择编辑完成的影片合成，选择"合成→添加到渲染队列"命令，打开"渲染队列"窗口，设置好影片渲染格式、保存目录和文件名称，将合成项目输出为影片文件，如图2-73所示。

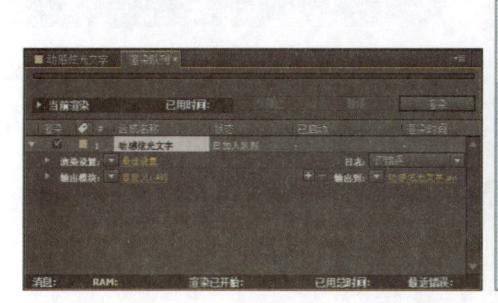

图2-73　将编辑好的合成输出为影片文件

Example 实例 40　流动光线写字

素材目录	光盘\实例文件\实例\Media\
项目文件	光盘\实例文件\实例\Complete\流动光线写字.aep
教学视频	光盘\教学视频\实例40：流动光线写字.flv
应用特效	3D Stroke、Shine
编辑要点	1. 复制在Photoshop中绘制的路径，在图层上粘贴出路径蒙版。 2. 应用"3D Stroke"特效，在路径蒙版上生成轮廓描边并编辑空间翻转动画。 3. 应用"Shine"特效，为文字轮廓空间翻转动画添加光线射出效果。

本实例的最终完成效果，如图2-74所示。

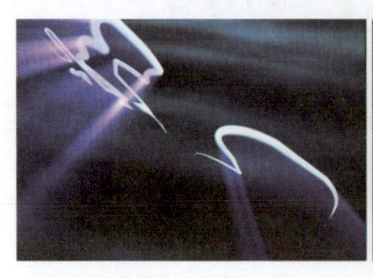

图2-74　实例完成效果

01 在项目窗口中的空白处双击鼠标左键，打开"导入"对话框，选择本实例素材目录中准备的"江湖.psd"素材文件并导入，如图2-75所示。

02 After Effects将弹出导入设置对话框，在"导入类型"下拉列表中选择"合成"，然后选择"合并图层样式到素材"选项并单击"确定"按钮，将该PSD素材以合成的方式导入到项目中，如图2-76所示。

图2-75　选择PSD素材文件 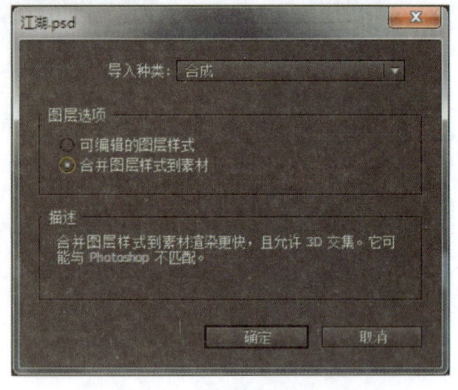　　　　　图2-76　PSD文件导入设置

03 在项目窗口中的空白处双击鼠标左键，打开"导入"对话框，选择本实例素材目录中准备的视频文件并导入。

04 在项目窗口中双击"江湖"合成，在其时间轴窗口打开后，将导入的视频素材加入其中，作为图像背景。展开其"变换"选项并修改"缩放"选项的数值为120.0%，将其图像尺寸放大到完全覆盖合成画面，如图2-77所示。

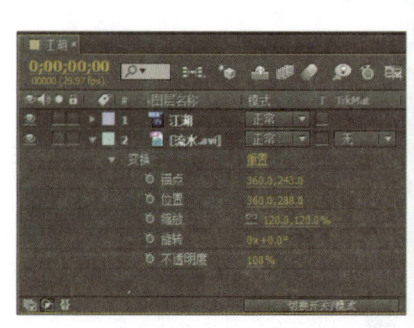

图2-77　加入背景图像并调整大小

05 在Photoshop中打开本实例素材目录下的"江湖.psd"素材文件,展开"路径"面板并选择区中的"路径1"。在工具栏中选择"路径选择工具" ,框选图像窗口中的文字路径并按"Ctrl+C"键进行复制,如图2-78所示。

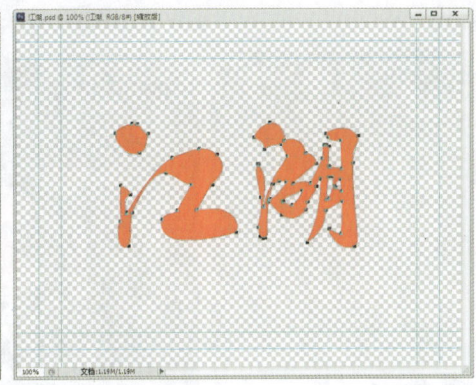

图2-78 选择路径并复制

06 回到After Effects中,按"Ctrl+Y"键新建一个设置任意填充色的纯色图层"光线文字",然后按"Ctrl+V"键粘贴,以在Photoshop中复制的路径,在纯色图层中创建路径蒙版,如图2-79所示。

图2-79 新建纯色图层并粘贴路径蒙版

07 在时间轴窗口中展开"光线文字"图层的蒙版选项,选中所有的蒙版形状并按"Ctrl+T"键,在合成窗口中将路径蒙版的大小和位置调整到与下层红色文字图像一致,如图2-80所示。

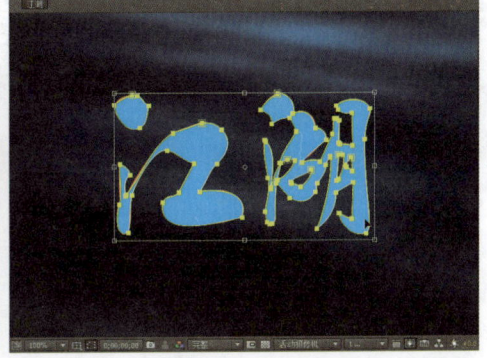

图2-80 调整蒙版大小与位置

08 为"光线文字"图层添加"效果→Trapcode→3D Stroke（3D描边）"特效，在"效果控件"面板中设置"厚度"为3.0，"羽化"为100.0，并勾选"循环"复选框。展开"锥形"选项组并勾选"启用"复选框，在蒙版路径上生成有轮廓宽度变化的描边效果，如图2-81所示。

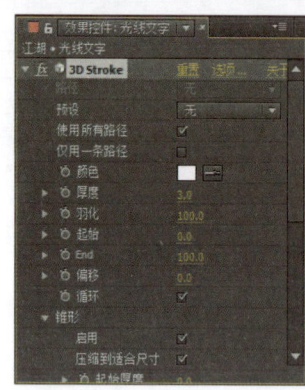

图2-81 添加特效并设置参数

09 在时间轴窗口中展开"光线文字"图层的效果选项，为"起始"、"偏移"选项，以及"变换"选项组中的"Z方向位置"、"X轴方向旋转"、"Y轴方向旋转"选项创建关键帧动画，并为所有选项的结尾关键帧设置缓动效果，如图2-82所示。

		00:00:00:00	00:00:03:15	
⏱	起始	80.0	0	
⏱	偏移	0.0	100	
⏱	Z方向位置	−200.0	0.0	
⏱	X轴方向旋转	0x+90.0°	0x+0.0°	
⏱	Y轴方向旋转	0x+270.0°	0x+0.0°	

图2-82 编辑关键帧动画

10 为"光线文字"图层添加"效果→Trapcode→Shine（光亮）"特效，在"效果控件"面板中，设置"光线长度"为5.0，"提高亮度"为10.0；展开"着色"选项组，在"着色"下拉列表中选择"幽灵"，然后设置"应用模式"为"正常"，为文字轮廓写字动画添加光亮射出效果，如图2-83所示。

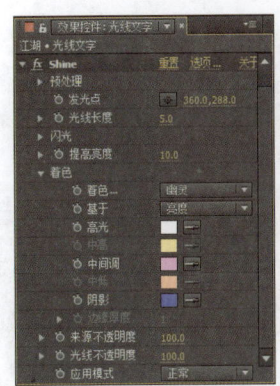

图2-83　添加特效并设置参数

⑪ 在时间轴窗口中将"光线文字"图层的混合模式设置为"相加",展开其"Shine"效果选项,为"发光点"、"光线长度"选项创建关键帧动画,并为所有选项的结尾关键帧设置缓动效果,如图2-84所示。

		00:00:00:00	00:00:03:15	00:00:04:15	
⏱	发光点	360.0,0.0		360.0,350.0	
⏱	光线长度		8.0	1.0	

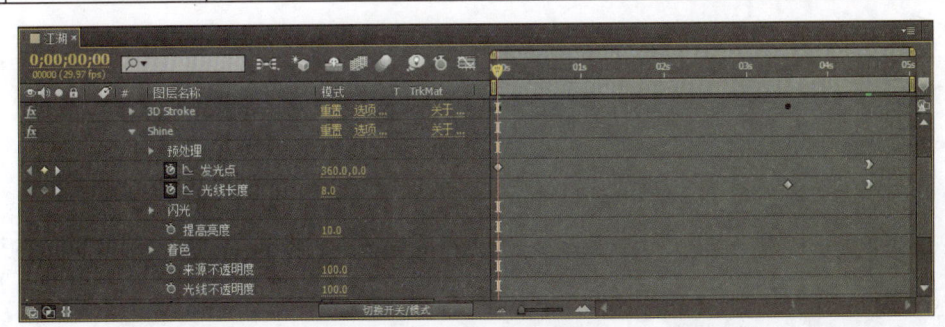

图2-84　编辑关键帧动画

⑫ 恢复"江湖"图层的显示状态,按"T"键展开图层的"不透明度"选项,为其编辑从第3秒15帧到第4秒15帧,"不透明度"从0%到100%的淡入显示动画,如图2-85所示。

图2-85　编辑淡入动画

⑬ 按"Ctrl+S"键保存项目,拖动时间指针或按空格键,播放预览编辑完成的动画效果。
⑭ 在项目窗口中选择编辑完成的影片合成,选择"合成→添加到渲染队列"命令,打开"渲染队列"窗口,设置好影片渲染格式、保存目录和文件名称,将合成项目输出为影片文件,如图2-86所示。

After Effects CC 光效设计

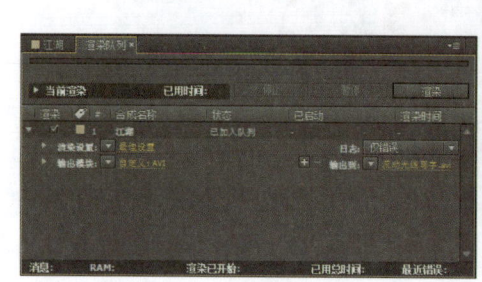

图2-86 将编辑好的合成输出为影片文件

Example 实例 41 舞动夜空的光线

素材目录	光盘\实例文件\实例\Media\
项目文件	光盘\实例文件\实例\Complete\舞动夜空的光线.aep
教学视频	光盘\教学视频\实例41：舞动夜空的光线.flv
应用特效	3D Stroke、Starglow、发光
编辑要点	1. 应用"3D Stroke"特效，在路径蒙版上生成轮廓描边并编辑空间翻转动画。 2. 应用"Starglow"特效，在轮廓曲线上生成星光闪亮的效果。 3. 应用"发光"特效，为标题文字添加发光效果。

本实例的最终完成效果，如图2-87所示。

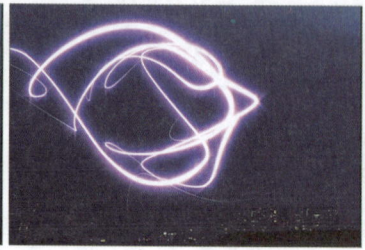

图2-87 实例完成效果

01 在项目窗口中的空白处双击鼠标左键，打开"导入"对话框，选择本实例素材目录中准备的素材文件并导入。

02 将导入的图像素材按住并拖入空白的时间轴窗口中，应用其视频属性创建合成。按"Ctrl+K"快捷键打开"合成设置"对话框，将合成名称设置为"舞动夜空的光线"，并将合成的持续时间修改为5秒，如图2-88所示。

03 按"Ctrl+Y"键打开"纯色设置"对话框，新建一个纯色图层"光线"，设置填充色为黑色并单击"确定"按钮。

04 在工具栏中选择"钢笔工具"，在"光线"图层上绘制一个蒙版路径，如图2-89所示。

图2-88　新建合成　　　　　　　　　　　图2-89　绘制路径

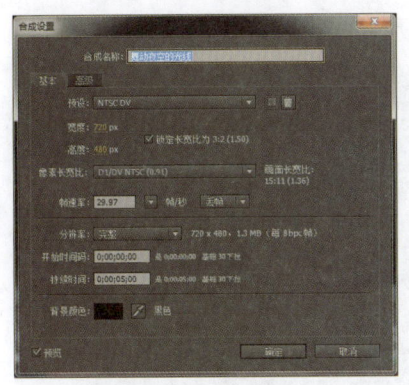

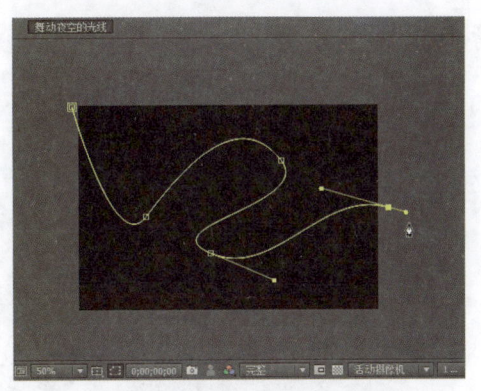

05 为"光线"图层添加"效果→Trapcode→3D Stroke（3D描边）"特效，在"效果控件"面板中设置"厚度"为5.0。展开"锥形"选项组并勾选"启用"复选框，并修改"起始大小"、"结尾大小"的数值为3.0，在蒙版路径上生成有轮廓宽度变化的描边效果，如图2-90所示。

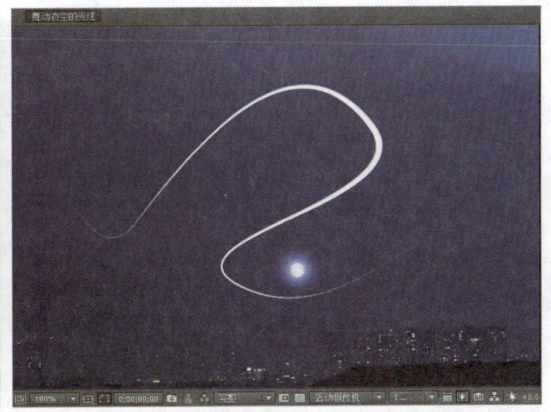

图2-90　添加特效并设置参数

06 展开"变换"选项组，设置"弯曲变形"为2.0，"弯曲基准线"为0x＋120.0°，并勾选"围绕中心填充"复选框，对沿路径生成的轮廓进行弯曲变形，如图2-91所示。

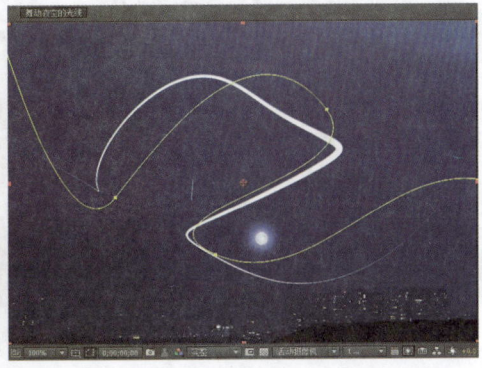

图2-91　设置轮廓变形

07 展开"重复"选项组，勾选"启用"复选框，设置"重复量"为2，"X轴方向旋转"为0x－210.0°、"Y轴方向旋转"为0x－30.0°、"Z轴方向旋转"为0x＋30.0°，对弯曲的轮廓线进行复制并差异化旋转，如图2-92所示。

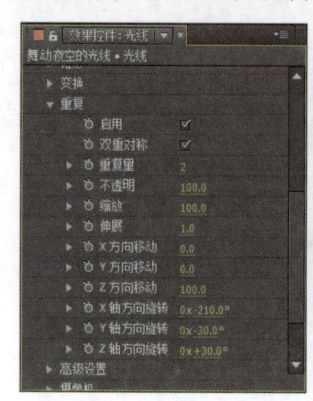

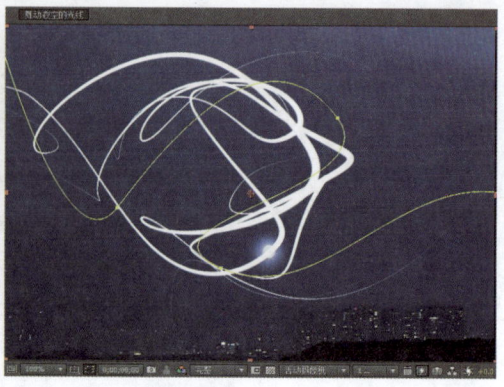

图2-92　设置轮廓重复

08 按"E"键展开"光线"图层的"效果"选项，为特效的"偏移"选项创建从开始到第4秒15帧，其数值从－90.0变为90.0的关键帧动画，使生成的轮廓曲线产生从画面左侧飞入，在画面中间徘徊后从画面右侧飞出的动画效果，如图2-93所示。

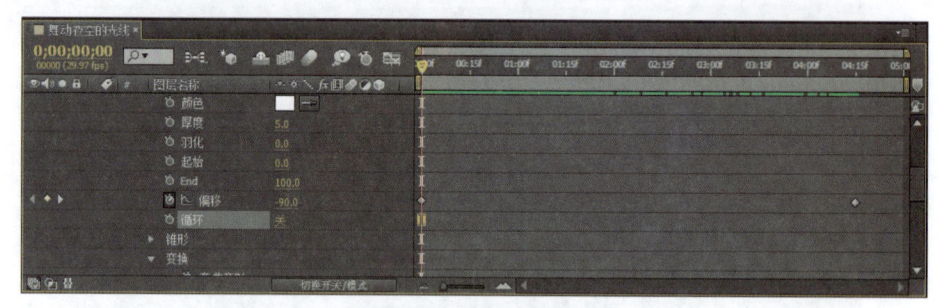

图2-93　编辑关键帧动画

09 为"光线"图层添加"效果→Trapcode→Starglow（星光闪耀）"特效，在"效果控件"面板中设置其"光线长度"为10.0。展开"各个方向光线长度"选项组并将所有选项的数值都修改为1.0，在轮廓曲线上生成星光闪亮的效果，如图2-94所示。

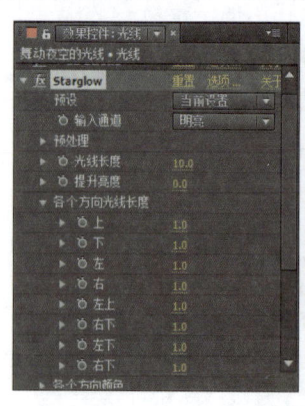

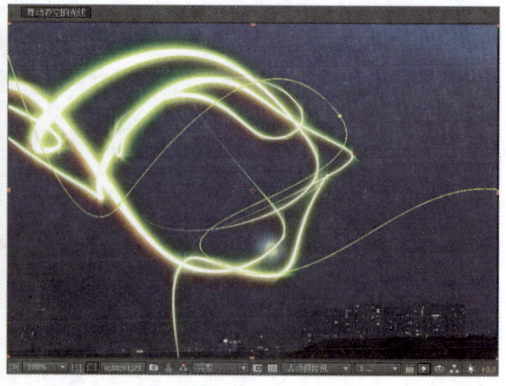

图2-94　添加特效并设置参数

10 展开"颜色贴图A"选项组，在"预设"下拉列表中选择"幽灵"。展开"颜色贴图B"选项组，在"预设"下拉列表中选择"光环"，为轮廓曲线的运动动画设置光线颜色，如图2-95所示。

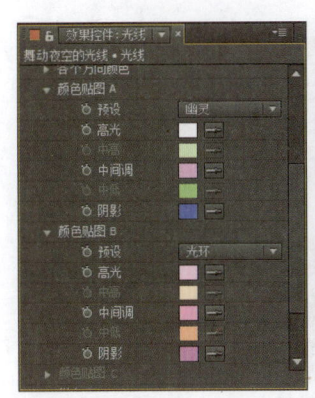

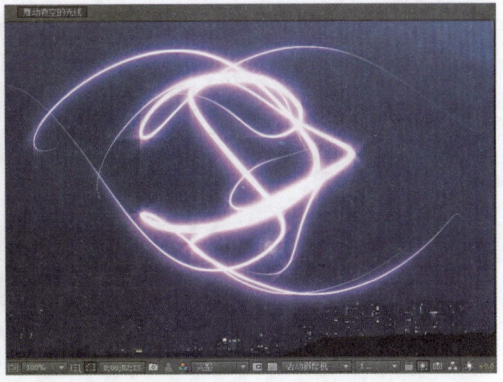

图2-95　设置光线颜色

⑪ 将时间指针定位在第2秒15帧的位置，选择"文字工具"输入文字"舞动夜空"，设置其字体为"方正粗倩简体"，字号为100，填充色为红色，描边色为蓝色，在时间轴窗口中将该图层移动到"光线"图层下面，如图2-96所示。

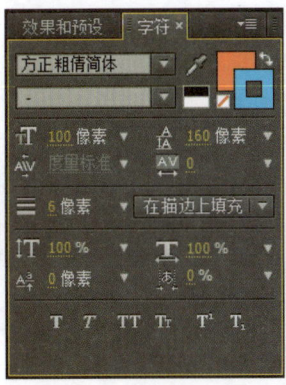

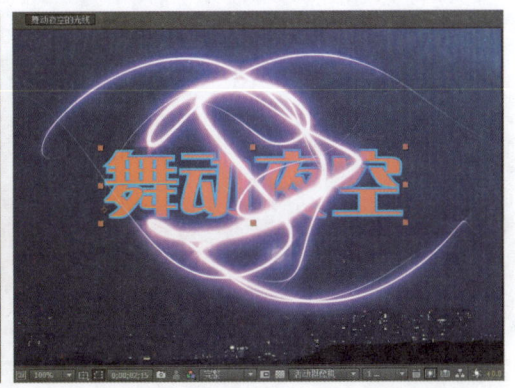

图2-96　输入标题文字

⑫ 为文本图层添加"风格化→发光"特效，设置"发光阈值"为50.0%，"发光强度"为2.0；保持其他选项的默认设置，为标题文字添加发光效果，如图2-97所示。

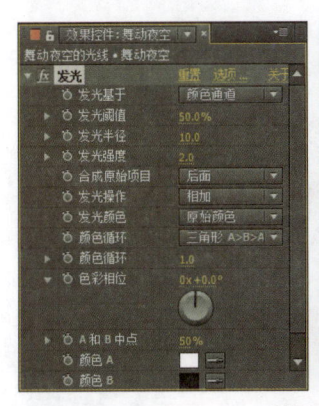

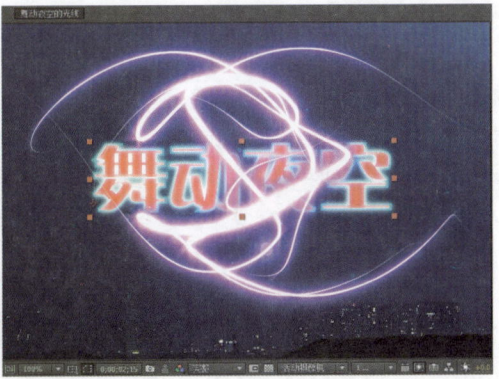

图2-97　添加特效并设置参数

⑬ 打开"效果与预设"面板，选择"动画预设→Preset→Text→Animate In（动态进入）→Slow Fade On（缓慢淡入）"效果并将其拖动到合成窗口中的文字对象上，为其应用动态淡入显示的动画效果，如图2-98所示。

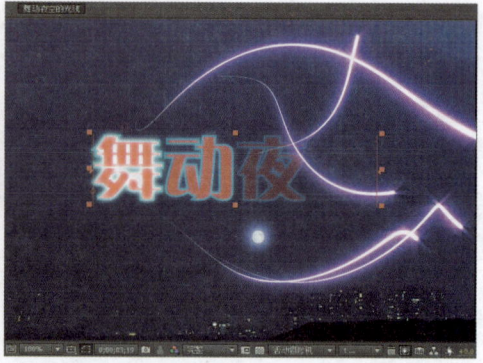

图2-98　编辑文字进入动画

⑭ 按"Ctrl+S"键保存项目，拖动时间指针或按空格键，播放预览编辑完成的动画效果。

⑮ 在项目窗口中选择编辑完成的影片合成，选择"合成→添加到渲染队列"命令，打开"渲染队列"窗口，设置好影片渲染格式、保存目录和文件名称，将合成项目输出为影片文件，如图2-99所示。

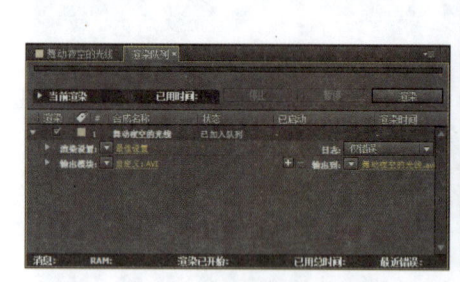

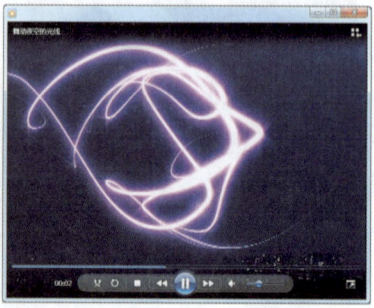

图2-99　将编辑好的合成输出为影片文件

Example 实例 42 翻绕成花的光线

素材目录	光盘\实例文件\实例\Media\
项目文件	光盘\实例文件\实例\Complete\翻绕成花的光线.aep
教学视频	光盘\教学视频\实例42：翻绕成花的光线.flv
应用特效	圆形、3D Stroke、Shine、发光
编辑要点	1. 应用"圆形"特效，在纯色图层上生成中心渐变填色效果，作为影片背景。 2. 应用"3D Stroke"特效，设置预设的描边形状生成花瓣轮廓翻转动画。 3. 应用"Shine"特效，为文字轮廓空间翻转动画添加光线射出效果。

本实例的最终完成效果，如图2-100所示。

图2-100　实例完成效果

01 按"Ctrl+N"键打开"合成设置"对话框,新建一个NTSC DV视频制式的合成"花之缘",设置持续时间为6秒,如图2-101所示。

02 按"Ctrl+Y"键打开"纯色设置"对话框,新建一个纯色图层"背景",设置填充色为紫粉色并单击"确定"按钮,如图2-102所示。

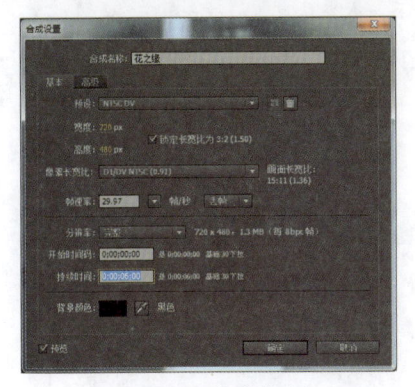

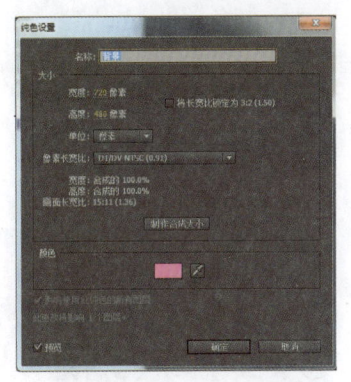

图2-101 新建合成　　　　图2-102 新建纯色图层

03 为"背景"图层添加"生成→圆形"特效,在"效果控件"面板中设置其"半径"选项数值为100.0。展开"羽化"选项组并设置"羽化外侧边缘"的数值为150.0,设置填充"颜色"为白色,"混合模式"为相加,在纯色图层中生成中心圆形渐变效果,如图2-103所示。

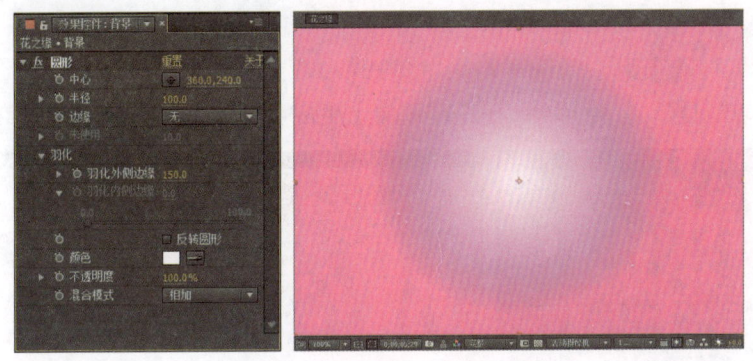

图2-103 添加特效并设置参数

04 在时间轴窗口中,按"E"键展开"背景"图层上的特效选项,为"圆形"特效的"半径"选项编辑大小缩放的关键帧动画,如图2-104所示。

		00:00:03:00	00:00:04:00	00:00:04:15
⏱	半径	−50.0	125.0	100.0

图2-104 编辑关键帧动画

05 按"Ctrl+Y"键打开"纯色设置"对话框,新建一个纯色图层"光线",设置填充色为黑色并单击"确定"按钮。

06 为"光线"图层添加"效果→Trapcode→3D Stroke(3D描边)"特效,打开"效果控件"面板,在其"预设"下拉列表中选择"花瓣",应用特效提供的预设形状来创建轮廓。设置"颜色"为深蓝色,"厚度"为5.0。展开"锥形"选项组并勾选"启用"复选框,并修改"结尾大小"的数值为2.0,在蒙版路径上生成有轮廓宽度变化的描边效果,如图2-105所示。

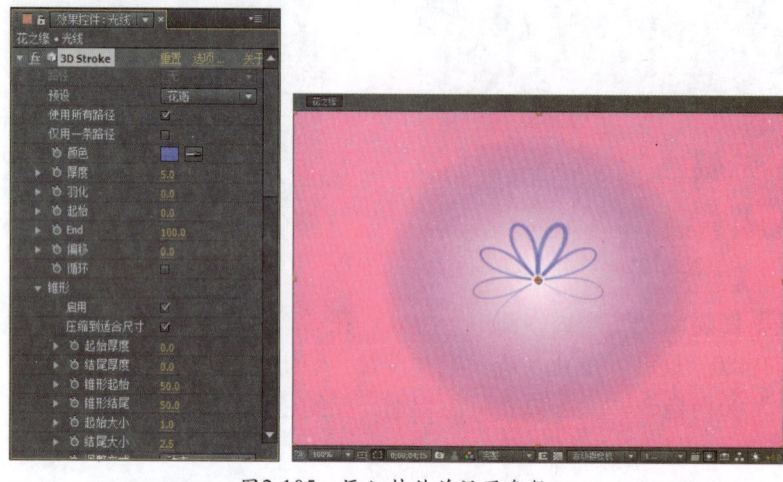

图2-105 添加特效并设置参数

07 展开"重复"选项组,勾选"启用"复选框,设置"重复量"为2,"不透明度"为10.0、"Z方向移动"为30.0,在花瓣图像上生成两个淡化的重影,如图2-106所示。

图2-106 设置重影效果

08 在时间轴窗口中,按E键展开"光线"图层上的特效选项,为"3D Stroke"特效的"偏移"选项,以及"变换"选项组中的"Z方向位置"选项编辑关键帧动画,如图2-107所示。

		00:00:00:00	00:00:04:00		
⏱	偏移	−100.0	0.0		
⏱	Z方向位置	−300.0	−100.0		

图2-107 编辑关键帧动画

09 为"光线"图层添加"效果→Trapcode→Shine（光亮）"特效，在"效果控件"面板中，设置"提高亮度"为15.0。展开"着色"选项组，在"着色"下拉列表中选择"电弧"，然后设置"应用模式"为"叠加"。按下"光线长度"选项前面的"时间变化秒表"按钮，为其重建从0秒时数值为15.0，到第4秒时变为5.0的关键帧动画，为花瓣轮廓动画添加光亮射出效果，如图2-108所示。

图2-108 添加特效并设置参数

10 将时间指针定位在第4秒的位置，选择"文字工具"输入所需的文字，设置其字体为"方正黄草简体"，字号为72，（下方小字为"方正准圆简体" 字号为30，）填充色为红色，描边色为淡蓝色，并设置段落对齐方式为居中对齐，如图2-109所示。

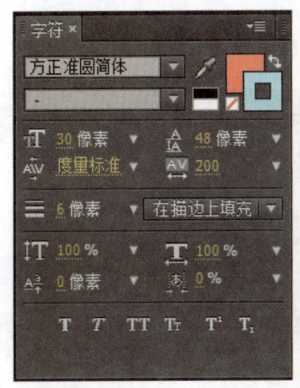

图2-109 输入标题文字

11 为文本图层添加"风格化→发光"特效，设置"发光阈值"为50.0%，"发光半径"为

5.0；保持其他选项的默认设置，为标题文字添加发光效果，如图2-110所示。

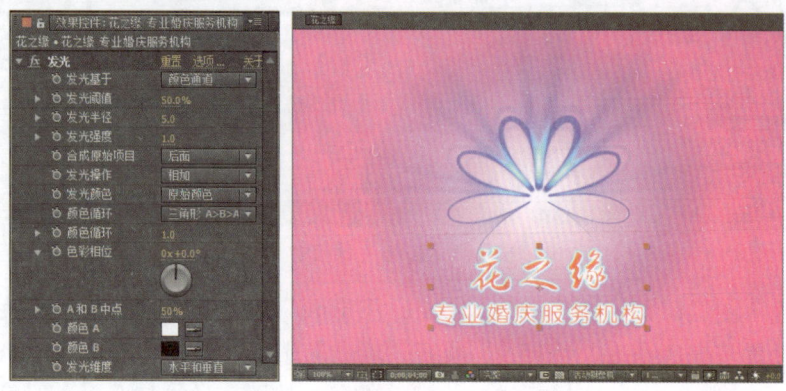

图2-110　添加特效并设置参数

⑫ 打开"效果与预设"面板，选择"动画预设→Preset→Text→Animate In（动态进入）→Slow Fade On（缓慢淡入）"效果并将其拖动到合成窗口中的文字对象上，为其应用动态淡入显示动画效果，如图2-111所示。

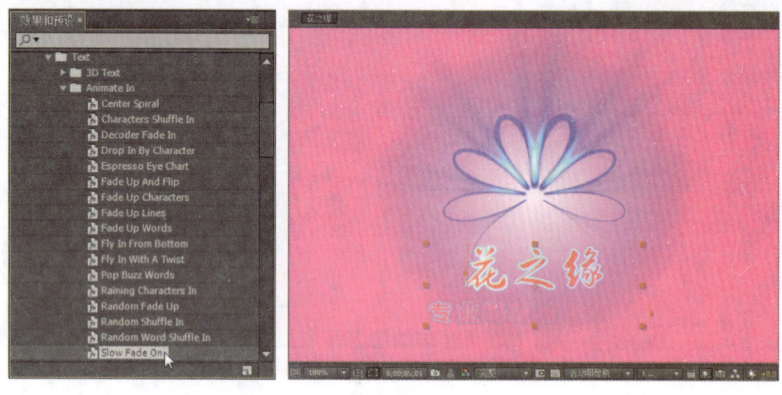

图2-111　编辑文字进入动画

⑬ 在项目窗口中的空白处双击鼠标左键，打开"导入"对话框，选择本实例素材目录中准备的两个音频素材文件并导入。

⑭ 将导入的"音效01.wav"加入到时间轴窗口中的开始位置，然后将"音效02.wav"加入第4秒的位置开始，作为片头影片的背景音效，如图2-112所示。

图2-112　加入背景音效素材

⑮ 按"Ctrl+S"键保存项目，拖动时间指针或按空格键，播放预览编辑完成的动画效果。

16. 在项目窗口中选择编辑完成的影片合成，选择"合成→添加到渲染队列"命令，打开"渲染队列"窗口，设置好影片渲染格式、保存目录和文件名称，将合成项目输出为影片文件，如图2-113所示。

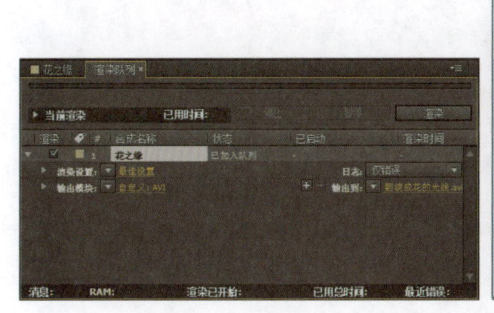

图2-113　将编辑好的合成输出为影片文件

Example 实例 43　文字边缘的闪光

素材目录	光盘\实例文件\实例\Media\
项目文件	光盘\实例文件\实例\Complete\文字边缘的闪光.aep
教学视频	光盘\教学视频\实例43：文字边缘的闪光.flv
应用特效	3D Stroke、Starglow
编辑要点	1. 应用"3D Stroke"特效，在对文本进行自动追踪生成的蒙版路径上生成轮廓线条流动动画。 2. 应用"Starglow"特效，在轮廓线条流动动画上生成星光闪亮的效果。

本实例的最终完成效果，如图2-114所示。

图2-114　实例完成效果

01. 在项目窗口中的空白处双击鼠标左键，打开"导入"对话框，选择本实例素材目录中准备的视频素材和音频素材文件并导入。

02. 将导入的视频素材按住并拖入空白的时间轴窗口中，应用其视频属性创建合成。按"Ctrl+K"键打开"合成设置"对话框，将合成名称设置为"文字边缘的闪光"，将合成的持续时间由20秒修改为6秒，如图2-115所示。

03. 在工具栏中选择"文字工具"，在合成窗口中输入文字"佳人"，设置字体为"方正粗倩简体"，字号为160，填充色为紫色，如图2-116所示。

04. 选择文字图层并单击"图层→自动追踪"命令，在弹出的对话框中保持默认的选项设置，单击"确定"按钮单击追踪，即可在合成窗口中基于文字图像的范围，在新生成的纯色图层中创建相同范围的轮廓蒙版，如图2-117所示。

167

图2-115　新建合成　　　　　　　　　图2-116　绘制路径

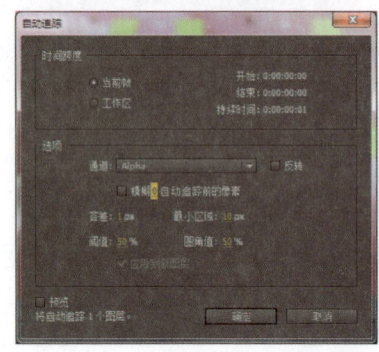

图2-117　追踪文字图像范围生成蒙版

05 在时间轴窗口中选择自动追踪生成的纯色图层并按"M"键，可以查看到在该图层中自动创建的4个蒙版图层，如图2-118所示。

图2-118　自动追踪生成的蒙版

06 按"Ctrl+Y"键打开"纯色设置"对话框，新建一个纯色图层"光线1"，设置填充色为黑色并单击"确定"按钮。

07 选择"自动追踪的 佳人"图层中的"蒙版 1"并按"Ctrl+C"键进行复制，然后选择"光线1"图层并按"Ctrl+V"键粘贴，将该蒙版路径复制给新建的纯色图层，如图2-119所示。

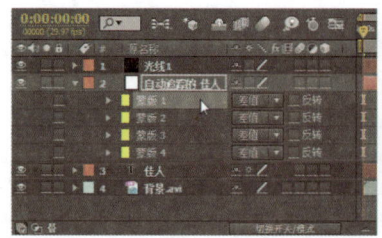

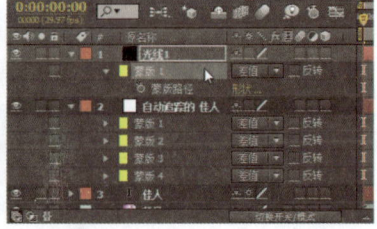

图2-119　复制蒙版路径

08 用同样的方法，继续新建黑色的纯色图层并依次命名为"光线2"、"光线3"、"光线4"，然后将"自动追踪的 佳人"图层中的蒙版分别复制到对应的新建图层中。关闭"自动追踪的 佳人"图层和文字图层的显示状态，将新建的图层按序号顺序排列上下层次，如图2-120所示。

图2-120　复制路径

09 为"光线1"图层添加"效果→Trapcode→3D Stroke（3D描边）"特效，在"效果控件"面板中设置描边颜色为淡粉色，"厚度"为2.5。展开"锥形"选项组并勾选"启用"复选框，然后为"偏移"选项创建在0秒时数值为-85.0，到第6秒时变为85.0的关键帧动画，并勾选"循环"复选框，在蒙版路径上生成有描边轮廓流动变化的动画效果，如图2-121所示。

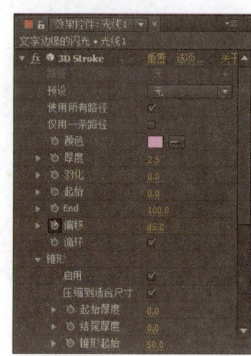

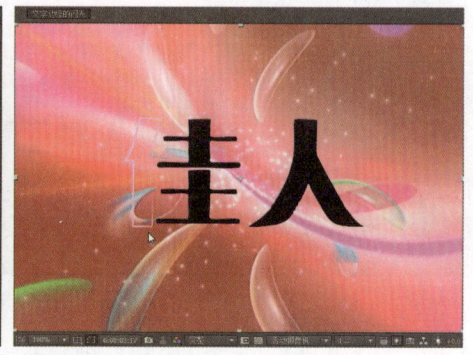

图2-121　添加特效并编辑关键帧动画

10 为"光线1"图层添加"效果→Trapcode→Starglow（星光闪耀）"特效，在"效果控件"面板中设置其"光线长度"为3.0，"提升亮度"为1.5。展开"颜色贴图A"和"颜色贴图B"，在"预设"下拉列表中选择"单一颜色"并设置填充颜色为白色，在描边轮廓上生成星光闪亮的效果，如图2-122所示。

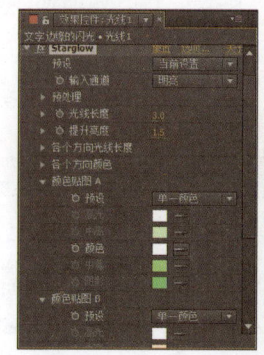

图2-122　添加特效并设置参数

⑪ 在"效果控件"面板中选中设置好了的两个特效并按"Ctrl+C"键进行复制,然后选择图层"光线2",激活"效果控件"面板并按"Ctrl+V"键进行粘贴,将在"光线1"图层上编辑好的特效复制给"光线2"图层,如图2-123所示。

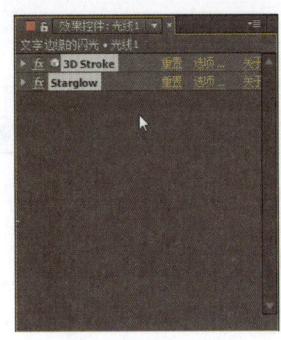

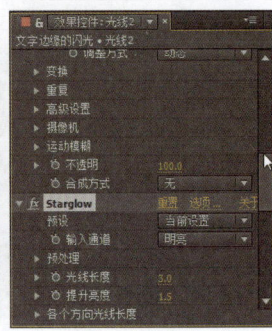

图2-123 复制图层上的特效

⑫ 在"光线2"图层的"效果控件"面板中,将"偏移"选项开始关键帧上的数值修改为-75.0,第6秒关键帧上的数值修改为120.0,使光线动画根据蒙版形状的改变而进行调整,如图2-124所示。

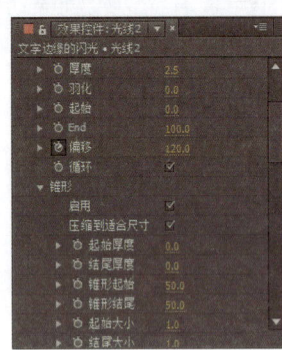

图2-124 修改特效参数

⑬ 用同样的方法,为"光线3"、"光线4"图层复制应用同样的特效,并根据蒙版形状的改变,调整"偏移"选项两个关键帧上的数值,使光线流动两圈,如图2-125所示。

图2-125 复制特效并修改参数

⑭ 选择时间轴窗口中的4个光线图层,按"Ctrl+Shift+C"键打开"预合成"对话框,选择"将所有属性移动到新合成"选项,将该图层转换成一个新建的合成"边缘流动光线",如图2-126所示。

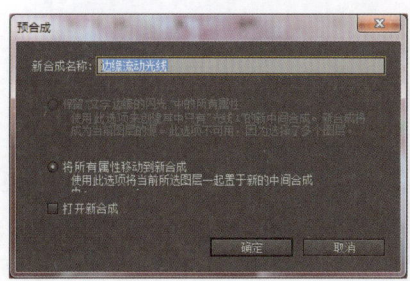

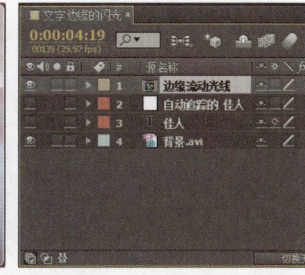

图2-126 将图层转换为合成

⑮ 展开文字图层"佳人"的"不透明度"选项，为标题文字创建关键帧并编辑从第4秒到第5秒，其数值从0%到100%的淡入动画，如图2-127所示。

图2-127 编辑标题文字淡入动画

⑯ 将导入的"music.wav"加入到时间轴窗口中的开始位置，作为片头影片的背景音效，如图2-128所示。

图2-128 加入背景音效素材

⑰ 按"Ctrl+S"键保存项目，拖动时间指针或按空格键，播放预览编辑完成的动画效果。
⑱ 在项目窗口中选择编辑完成的影片合成，选择"合成→添加到渲染队列"命令，打开"渲染队列"窗口，设置好影片渲染格式、保存目录和文件名称，将合成项目输出为影片文件，如图2-129所示。

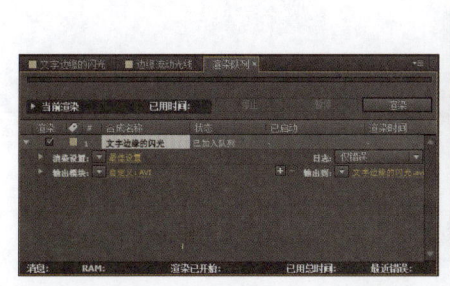

图2-129 将编辑好的合成输出为影片文件

After Effects CC 光效设计

Example 实例 44 星光画心

素材目录	光盘\实例文件\实例\Media\
项目文件	光盘\实例文件\实例\Complete\星光画心.aep
教学视频	光盘\教学视频\实例44：星光画心.flv
应用特效	勾画、Starglow、发光
编辑要点	1. 应用"勾画"特效，蒙版路径上生成描边线条的循环游动效果。 2. 应用"Starglow"特效，在轮廓线条流动动画上生成星光闪亮的效果。 3. 应用"发光"特效，增强光线游动动画的发光效果。

本实例的最终完成效果，如图2-130所示。

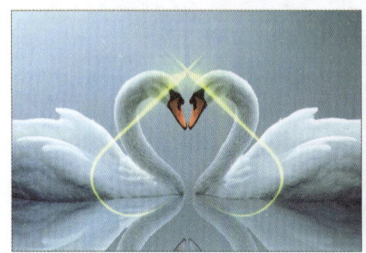

图2-130 实例完成效果

01 在项目窗口中的空白处双击鼠标左键，打开"导入"对话框，选择本实例素材目录中准备的素材文件并导入。

02 将导入的图像素材按住并拖入空白的时间轴窗口中，应用其视频属性创建合成。按"Ctrl+K"键打开"合成设置"对话框，将合成名称设置为"星光画心"，并将合成的持续时间修改为5秒，如图2-131所示。

03 按"Ctrl+Y"键打开"纯色设置"对话框，新建一个纯色图层"光线"，设置填充色为黑色并单击"确定"按钮。

04 按"Ctrl+R"键在合成窗口中显示出标尺，在工具栏中选择"钢笔工具"，配合使用参考线，在"光线"图层上绘制一个胶囊形状的蒙版路径，如图2-132所示。

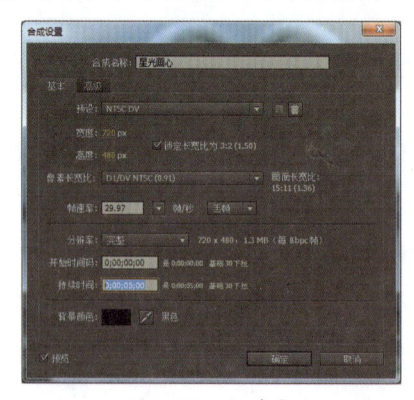

图2-131 新建合成　　　　图2-132 绘制路径

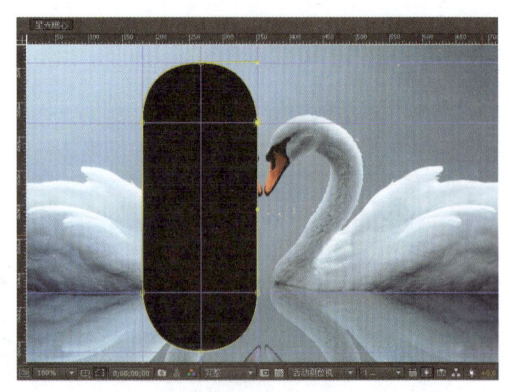

05 对绘制的蒙版路径进行45°角的旋转，然后按"Ctrl+R"键和"Ctrl+;"键，隐藏合成窗口中标尺和参考线。在时间轴窗口中将"光线"图层的混合模式设置为"相加"，为其添加"生成→勾画"特效。在"效果控件"面板中，设置"描边"选项为"蒙版

/路径","片段"为1,"长度"为0.5,"随机植入"为5。展开"正在渲染"选项组,设置"宽度"为3.0,在蒙版路径上生成描边效果,如图2-133所示。

图2-133　为蒙版路径设置描边勾画效果

06 按"E"键,展开"光线"图层的"效果"选项,为特效的"旋转"选项创建从开始到结尾,其数值从0x+0.0°到-4x+0.0°的关键帧动画,编辑出描边线条循环游动的动画效果,如图2-134所示。

图2-134　编辑旋转关键帧动画

07 为"光线"图层添加"效果→Trapcode→Starglow（星光闪耀）"特效,在"效果控件"面板中单击"预设"选项后面的下拉列表并选择"白色星形",然后设置"输入通道"为"亮度"。设置"光线长度"为2.0,"提升亮度"为2.0。展开"颜色贴图A",在"预设"下拉列表中选择"单一颜色"并设置填充颜色为黄色,在描边轮廓上生成星光闪亮的效果,如图2-135所示。

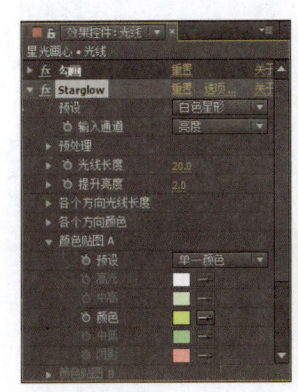

图2-135　添加特效并设置参数

08 为"光线"图层添加"风格化→发光"特效,设置"发光半径"为5.0,保持其他选项的默认设置，进一步增强轮廓动画的发光效果，如图2-136所示。

图2-136 添加特效并设置参数

09 在时间轴窗口中选择"光线"图层的蒙版，在合成窗口中将其移动到画面的中间位置，如图2-137所示。

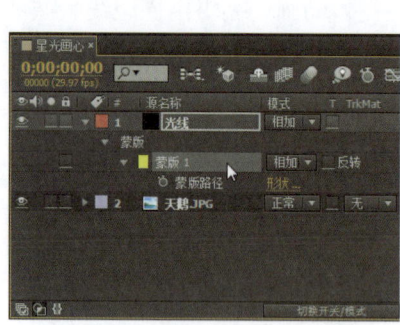

图2-137 调整光线位置

10 选择"光线"图层并按"Ctrl+D"键对其进行复制，选择新复制得到的图层并按"S"键展开其"缩放"选项，取消对"约束比例"复选框的勾选，将其数值修改为（-100.0,100.0%），对新图层中的对象进行水平翻转，如图2-138所示。

图2-138 复制图层并翻转图像

11 按"Ctrl+S"键保存项目，拖动时间指针或按空格键，播放预览编辑完成的动画效果。

12 在项目窗口中选择编辑完成的影片合成，选择"合成→添加到渲染队列"命令，打开"渲染队列"窗口，设置好影片渲染格式、保存目录和文件名称，将合成项目输出为影片文件，如图2-139所示。

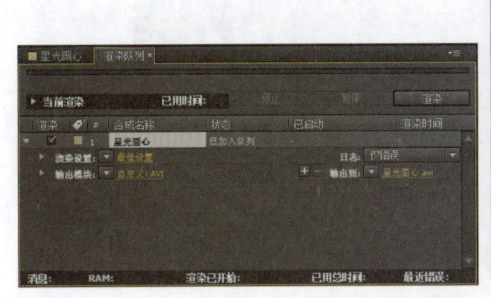

图2-139　将编辑好的合成输出为影片文件

Example 实例 45 星光打印机

素材目录	光盘\实例文件\实例\Media\
项目文件	光盘\实例文件\实例\Complete\星光打印机.aep
教学视频	光盘\教学视频\实例45：星光打印机.flv
应用特效	梯度渐变、分形杂色、色光、碎片、发光、Starglow
编辑要点	1. 应用"梯度渐变"特效，编辑线性灰度渐变图像和径向渐变的背景图像。 2. 应用"分形杂色"特效，编辑杂色图像的运动动画。并通过添加"色光"特效为其添加色彩效果。 3. 应用"碎片"特效，编辑主体图像的爆炸分解动画效果。 4. 应用"Starglow"特效，为爆炸分解动画图像添加星光闪耀效果。

本实例的最终完成效果，如图2-140所示。

图2-140　实例完成效果

01 在项目窗口中的空白处双击鼠标左键，打开"导入"对话框，选择本实例素材目录中准备的素材文件并导入。

02 按"Ctrl+N"键打开"合成设置"对话框，新建一个NTSC DV视频制式的合成"渐变"，设置持续时间为5秒。

03 按"Ctrl+Y"键打开"纯色设置"对话框，新建一个纯色图层"黑色 纯色1"，设置填充色为黑色并单击"确定"按钮。

04 为"黑色 纯色1"图层添加"生成→梯度渐变"特效，在"效果控件"面板中设置"渐变起点"为画面的右边缘（720.0,240.0），设置"渐变终点"为画面的左边缘（0.0,240.0），如图2-141所示。

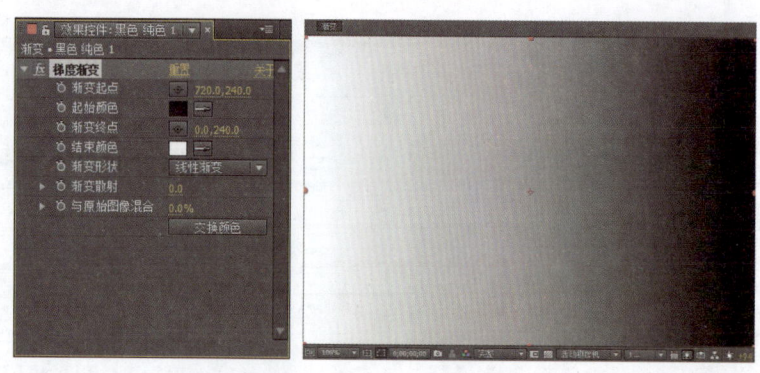

图2-141 添加特效并设置参数

05 按"Ctrl+N"键打开"合成设置"对话框,新建一个NTSC DV视频制式的合成"色带",设置持续时间为5秒。

06 在项目窗口中展开"固态层"文件夹,将其中的黑色固态层素材加入到新建合成的时间轴窗口中,新建一个纯色图层并命名为"分形杂色"。

07 为"分形杂色"图层添加"杂色与颗粒→分形杂色"特效,在"效果控件"面板中,设置"对比度"为120.0,"溢出"为"剪切","复杂度"为4.0,展开"变换"选项组,取消对"统一缩放"复选框的选择后,设置"缩放宽度"为5000,如图2-142所示

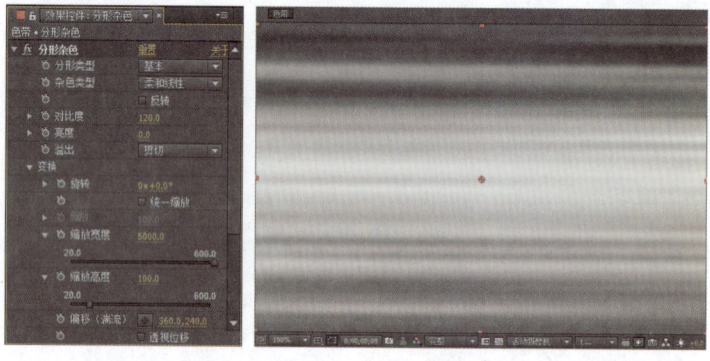

图2-142 添加特效并设置参数

08 按"E"键展开"分形杂色"图层的"效果"选项,为特效的"偏移(湍流)"和"演化"选项创建关键帧动画,使生成的分形图像产生运动变化效果,如图2-143所示。

		00:00:00:00	00:00:04:29
⏱	偏移	−30000.0,240.0	30000.0,240.0
⏱	演化	0x+0.0°	1x+0.0°

图2-143 编辑关键帧动画

⑨ 将项目窗口中的黑色固态层素材加入到时间轴窗口中，新建一个纯色图层并命名为"彩色"。为其添加"生成→梯度渐变"特效，保持默认参数设置不变。继续为其添加"颜色校正→色光"特效，保持默认参数设置不变，编辑出彩色渐变效果，如图2-144所示。

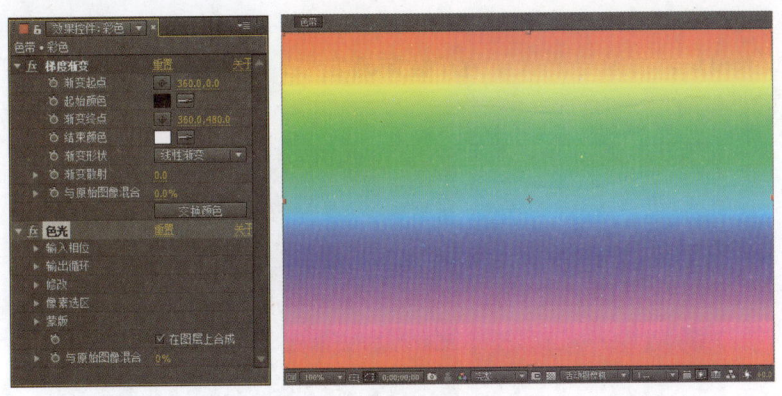

图2-144 添加特效并设置参数

⑩ 将项目窗口中的黑色固态层素材加入到时间轴窗口中，新建一个纯色图层并命名为"蒙版"，选择"矩形工具"在图层左侧绘制一个蒙版，覆盖图像的三分之一左右，并设置其"蒙版羽化"的数值为（200.0,0.0）像素，如图2-145所示。

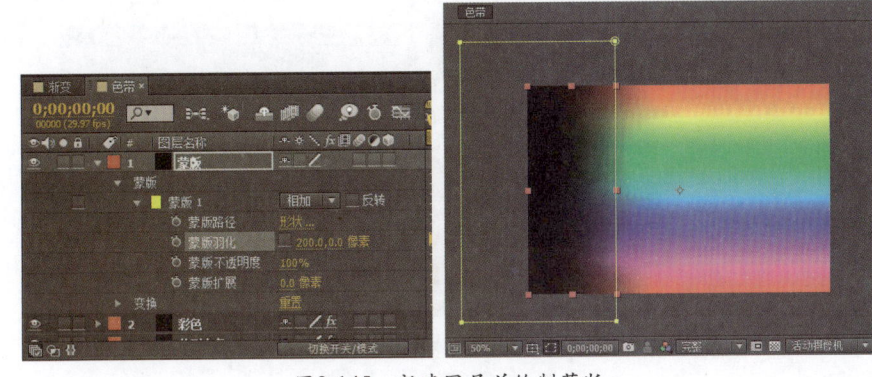

图2-145 新建图层并绘制蒙版

⑪ 展开"模式"窗格，设置"彩色"图层的混合模式为"颜色"，然后在后面的"轨道遮罩"下拉列表中选择"Alpha 遮罩'蒙版'"，如图2-146所示。

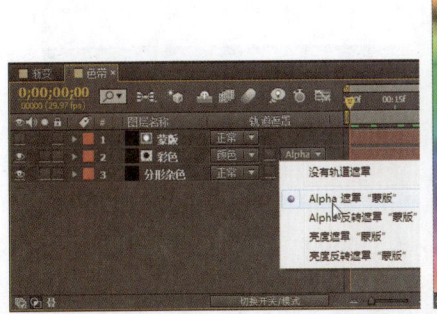

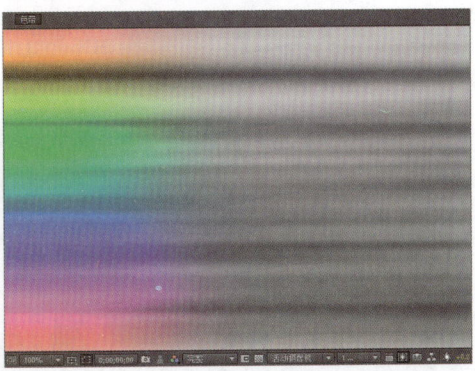

图2-146 设置图层混合效果

⑫ 按"Ctrl+N"键打开"合成设置"对话框，新建一个NTSC DV视频制式的合成"碎片"，设置持续时间为5秒。

⑬ 将项目窗口中的黑色固态层素材加入到时间轴窗口中，新建一个纯色图层并命名为"背景"，为其添加"生成→梯度渐变"特效，设置"起始颜色"为深蓝色，"结束颜色"为黑色，设置"渐变起点"为（360.0,240.0），设置"渐变终点"为（720.0,240.0），"渐变形状"为"径向渐变"，编辑出径向渐变渐变填充的背景效果，如图2-147所示。

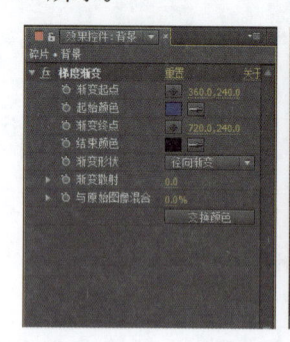

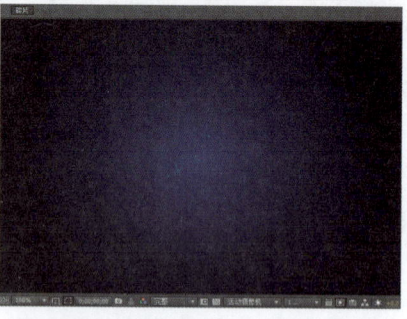

图2-147　添加特效并设置参数

⑭ 从项目窗口中选择合成"渐变"和导入的图像素材"小丑鱼"，将它们加入到时间轴窗口中，然后关闭"渐变"图层的显示，如图2-148所示。

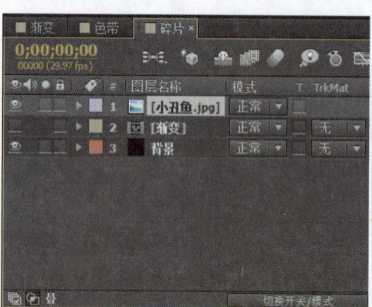

图2-148　编排合成图层

⑮ 选择"图层→新建→摄像机"命令，在打开的"摄像机设置"对话框中，设置"预设"类型为"24毫米"，单击"确定"按钮，新建一个摄像机图层"摄像机1"，如图2-149所示。

⑯ 在时间轴窗口中，展开"摄像机1"图层的"变换"选项，设置其"目标点"位置为（360.0,240.0,-40.0），"位置"为（360.0,560.0,-800.0），如图2-150所示。

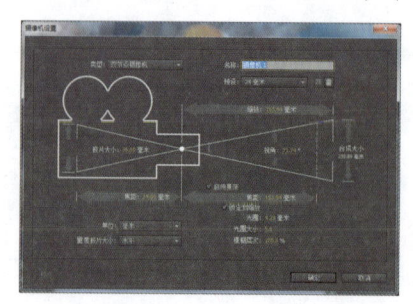

图2-149　新建摄像机　　　　图2-150　设置摄像机位置

⑰ 选择图像素材"小丑鱼"图层并为其添加"模拟→碎片"特效，在"效果控件"面板中设置"视图"选项为"已渲染"，展开"形状"选项组，在"图案"下拉列表中选择"星形及三角形"，设置"重复"为35.0，"凸出深度"为0.05，如图2-151所示。

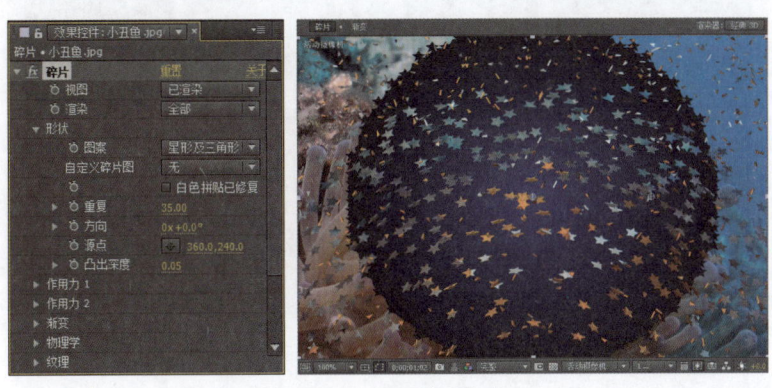

图2-151　设置效果参数

⑱ 展开"作用力1"选项组，设置"深度"为0.2，"半径"为2.0，"强度"为6.0，使爆炸后产生的碎片向四周扩散，如图2-152所示。

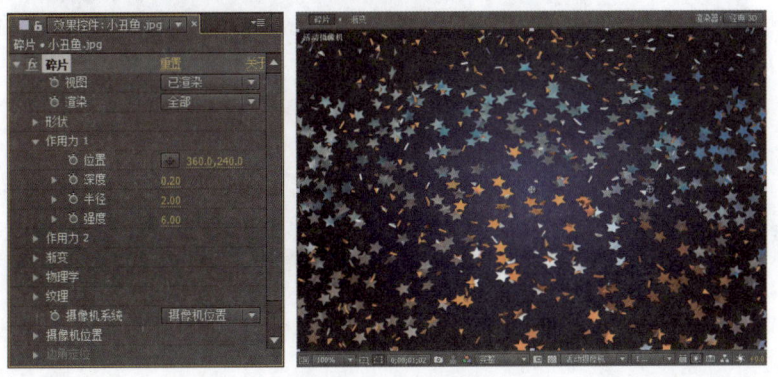

图2-152　设置效果参数

⑲ 展开"物理学"选项组，设置"旋转速度"为0.0，"随机性"为0.2，"粘度"为0.0，"大规模方差"为20%，"重力"为6.0，"重力方向"为0x＋90.0°，"重力倾向"为80.0，使爆炸后产生的碎片向一个方向扩散，如图2-153所示。

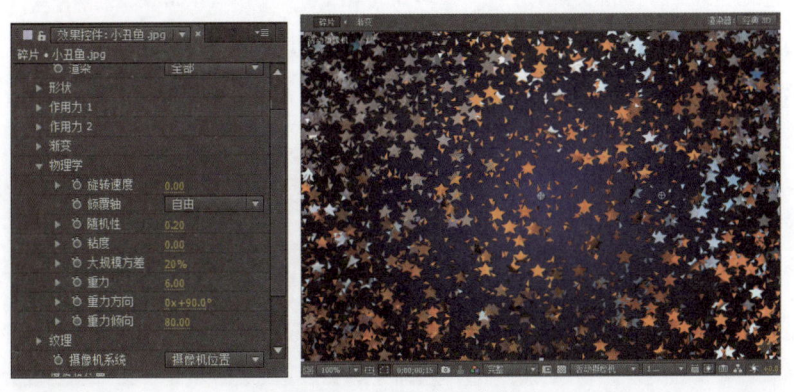

图2-153　设置效果参数

⑳ 展开特效的"渐变"选项组,在"渐变图层"下拉列表中选择图层"3.渐变"作为引导图层,勾选"反转渐变"复选框,然后为"碎片阈值"选项创建从第1秒的0%,到第3秒15帧的100%的关键帧动画,得到碎片从右向左的爆炸发生动画,如图2-154所示。

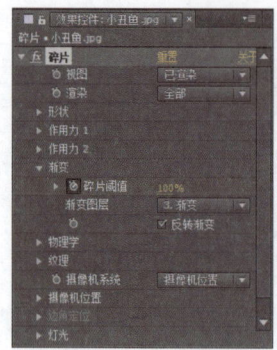

图2-154 设置效果参数并编辑关键帧动画

㉑ 单击"摄像机系统"选项后面的下拉列表并选择"合成摄像机",以时间轴窗口中设置的摄像机的视角显示爆炸动画,如图2-155所示。

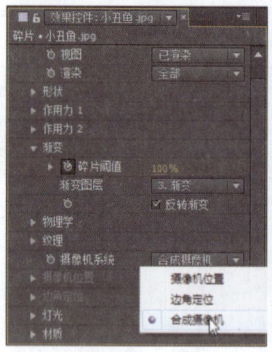

图2-155 设置效果参数

㉒ 从项目窗口中选择合成"色带"并加入到时间轴窗口中,并将其转换为3D图层。设置其"锚点"位置为(0.0,240.0,0.0),"方向"为(0.0°,90.0°,0.0°),然后为"位置"、"不透明度"选项创建关键帧动画,编辑"色带"图像在画面中跟随爆炸碎片运动的动画效果,如图2-156所示。

		00:00:00:25	00:00:01:00	00:00:03:15	00:00:03:20
⏱	位置		720.0,240.0,0.0	0.0,240.0,0.0	
⏱	不透明度	0%	100%	100%	0%

图2-156 编辑关键帧动画

㉓ 按"Ctrl+Y"键打开"纯色设置"对话框，新建一个纯色图层"光线头"，设置填充色为蓝色并单击"确定"按钮，如图2-157所示。

㉔ 选择"矩形工具"，在"光线头"图层的中间位置，从上往下上绘制一个垂直方向的竖条蒙版，如图2-158所示。

图2-157　新建纯色图层　　　　图2-158　绘制蒙版

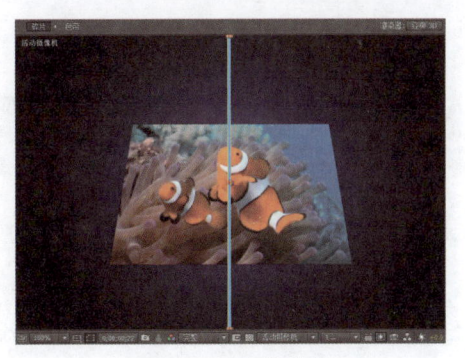

㉕ 打开"光线头"图层的3D开关，为其创建与"色带"图层相同的位移和不透明度关键帧动画，如图2-159所示。

		00:00:00:25	00:00:01:00	00:00:03:15	00:00:03:20
⏱	位置		720.0,240.0,0.0	0.0,240.0,0.0	
⏱	不透明度	0%	100%	100%	0%

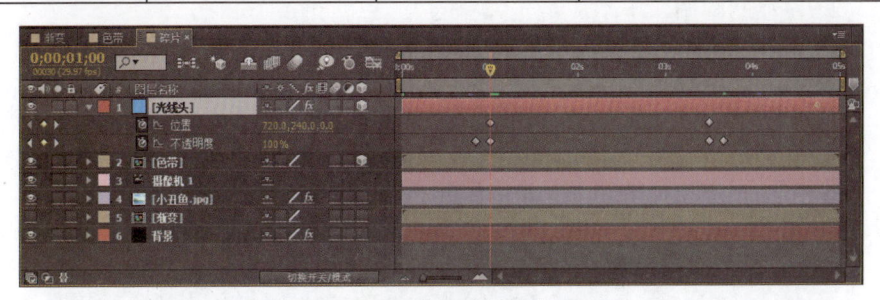

图2-159　编辑关键帧动画

㉖ 为"光线头"图层添加"风格化→发光"特效，设置"发光半径"为5.0，"发光强度"为2.0，保持其他选项的默认设置，为其添加发光效果，如图2-160所示。

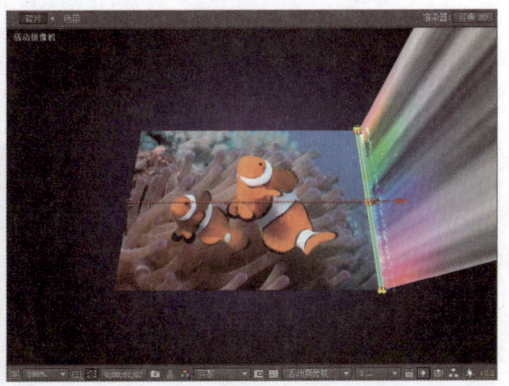

图2-160　添加效果并设置参数

㉗ 展开"摄像机1"图层的"变换"选项组,为其"位置"、"Z轴旋转"选项创建关键帧动画,并为两个开始关键帧设置缓出效果,如图2-161所示。

		00:00:0:00	00:00:04:29	
⏱	位置	360.0,560.0,-800.0	800.0,800.0,-400.0	
⏱	Z轴旋转	0x+0.0°	0x-90.0°	

图2-161 编辑关键帧动画

㉘ 按"Ctrl+N"键打开"合成设置"对话框,新建一个NTSC DV视频制式的合成"总合成",设置持续时间为5秒。

㉙ 将编辑好的"碎片"合成加入到"总合成"合成的时间轴窗口中,为该图层添加"效果→Trapcode→Starglow(星光闪耀)"特效,在"效果控件"面板中单击"预设"选项后面的下拉列表并选择"圣诞星光",然后设置"光线长度"为25.0,"提升亮度"为2.0,在动画图像上生成星光闪亮的效果,如图2-162所示。

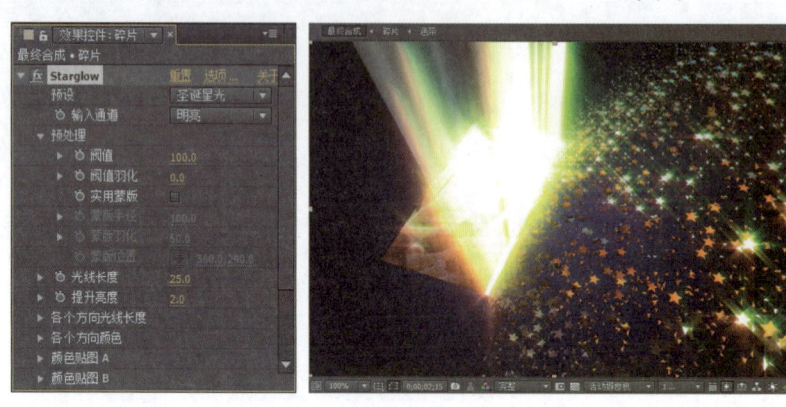

图2-162 添加特效并设置参数

㉚ 展开特效的"预处理"选项组,为"阈值"选项创建从第3秒到第4秒15帧,其数值由80.0变为240.0的关键帧动画,得到星光效果逐渐消失的动画效果,如图2-163所示。

图2-163 编辑关键帧动画

㉛ 选择"图层→时间→启用时间重映射"命令，然后在时间轴窗口中将"时间重映射"选项的两个关键帧进行位置互换，对"碎片"合成中的动画进行时间反转，得到播放时摄像机逐渐拍摄到图像主体的动画效果，如图2-164所示。

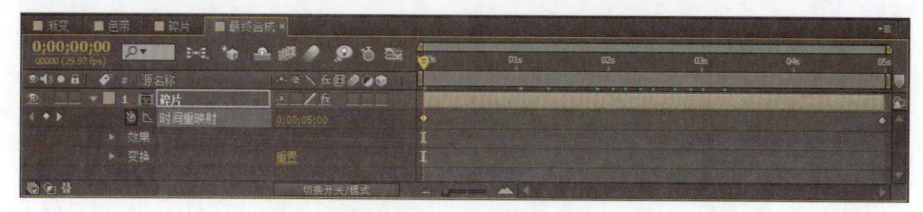

图2-164 编辑时间重映射

㉜ 按"Ctrl＋S"键保存项目，拖动时间指针或按空格键，播放预览编辑完成的动画效果。

㉝ 在项目窗口中选择编辑完成的影片合成，选择"合成→添加到渲染队列"命令，打开"渲染队列"窗口，设置好影片渲染格式、保存目录和文件名称，将合成项目输出为影片文件，如图2-165所示。

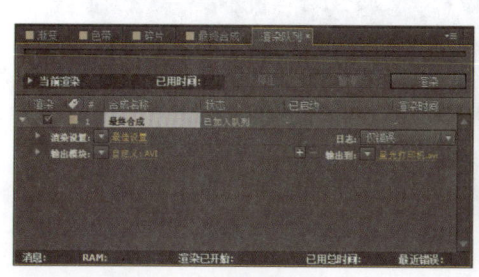

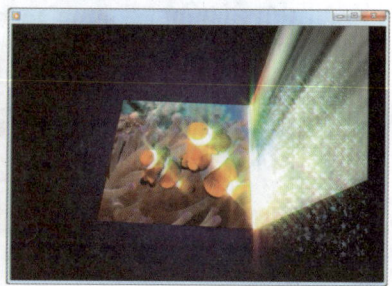

图2-165 将编辑好的合成输出为影片文件

Example 实例 46 闪亮的图形光线

素材目录	光盘\实例文件\实例\Media\
项目文件	光盘\实例文件\实例\Complete\闪亮的图形光线.aep
教学视频	光盘\教学视频\实例46：闪亮的图形光线.flv
应用特效	无线电波、Starglow
编辑要点	1. 应用"无线电波"特效，编辑出特效生成的图形光线在放大过程中变换形状和角度的动画效果。 2. 应用"Starglow"特效，为图形光线变换动画添加星光闪耀效果。

本实例的最终完成效果，如图2-166所示。

图2-166 实例完成效果

① 在项目窗口中的空白处双击鼠标左键，打开"导入"对话框，选择本实例素材目录中

准备的素材文件并导入。

02 将导入的图像素材按住并拖入空白的时间轴窗口中,应用其视频属性创建合成。按"Ctrl+K"键打开"合成设置"对话框,将合成名称设置为"闪亮的图形光线",并将合成的持续时间修改为12秒。

03 在时间轴窗口中,将背景图层的持续时间延长到与修改后合成的持续时间对齐。

04 按"Ctrl+Y"键打开"纯色设置"对话框,新建一个纯色图层"光线",设置填充色为黑色并单击"确定"按钮。

05 为"光线"图层添加"生成→无线电波"特效,在"效果控件"面板中设置"波浪类型"为"多边形",展开"描边"选项组,设置生成图形的描边颜色为白色,如图2-167所示。

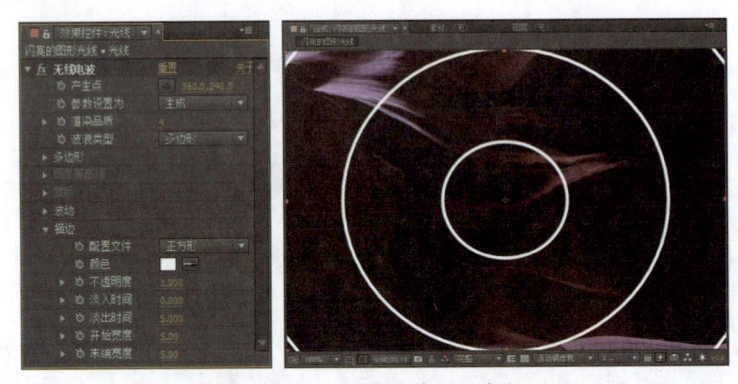

图2-167　添加特效并设置参数

06 在时间轴窗口中,将"光线"图层的出点位置修剪到第6秒结束。按"E"键展开"光线"图层上的"无线电波"效果选项,为"多边形"选项组中的"边"和"波动"选项组中的"频率"、"方向"选项创建关键帧动画,编辑出特效生成的图形光线在放大过程中变换形状和角度的动画效果,如图2-168所示。

		00:00:00:00	00:00:03:00	00:00:05:00	00:00:06:00
⏱	边	3	5	3	
⏱	频率		4		2
⏱	方向	0x+0.0°			1x+0.0°

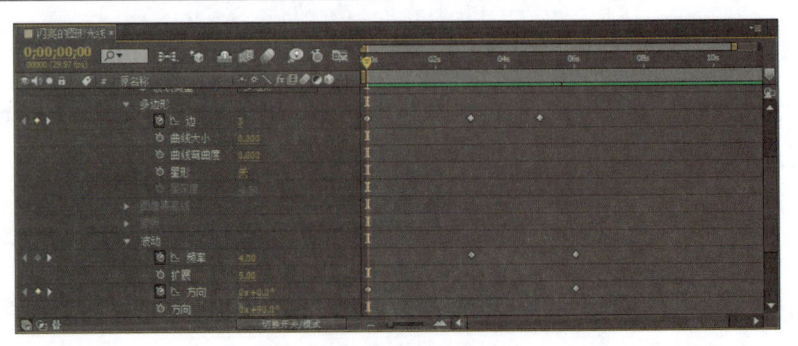

图2-168　编辑关键帧动画

07 为"光线"图层添加"效果→Trapcode→Starglow(星光闪耀)"特效,在"效果控件"面板中展开"预处理"选项组,设置"阈值"为200.0,修改"光线长度"选项的数值为15.0,在图形变换动画上生成星光闪亮的效果,如图2-169所示。

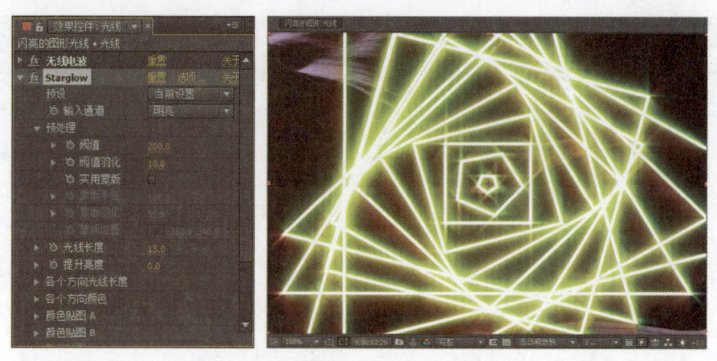

图2-169 添加特效并设置参数

08 在时间轴窗口中选择"光线"图层并按"T"键,展开图层的"不透明度"选项,为图层编辑在最后一秒内,"不透明度"从100%到0%的淡出动画,如图2-170所示。

图2-170

09 将时间指针定位在"光线"图层的出点位置,按"Ctrl+D"键复制出一个新图层,然后按"["键,将复制得到的新图层移动到从该位置开始,如图2-171所示。

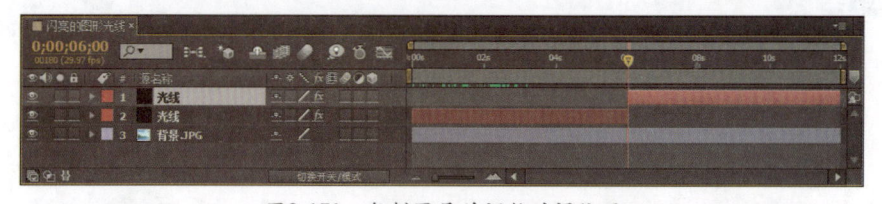

图2-171 复制图层并调整时间位置

10 打开新图层的"效果控件"面板,修改"多边形"中"曲线大小"的数值为1.0,"曲线弯曲度"的数值为0.5,然后勾选"星形"复选框,将该图层中的图形转换为星形,如图2-172所示。

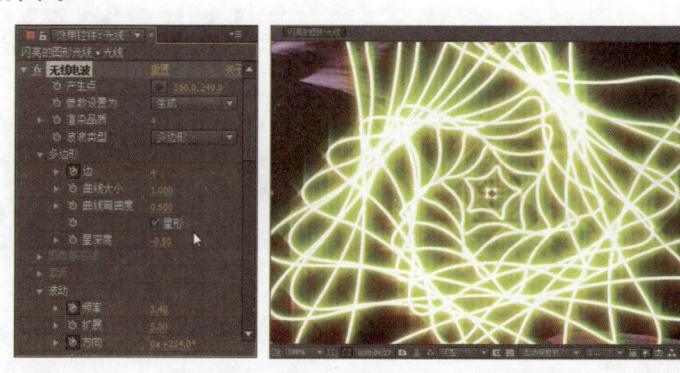

图2-172 修改复制的图层的效果参数

⑪ 选择复制得到的图层并选择"图层→时间→时间反向图层"命令，将该图层中编辑的动画效果进行时间反转，与前一个图层中的动画相衔接，如图2-173所示。

图2-173 对图层进行时间反转

⑫ 按"Ctrl+S"键保存项目，拖动时间指针或按空格键，播放预览编辑完成的动画效果。

⑬ 在项目窗口中选择编辑完成的影片合成，选择"合成→添加到渲染队列"命令，打开"渲染队列"窗口，设置好影片渲染格式、保存目录和文件名称，将合成项目输出为影片文件，如图2-174所示。

图2-174 将编辑好的合成输出为影片文件

Example 实例 47 闪烁的炫彩文字

素材目录	光盘\实例文件\实例\Media\
项目文件	光盘\实例文件\实例\Complete\闪烁的炫彩文字.aep
教学视频	光盘\教学视频\实例47：闪烁的炫彩文字.flv
应用特效	Starglow、发光、Particular
编辑要点	1. 应用"Starglow"特效，为标题文字添加星光闪亮效果。 2. 应用"发光"特效，为标题文字和粒子效果添加发光效果。 3. 应用"Particular"特效，编辑发光粒子在空间中飞舞的动画效果。

本实例的最终完成效果，如图2-175所示。

图2-175 实例完成效果

① 在项目窗口中的空白处双击鼠标左键，打开"导入"对话框，选择本实例素材目录中准备的素材文件并导入。

02 按"Ctrl+N"键打开"合成设置"对话框,新建一个NTSC DV视频制式的合成"光影故事",设置持续时间为5秒。

03 在工具栏中选择文字工具,在合成窗口中输入文字"光影故事",通过"字符"面板设置文字字体为"方正超粗黑简体",字号为140,描边色为紫红色,无填充色,并将其放置在画面的中心位置,如图2-176所示。

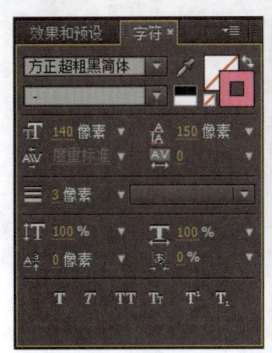

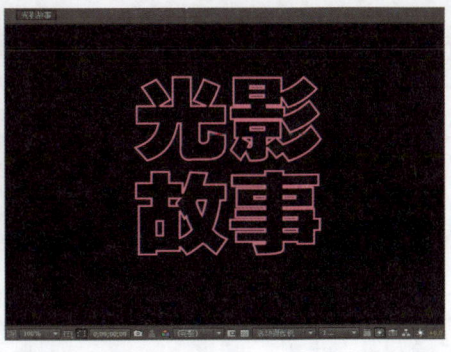

图2-176 编辑标题文字

04 为文字图层添加"效果→Trapcode→Starglow(星光闪耀)"特效,在"效果控件"面板中单击"预设"选项后面的下拉列表并选择"星形棱镜"样式,在"输入通道"下拉列表中选择"Alpha",然后设置"提升亮度"的数值为0.5,在文字图像上生成星光闪亮的效果,如图2-177所示。

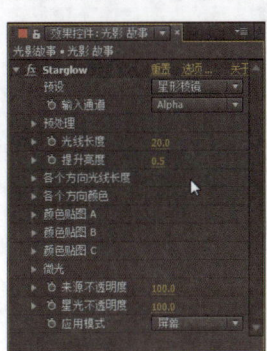

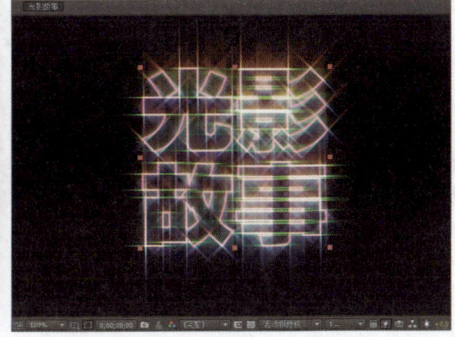

图2-177 添加特效并设置参数

05 为文字图层添加"风格化→发光"特效,设置"发光半径"为10.0,"发光强度"为0.5,保持其他选项的默认设置,为文字星光图像添加发光效果,如图2-178所示。

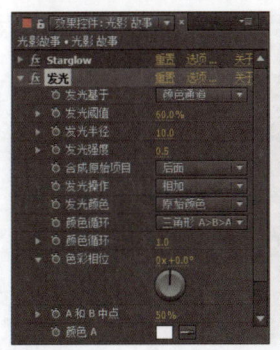

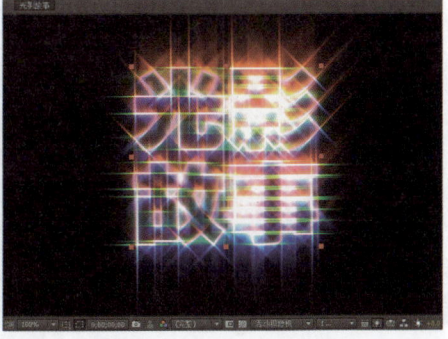

图2-178 添加发光效果

06 选择文字图层并按"Ctrl+D"键,对其进行一次复制。在工具栏中选择"星形工具" ★,在新复制的图层上绘制一个大的蒙版,如图2-179所示。

07 使用"选择工具"将星形蒙版的形状调整为尖角星形,如图2-180所示。

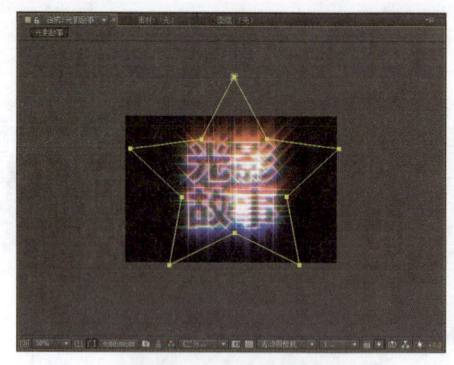

图2-179 绘制星形蒙版　　　图2-180 调整星形形状

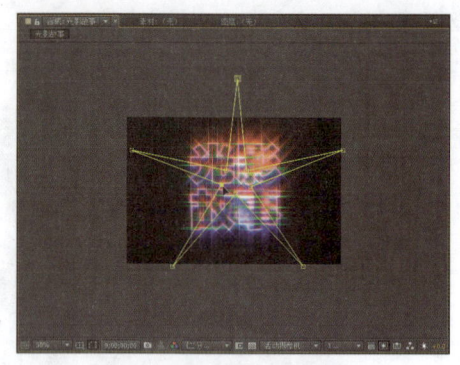

08 按"M"键展开复制的新图层的"蒙版"选项,设置"蒙版羽化"为25.0像素,然后为"蒙版扩展"选项创建缩放关键帧动画,如图2-181所示。

		00:00:00:00	00:00:01:15	00:00:03:00	00:00:04:29
⏱	蒙版扩展	−40.0	80.0	−40.0	120.0

图2-181 编辑关键帧动画

09 将时间指针定位在开始位置,按下"蒙版路径"选项前面的"时间变化秒表"按钮,添加一个关键帧。将时间指针移动到第3秒的位置,按"Ctrl+T"键,开启对蒙版形状的变换编辑状态,在按住"Shift"键的同时,将蒙版形状旋转90.0°。将时间指针移动到结束位置,在按住"Shift"键的同时,将蒙版形状再旋转90.0°,得到蒙版形状从头到尾旋转180°的动画效果,如图2-182所示。

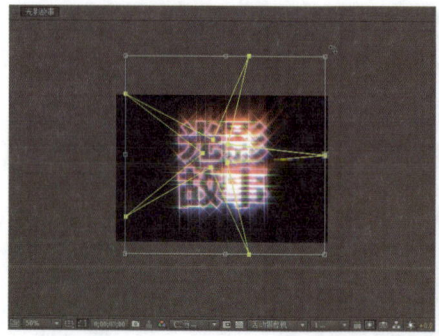

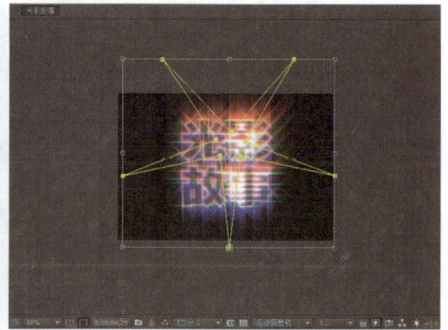

图2-182 编辑旋转动画

⑩ 在时间轴窗口中，将上层文字图层的混合模式设置为"柔光"，选中两个文字图层并按"Ctrl+Shift+C"键，打开"预合成"对话框，选择"将所有属性移动到新合成"选项，将该图层转换成一个新建的合成"标题"，如图2-183所示。

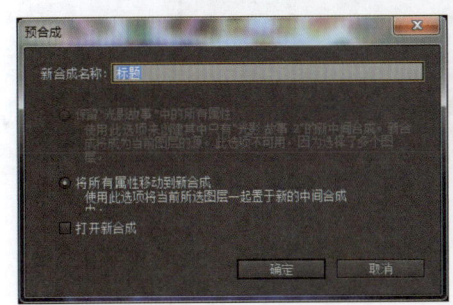

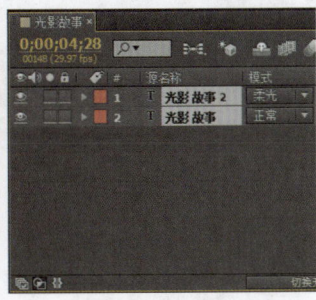

图2-183 将图层转换为合成

⑪ 为转换后得到的合成图层打开3D开关，按"Ctrl+D"键对"标题"图层进行一次复制，按"P"键展开复制的新图层的"位置"选项，将图层的"位置"修改为"360.0,240.0,30.0"，将图层往纵深方向移动一定距离，如图2-184所示。

图2-184 设置图层位置

⑫ 单击"图层→新建→摄像机"命令，在打开的"摄像机设置"对话框中，设置"预设"类型为"24毫米"，单击"确定"按钮，新建一个摄像机图层"摄像机1"，如图2-185所示。

⑬ 按"Ctrl+Alt+Y"键新建一个调整图层，然后将摄像机图层指定为调整图层的子图层，如图2-186所示。

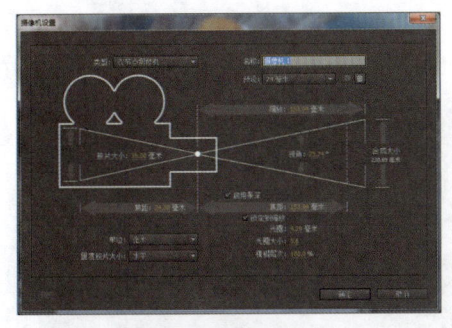

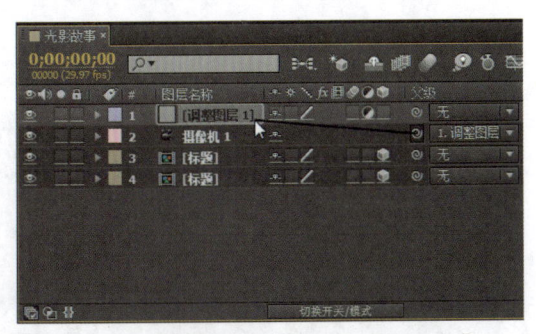

图2-185 新建摄像机　　　　图2-186 设置摄像机位置

⑭ 打开调整图层的3D开关，然后展开调整图层的"变换"选项，为"X轴旋转"、"Y轴旋转"选项在开始位置和第3秒添加关键帧，修改开始位置时"X轴旋转"的数值为0x+50.0°，"Y轴旋转"的数值为0x−200.0°，如图2-187所示。

After Effects CC 光效设计

图2-187　编辑关键帧动画

⑮ 展开摄像机图层的"位置"选项，为其选项创建关键帧动画，设置在开始时的位置为（360.0,240.0,−100.0），在第3秒时的位置为（360.0,240.0,−500.0），如图2-188所示。

图2-188　编辑关键帧动画

⑯ 按"Ctrl+Y"键打开"纯色设置"对话框，新建一个纯色图层"粒子"，设置填充色为黑色并单击"确定"按钮，然后在时间轴窗口中将其置于最底层，并设置上层"标题"图层的混合模式为"相加"，如图2-189所示。

图2-189　新建纯色图层

⑰ 为"粒子"图层添加"效果→Trapcode→Particular（粒子）"特效，在"效果控件"面板中展开"发射器"选项组，设置"粒子数量/秒"为150，设置"发射类型"为"球体"，"速率"为200.0。展开"粒子"选项组，设置"生命"的数值为2.0，"生命随机"为50，"尺寸"为8.0，在纯色图像上生成粒子飞舞的效果，如图2-190所示。

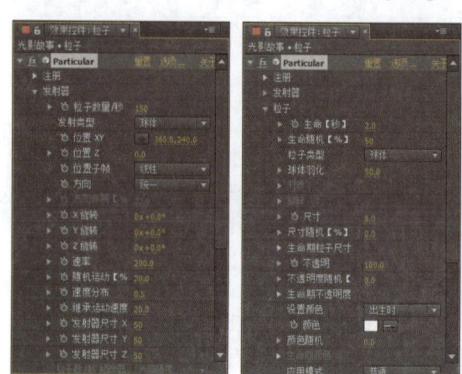

图2-190　添加并设置粒子效果

⑱ 按"E"键展开"粒子"图层的特效选项,为"发射器"选项组中的"位置XY"选项创建在开始位置数值为(720.0,240.0),在结束位置时变为(220.0,240.0)的关键帧动画,然后为结束关键帧设置缓入效果,如图2-191所示。

图2-191 编辑关键帧动画

⑲ 为"粒子"图层添加"风格化→发光"特效,设置"发光半径"为20.0,"发光强度"为3.0。在"发光颜色"下拉列表中选择"A和B颜色",然后分别设置"颜色A"为深蓝色,"颜色B"为浅蓝色,如图2-192所示。

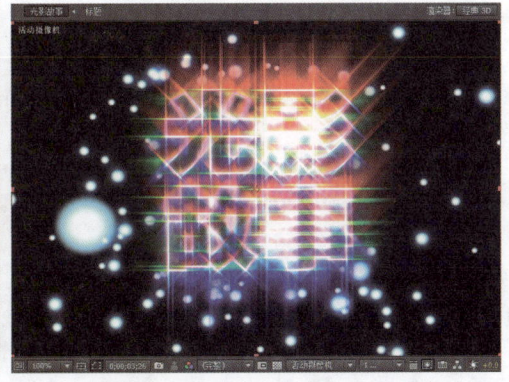

图2-192 添加发光效果

⑳ 将导入的图像素材"背景"加入到时间轴窗口中并作为背景图层。按"S"键展开"背景"图层的"缩放"选项,为其创建从开始到第3秒,图层大小从100%缩小到80%的关键帧动画,并为结束关键帧设置缓入效果,然后将"粒子"图层的混合模式设置为"强光",如图2-193所示。

图2-193 加入背景图层

㉑ 按"Ctrl+S"键保存项目,拖动时间指针或按空格键,播放预览编辑完成的动画效果。
㉒ 在项目窗口中选择编辑完成的影片合成,选择"合成→添加到渲染队列"命令,打开"渲染队列"窗口,设置好影片渲染格式、保存目录和文件名称,将合成项目输出为影片文件,如图2-194所示。

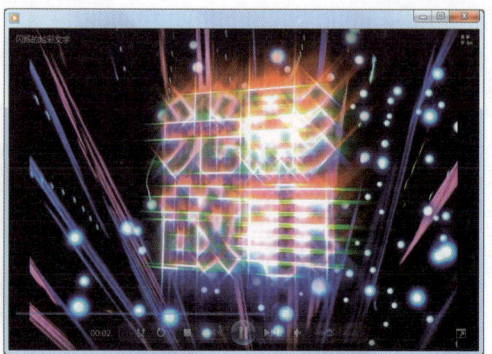

After Effects CC 光效设计

图2-194 将编辑好的合成输出为影片文件

Example 实例 48 烟花绽放

素材目录	光盘\实例文件\实例\Media\
项目文件	光盘\实例文件\实例\Complete\烟花绽放.aep
教学视频	光盘\教学视频\实例48：烟花绽放.flv
应用特效	Particular
编辑要点	1. 应用"Particular"特效，通过设置粒子效果参数和编辑关键帧动画，编辑出烟花绽放散落的动画效果。 2. 通过对编辑好的烟花效果图层进行复制并修改时间、位置、粒子参数、色彩效果的方法，制作出多个不同效果的烟花动画，并通过对复制的影像进行反转淡化，制作在画面中水面上的倒影效果。

本实例的最终完成效果，如图2-195所示。

图2-195 实例完成效果

01 在项目窗口中的空白处双击鼠标左键，打开"导入"对话框，选择本实例素材目录中准备的素材文件并导入。

02 将导入的图像素材按住并拖入空白的时间轴窗口中，应用其视频属性创建合成。按"Ctrl+K"键打开"合成设置"对话框，将合成名称设置为"烟花绽放"，并将合成的持续时间修改为5秒。

03 按"Ctrl+Y"键打开"纯色设置"对话框，新建一个纯色图层"烟花"，设置填充色为黑色，单击"确定"按钮。

04 为"烟花"图层添加"效果→Trapcode→Particular（粒子）"特效，在"效果控件"面板中展开"发射器"选项组，设置"粒子数量/秒"为4500，"发射类型"为"点"。设置"位置XY"为（360.0,120.0），"速率"为300.0。在纯色图像上生成粒子飞舞的效果，如图2-196所示。

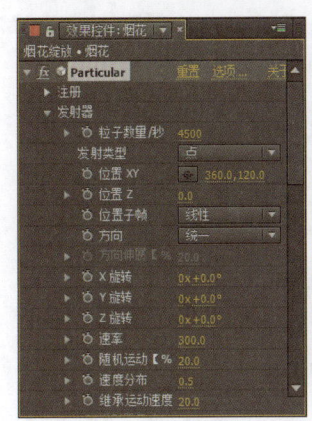

图2-196 设置粒子效果

05 展开"粒子"选项组，设置"生命"的数值为2.0，"生命随机"为10，"粒子类型"为"发光球体"，"球体羽化"为0，"尺寸"为2.0，设置粒子颜色为黄色，如图2-197所示。

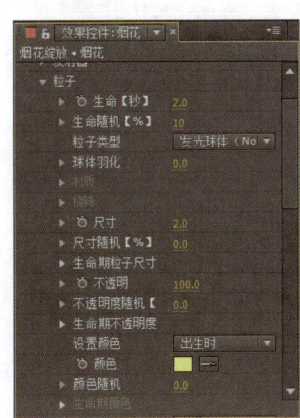

图2-197 设置粒子图像效果

06 展开"物理学"选项组，设置"重力"的数值为50.0。在"Air"子选项组中，设置"空气阻力"为3.0，使发射出来的粒子降低落下的速度，如图2-198所示。

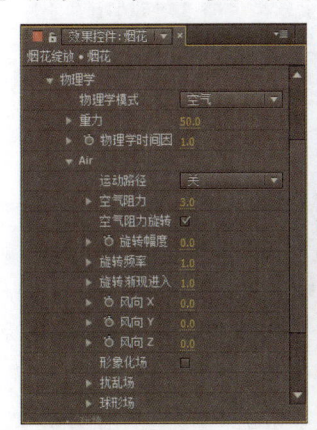

图2-198 设置粒子下落阻力

07 展开"辅助系统"选项组,设置"发射"为"继续","粒子数量/秒"为60,"类型"为"球体","尺寸"为3.0。展开"生命期粒子尺寸"图表,单击右侧的▅▅▅按钮,将粒子尺寸图表设置为斜线下降趋势图,如图2-199所示。

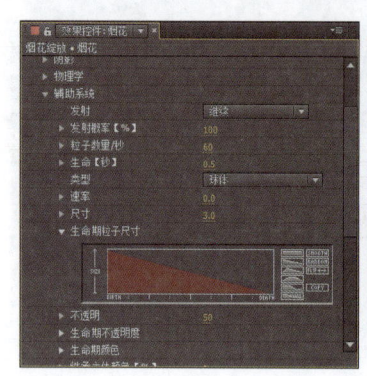

图2-199　设置粒子效果参数

08 在"辅助系统"选项组中展开"生命期颜色"图表,设置粒子在生命周期内的填充色为橙色至黄色的渐变色。展开"控制继承主体粒子"子选项组,设置"停止发射"选项的数值为25,对粒子的发射颜色和继承周期进行设置,如图2-200所示。

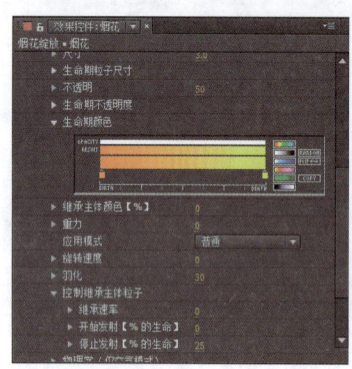

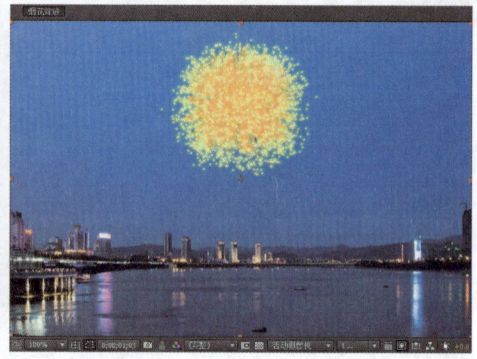

图2-200　设置粒子生命期颜色

09 展开"渲染"选项组,在"运动模糊"子选项组中设置"忽略"为"物理学时间因数",如图2-201所示。

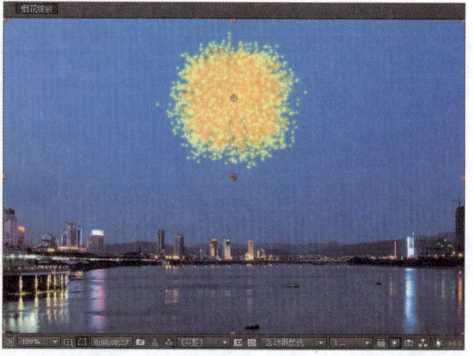

图2-201　设置运动模糊渲染效果

10 在时间轴窗口中展开"烟花"图层的效果选项,为"发射器"选项组中的"粒子数量/

秒"选项创建从开始到第1帧，数值从4500变为0的关键帧动画，使画面中的粒子效果在开始时的第1帧内生成后就不再继续产生，如图2-202所示。

图2-202　编辑关键帧动画

⑪ 按"Ctrl+D"键对编辑好的"烟花"图层进行复制，并将新的图层重命名为"烟花2"。将时间指针定位在第1秒的位置，按"["键，将"烟花2"图层的入点位置移动到该位置，使其中的烟花效果在上一个烟花爆发后产生，如图2-203所示。

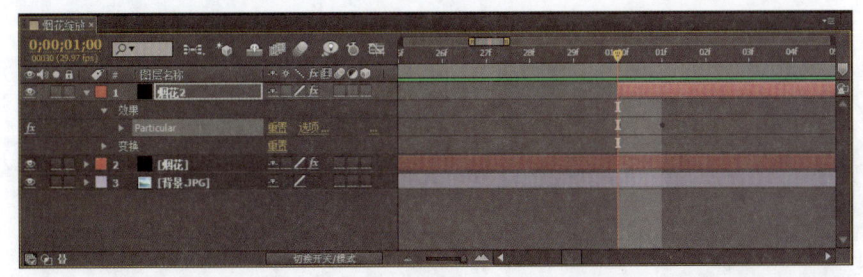

图2-203　复制图层并移动图层位置

⑫ 在"效果控件"面板中，设置"烟花2"的"位置XY"为（500.0,100.0），修改"速率"为350.0，将其粒子爆炸生成位置移动到新的位置，并调整烟花效果的动态速度，如图2-204所示。

图2-204　修改新图层的效果参数

⑬ 展开"粒子"选项组，修改粒子主体颜色为紫红色。展开"辅助系统"选项组，在"生命周期颜色"中设置自定义的渐变颜色，对烟花发射后生命期内的颜色效果进行修改，如图2-205所示。

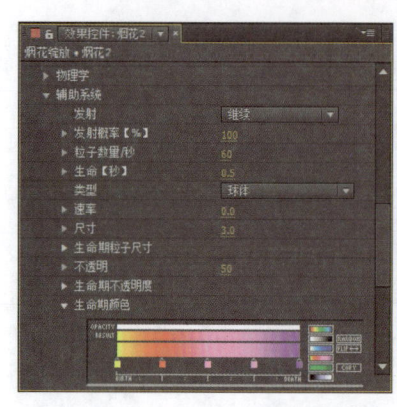

图2-205 修改新烟花效果的颜色

⑭ 用同样的方法，对编辑好的烟花效果图层进行复制，并修改图层的入点时间，调整烟花粒子的位置、速率、色彩等效果，再编辑出两个烟花效果图层，如图2-206所示。

图2-206 复制图层并修改效果参数

⑮ 选择时间轴窗口中的4个烟花图层，按"Ctrl+Shift+C"键打开"预合成"对话框，选择"将所有属性移动到新合成"选项，将该图层转换成一个新建的合成"烟花组"，如图2-207所示。

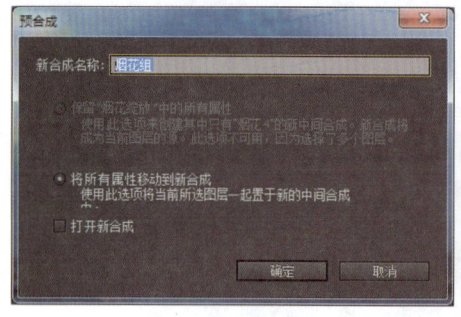

图2-207 将图层转换为合成

⑯ 对新的"烟花组"图层进行一次复制，展开其"变换"选项，设置"缩放"为（100.0，－20.0%），对图层进行翻转并缩小高度。将"烟花组"图层向下移动到（360.0,400.0）的位置，并修改不透明度为30%，将其设置为画面中水面上的烟花倒影，如图2-208所示。

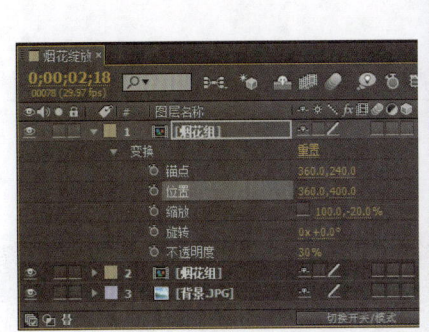

图2-208　编辑水面倒影修改

⑰ 将项目窗口中导入的音效素材加入到时间轴窗口中的最下层，作为配合画面中烟花绽放时的音效，如图2-209所示。

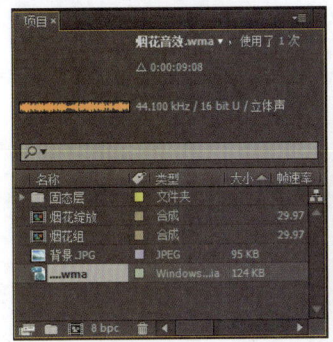

图2-209　添加背景音效

⑱ 按"Ctrl＋S"键保存项目，拖动时间指针或按空格键，播放预览编辑完成的动画效果。
⑲ 在项目窗口中选择编辑完成的影片合成，选择"合成→添加到渲染队列"命令，打开"渲染队列"窗口，设置好影片渲染格式、保存目录和文件名称，将合成项目输出为影片文件，如图2-210所示。

图2-210　将编辑好的合成输出为影片文件

Example 实例 49 划过天空的彗星

素材目录	光盘\实例文件\实例\Media\
项目文件	光盘\实例文件\实例\Complete\划过天空的彗星.aep

After Effects CC 光效设计

教学视频	光盘\教学视频\实例49：划过天空的彗星.flv
应用特效	Particular
编辑要点	1. 应用"Particular"特效，通过设置粒子效果参数和编辑关键帧动画，编辑出彗星粒子在天空飞舞的动画效果。 2. 通过对编辑好粒子动画效果的图层进行复制并修改粒子参数的方法，制作彗星的彗核效果。

本实例的最终完成效果，如图2-211所示。

图2-211　实例完成效果

01 在项目窗口中的空白处双击鼠标左键，打开"导入"对话框，选择本实例素材目录中准备的素材文件并导入。

02 将导入的图像素材按住并拖入空白的时间轴窗口中，应用其视频属性创建合成。按"Ctrl+K"键打开"合成设置"对话框，将合成名称设置为"划过天空的彗星"，并将合成的持续时间修改为5秒。

03 按"Ctrl+Alt+Shift+L"键打开"灯光设置"对话框，选择"灯光类型"为"点"，灯光颜色为白色，"强度"为30%，然后为其命名为"发射器"（注意：该名称为粒子特效指定图层时的默认名称，在此直接设置一致的图层名称；可以自定义名称，将在后面的实例中介绍），单击"确定"按钮，新建一个点光源层，如图2-212所示。

04 按"Ctrl+Y"键打开"纯色设置"对话框，新建一个纯色图层"彗星"，设置填充色为黑色，单击"确定"按钮，如图2-213所示。

图2-212　新建灯光层

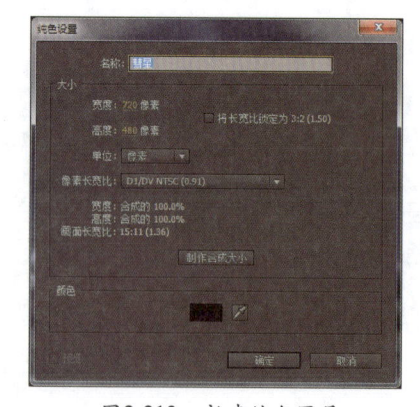

图2-213　新建纯色图层

05 按"Ctrl+Alt+Shift+Y"键新建一个空对象层"空1"，然后在时间轴窗口中打开其3D开关，按"P"键展开图层的"位置"选项，为其创建在空间中移动的关键帧动画，如图2-214所示。

198

	00:00:00:00	00:00:01:00	00:00:02:00	00:00:03:00	00:00:04:00	00:00:04:29
位置	240.0,180.0, −900.0	350.0,280.0, 1000.0	800.0,−120.0, 2000.0	280.0,80.0, 0.0	420.0,180.0, −200.0	2000.0,100.0, 500.0

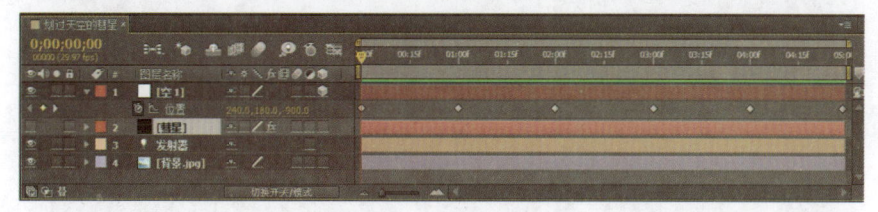

图2-214 编辑关键帧动画

06 在合成窗口中对创建的位移动画路径进行调整，使路径转折更加流畅圆滑，如图2-215所示（为方便查看空间效果，暂将"彗星"图层的显示状态关闭，可在调整好路径后恢复显示）。

图2-215 调整位移动画路径

07 选择"发射器"图层并按"P"键，展开其"位置"选项。在按住"Alt"键的同时，单击"发射器"图层"位置"选项前的"时间变化秒表"按钮，开启对其进行表达式编辑状态，然后按住 ◎ 按钮并拖动到空对象层的"位置"选项上，为它们建立链接关系，得到灯光跟随为空对象层编辑的关键帧动画而同步移动，如图2-216所示。

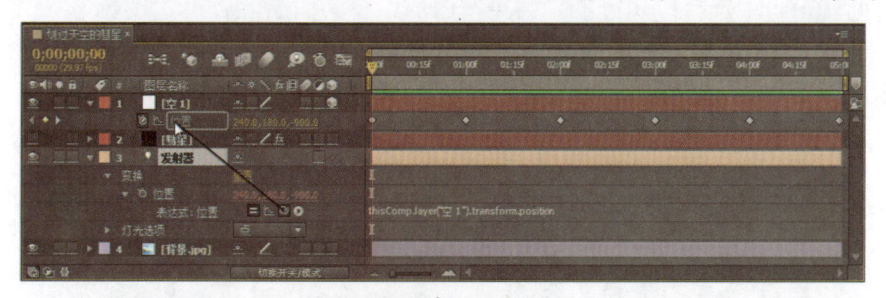

图2-216 建立属性链接

08 为"彗星"图层添加"效果→Trapcode→Particular（粒子）"特效，在"效果控件"面板中展开"发射器"选项组，设置"粒子数量/秒"为5000，"发射类型"为"灯光"。设置"速率"为120.0，"随机运动"和"速度分布"都为0.0。再设置"继承运动速度"的数值为15.0，使生成的粒子效果与合成中命名为"发射器"的灯光图层的运动路径同步飞舞，如图2-217所示。

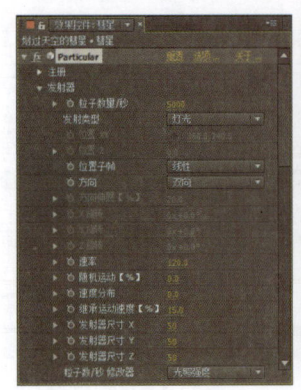

图2-217　设置粒子效果

⑨ 展开"粒子"选项组，设置"生命"的数值为2.0，"生命随机"为100。在"粒子类型"下拉列表中选择"球体"，并设置"球体羽化"为100.0。设置"尺寸"为3.5，"尺寸随机"为30%，然后将"生命期粒子尺寸"和"生命期不透明度"两个图表都设置为直线衰减模式（在图表中按住鼠标左键，从左上角拖动至右下角），对粒子的生命期时间、尺寸等属性进行设置，如图2-218所示。

图2-218　设置粒子属性

⑩ 在时间轴窗口中选择编辑好的"彗星"图层，将其图层混合模式设置为"相加"。按"Ctrl+D"键对其进行复制，并将新复制得到的图层重命名为"慧核"，如图2-219所示。

图2-219　复制图层并重命名

⑪ 打开"彗核"图层的"效果控件"面板，在"发射器"选项组中修改"速率"、"继承运动速率"的值为0.0，展开"粒子"选项组，修改"生命"为1.5，"生命随机"为50，保持其他选项的数值，将该图层的粒子动画修改为一条粒子线，如图2-220所示。

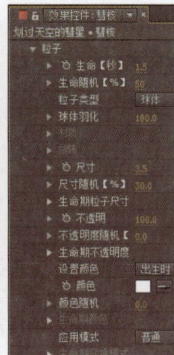

图2-220 编辑彗核效果

⑫ 按"Ctrl+S"键保存项目，拖动时间指针或按空格键，播放预览编辑完成的动画效果。
⑬ 在项目窗口中选择编辑完成的影片合成，选择"合成→添加到渲染队列"命令，打开"渲染队列"窗口，设置好影片渲染格式、保存目录和文件名称，将合成项目输出为影片文件，如图2-221所示。

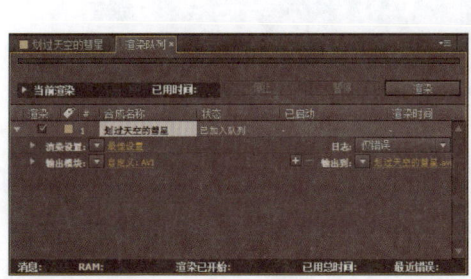

图2-221 将编辑好的合成输出为影片文件

Example 实例 50 风吹粒子光效

素材目录	光盘\实例文件\实例\Media\
项目文件	光盘\实例文件\实例\Complete\风吹粒子光效.aep
教学视频	光盘\教学视频\实例50：风吹粒子光效.flv
应用特效	Particular、发光
编辑要点	1. 应用"Particular"特效，通过设置粒子效果参数和编辑关键帧动画，编辑出粒子在画面中飘飞进入再飞出的动画效果。 2. 应用"发光"特效，为粒子飘飞动画添加发光效果。

本实例的最终完成效果，如图2-222所示。

图2-222 实例完成效果

201
After Effects CC

After Effects CC 光效设计

01 在项目窗口中的空白处双击鼠标左键,打开"导入"对话框,选择本实例素材目录中准备的素材文件并导入。

02 将导入的图像素材按住并拖入空白的时间轴窗口中,应用其视频属性创建合成。按"Ctrl+K"键打开"合成设置"对话框,将合成名称设置为"风吹粒子光效",并将合成的持续时间修改为8秒,然后将背景图像"蒲公英"图层的持续时间延长到与合成的持续时间对齐。

03 在工具栏中选择文字工具,在合成窗口中输入文字"风中的思念",通过"字符"面板设置文字字体为"方正水柱简体",字号为80,填充色为浅水蓝色,并将其放置在画面的中心位置,如图2-223所示。

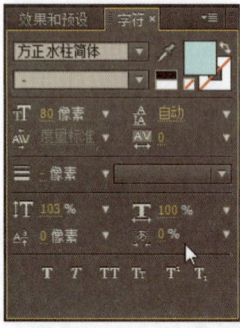

图2-223 编辑标题文字

04 按"Ctrl+D"键对文字图层进行复制,然后按"Ctrl+Shift+C"键,将新复制得到的文字图层转换为一个合成并命名为"文字",如图2-224所示。

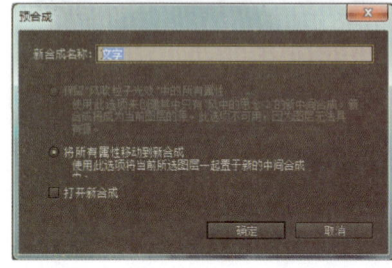

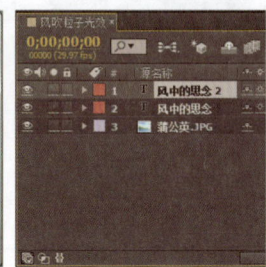

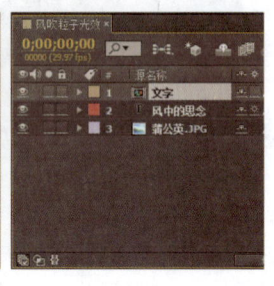

图2-224 将文字图层转换为合成

05 按"Ctrl+Y"键打开"纯色设置"对话框,新建一个纯色图层"粒子",设置填充色为黑色,单击"确定"按钮进行应用。在时间轴窗口中,开启"文字"图层的3D开关,如图2-225所示。

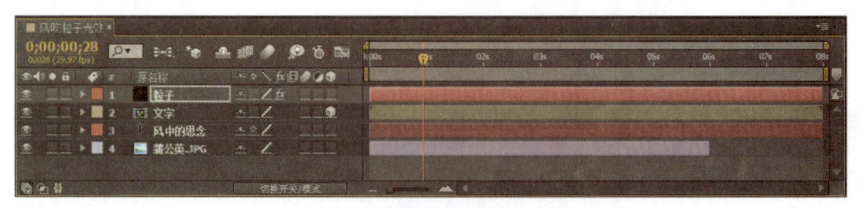

图2-225 新建图层并设置3D图层

06 为"粒子"图层添加"效果→Trapcode→Particular(粒子)"特效,在"效果控件"面板中展开"发射器"选项组,设置"粒子数量/秒"为100000,"发射类型"为"图层"。

设置"方向"为"方向","速率"为20.0。展开"发射图层"子选项组,在"图层"下拉列表中选择图层"3.文字"层作为粒子的生成图层,然后在"图层采样"下拉列表中选择"粒子产生时间",以文字的图像范围生成大量的粒子,如图2-226所示。

图2-226 设置粒子效果

07 展开"粒子"选项组,设置"生命"为2.0,"尺寸"为2.0,"尺寸随机"为50.0,"不透明度随机"为50.0,如图2-227所示。

图2-227 设置粒子效果

08 展开"物理学"选项组,在"物理学模式"下拉列表中选择"空气",然后展开"Air"子选项组,设置"空气阻力"为1000.0,"旋转幅度"为30.0,"旋转频率"为10.0,如图2-228所示。

图2-228 设置粒子物理属性

09 展开"扰乱场"选项,设置"影响尺寸"为30.0,"影响位置"为1000.0,"演变速度"为100.0,为生成的粒子增强动态效果,如图2-229所示。

图2-229 设置粒子扰动效果

10 按下"Air"子选项组中"风向X"、"风向Y"选项前面的"时间变化秒表"按钮,为它们编辑关键帧动画,如图2-230所示。

		00:00:00:00	00:00:04:00		
⏱	风向X	0.0	1500.0		
⏱	风向Y	0.0	−100.0		

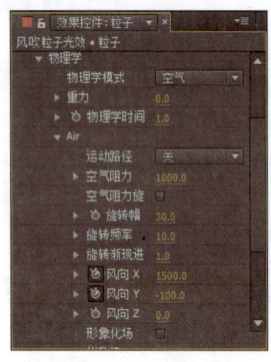

图2-230 编辑粒子飘飞动画

11 在时间轴窗口中取消对"LayerEmit[文字]"图层的锁定状态,然后选中图层1~3,按"Ctrl+Shift+C"键,将它们转换为一个合成"吹走",如图2-231所示。

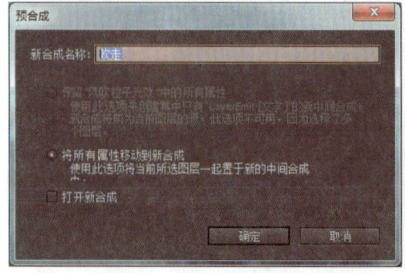

图2-231 将图层转换为合成

12 选择新转换得到的合成图层"吹走",为其添加"风格化→发光"特效,保持默认的选项参数,为粒子效果添加发光效果,如图2-232所示。

图2-232 添加发光效果

⑬ 进入合成"吹走"的时间轴窗口,关闭底层"文字"图层的显示状态,然后按"Ctrl+K"键打开"合成设置"对话框,将合成的持续时间修改为4秒,如图2-233所示。

图2-233 修改合成持续时间

⑭ 在项目窗口中选择"吹走"合成并按"Ctrl+D"键,复制出一个新的合成并修改名称为"吹来",如图2-234所示。

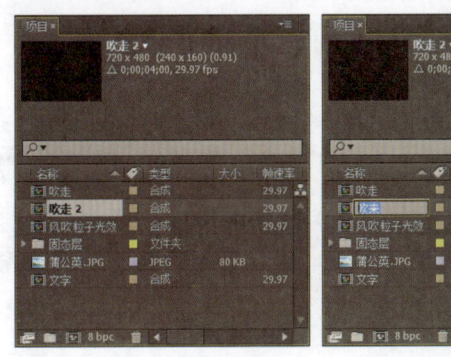

图2-234 复制合成

⑮ 双击新复制得到的合成"吹来",进入其时间轴窗口,选择"粒子"图层并按"U"键,显示出编辑了关键帧的选项,将"风向X"结束关键帧的数值修改为-1500.0,使粒子向画面左侧飘飞,如图2-235所示。

图2-235 修改关键帧动画

⑯ 回到"风吹粒子光效"合成的时间轴窗口中,从项目窗口中将合成"吹来"加入到时间轴窗口中,并与"吹走"图层前后衔接排列。将两个图层的混合模式都设置为"相

205

加"，然后选择"吹来"图层并选择"图层→时间→时间反向图层"命令，将该图层中编辑的动画效果进行时间反转，与下一图层中的动画相衔接，如图2-236所示。

图2-236　编排图层

17 选择两个合成图层并按"T"键，展开它们的"不透明度"选项，为"吹来"图层编辑从开始到第15帧的淡入动画，为"吹走"图层编辑最后15帧的淡出动画，如图2-237所示。

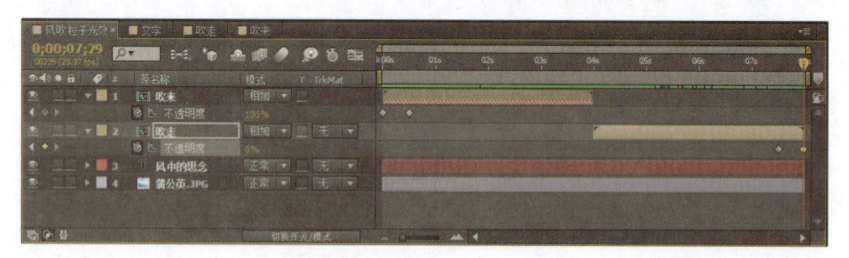

图2-237　编辑淡入淡出动画

18 选择文字图层并按"T"键，展开图层的"不透明度"选项，为其创建配合粒子飞入、飞出的淡入淡出动画，如图2-238所示。

		00:00:03:10	00:00:03:15	00:00:04:15	00:00:04:20
⏱	不透明度	0%	100%	100%	0%

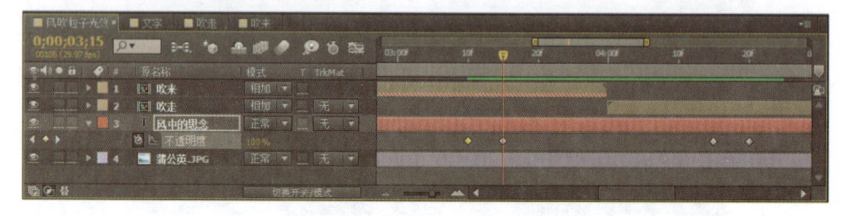

图2-238　编辑淡入淡出动画

19 按"Ctrl+S"键保存项目，拖动时间指针或按空格键，播放预览编辑完成的动画效果。

20 在项目窗口中选择编辑完成的影片合成，选择"合成→添加到渲染队列"命令，打开"渲染队列"窗口，设置好影片渲染格式、保存目录和文件名称，将合成项目输出为影片文件，如图2-239所示。

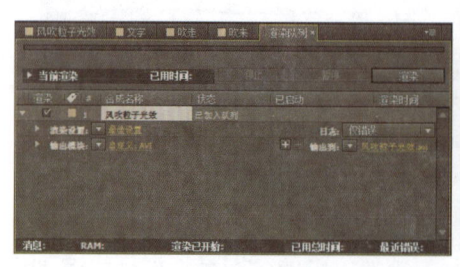

图2-239　将编辑好的合成输出为影片文件

Example 实例 51 穿梭的粒子光带

素材目录	光盘\实例文件\实例\Media\
项目文件	光盘\实例文件\实例\Complete\穿梭的粒子光带.aep
教学视频	光盘\教学视频\实例51：穿梭的粒子光带.flv
应用特效	Particular、发光
编辑要点	1. 应用"Particular"特效，通过设置粒子效果参数和编辑关键帧动画，编辑出光带、粒子在画面中穿梭飞行的动画效果。 2. 应用"发光"特效，为粒子光带的穿梭动画添加发光效果。

本实例的最终完成效果，如图2-240所示。

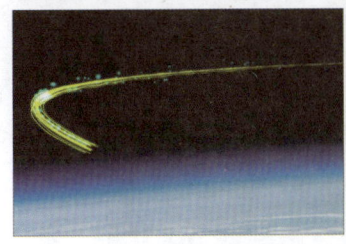

图2-240　实例完成效果

01 在项目窗口中的空白处双击鼠标左键，打开"导入"对话框，选择本实例素材目录中准备的素材文件并导入。

02 将导入的图像素材按住并拖入空白的时间轴窗口中，应用其视频属性创建合成。按"Ctrl+K"键打开"合成设置"对话框，将合成名称设置为"穿梭的粒子光带"，将合成的持续时间修改为5秒。

03 按"Ctrl+Alt+Shift+Y"键新建一个空对象层"空1"，然后在时间轴窗口中打开其3D开关，按"P"键展开图层的"位置"选项，为其创建在空间中移动的关键帧动画，并为其开始位置外的关键帧设置缓动效果，如图2-241所示。

	00:00:00:00	00:00:01:10	00:00:02:20	00:00:04:00	00:00:04:29
位置	2000.0, −320.0, 3000.0	−300.0, 100.0, 1000.0	700.0, 600.0, 1500.0	300.0, 300.0, −400.0	385.0, 200.0, −1000.0

图2-241　编辑关键帧动画

04 在合成窗口中对创建的位移动画路径进行调整，使路径转折更加流畅圆滑，如图2-242所示。

05 按"Ctrl+Alt+Shift+L"键打开"灯光设置"对话框，选择"灯光类型"为"点"，灯光颜色为白色，然后将其命名为"灯光"，单击"确定"按钮，新建一个点光源层。

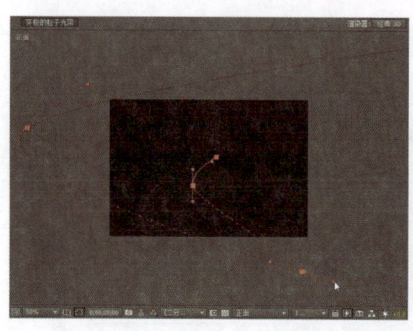

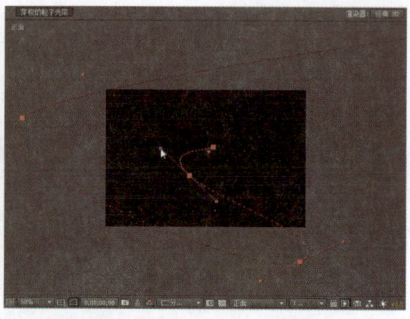

图2-242　调整运动路径曲线

06 在时间轴窗口中将新建的"灯光"图层设置为空对象图层的子图层，使其获得与其相同的空间位移动画；将时间指针定位在结束位置，按下"P"键显示灯光图层的"位置"选项，将其结束位置设置为（0.0,0.0,145.0），如图2-243所示。

图2-243　设置父子图层关系

07 按"Ctrl+Y"键打开"纯色设置"对话框，新建一个纯色图层"光带"，设置填充色为黑色，单击"确定"按钮。

08 为"光带"图层添加"效果→Trapcode→Particular（粒子）"特效，在"效果控件"面板中展开"发射器"选项组，在"发射类型"下拉列表中选择"灯光"。因为该特效默认将合成中名称为"发射器"的图层作为指定图层，但目前时间轴窗口中没有该名称的图层，程序将弹出提示框进行重命名提示。

09 在弹出的提示框中单击"确定"按钮，然后单击"Particular"特效名称后面的"选项"按钮，打开"Trapcode-Particular"对话框，将"初始时灯光名称"由默认的"发射器"修改为"灯光"，将合成中的"灯光"图层指定为粒子的发射类型作用图层，如图2-244所示。

图2-244　指定自定义名称的灯光图层

⑩ 在"效果控件"面板中设置"粒子数量/秒"为1000,设置"位置子帧"为"10x线性",然后将"速率"、"随机运动"、"速度分布"、"继承运动速度"、"发射器尺寸X/Y/Z"选项的数值都设置为0,在合成画面中生成一个光带效果,如图2-245所示。

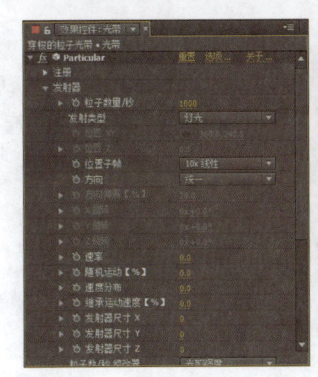

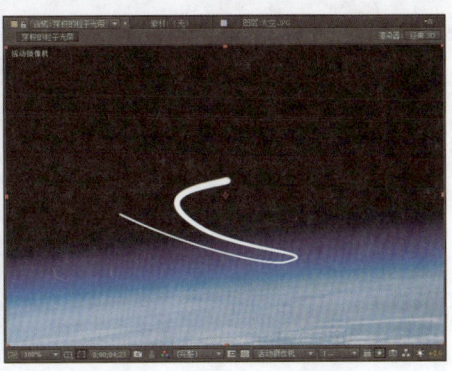

图2-245 设置粒子效果

⑪ 展开"粒子"选项组,设置"生命"的数值为2.5,"生命随机"为0。在"粒子类型"下拉列表中选择"烟雾",设置"条纹羽化"为50.0。设置"尺寸"为50.0,"尺寸随机"为0,"颜色"为黄色,并在"应用模式"下拉列表中选择"屏幕"。将"生命期粒子尺寸"和"生命期不透明度"两个图表都设置为直线衰减模式,对粒子的生命期时间、尺寸等属性进行设置,如图2-246所示

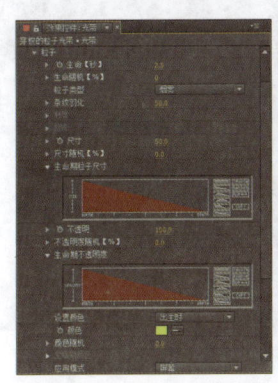

图2-246 设置光带粒子参数

⑫ 展开"粒子"选项组下面的"条纹"子选项组,设置"无条纹"为15,"条纹大小"为12,对粒子特效生成的光带数量和大小进行设置,如图2-247所示。

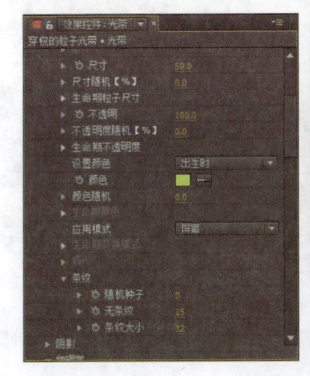

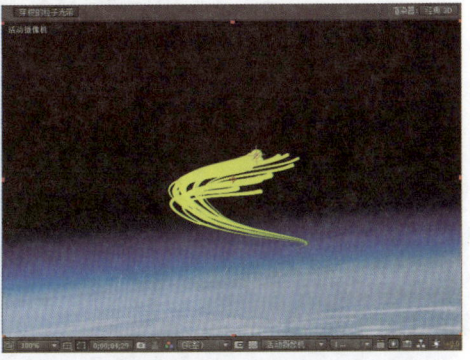

图2-247 设置光带数量和大小

⓭ 展开"物理学"选项组中的"Air"子选项组，在"扰乱场"选项中设置"影响尺寸"为50.0，"影响位置"为10.0，使生成的光带在运动中产生扰动波浪的变化，如图2-248所示。

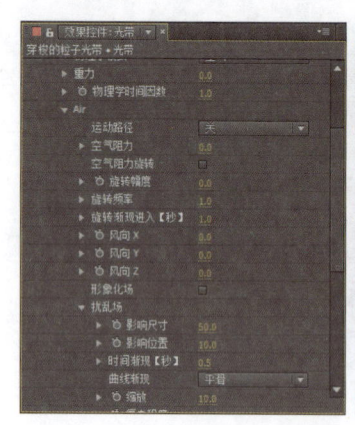

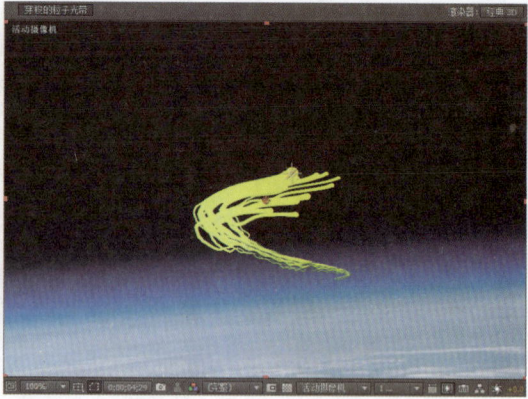

图2-248 设置光带扭曲扰动效果

⓮ 为"光带"图层添加"风格化→发光"效果，设置"发光半径"为5.0，"发光强度"为1.5，保持其他选项的默认设置，为光带运动图像添加发光效果，如图2-249所示。

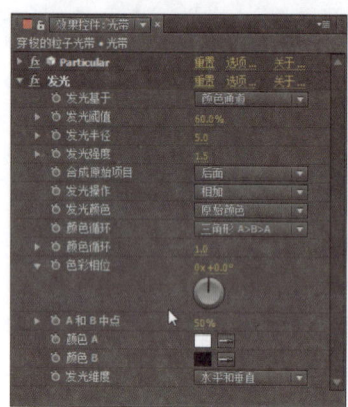

图2-249 添加发光效果

⓯ 在时间轴窗口中将"光带"图层的图层混合模式设置为"相加"，使光线带末端的图像色彩和背景融合，如图2-250所示。

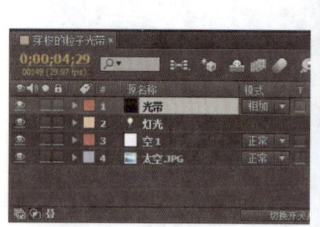

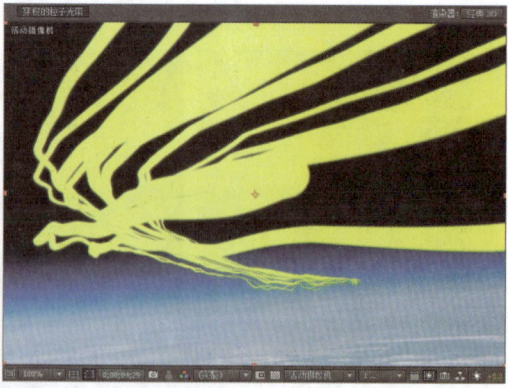

图2-250 调整图层混合模式

外挂特效篇 **第二篇**

⑯ 选择"光带"图层并按"Ctrl+D"键进行复制,将复制得到的图层命名为"粒子",然后将其图层混合模式设置为"相加",用来编辑光带穿梭过程中伴生的粒子效果,如图2-251所示。

图2-251 复制图层

⑰ 选择"粒子"图层,在"效果控件"面板中展开其特效的"粒子"选项组,在"粒子类型"下拉列表中选择"球体",并修改"生命"为2.0,"尺寸"为10.0,"不透明"为50.0,修改粒子颜色为蓝色,如图2-252所示。

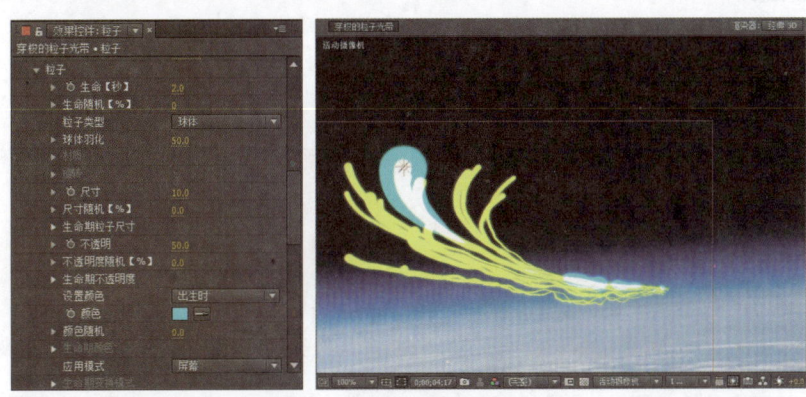

图2-252 修改新图层的粒子效果

⑱ 展开"发射器"选项组,修改"粒子数量/秒"为80,"速率"为50.0,设置"发射器尺寸X/Y/Z"三个选项的数值都为20,编辑出粒子伴随光带散飞的动画效果,如图2-253所示。

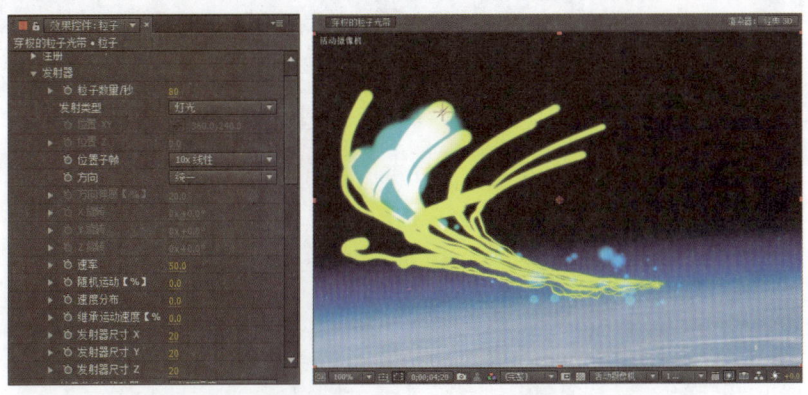

图2-253 修改粒子效果参数

⑲ 按"Ctrl+S"键保存项目,拖动时间指针或按空格键,播放预览编辑完成的动画效果。
⑳ 在项目窗口中选择编辑完成的影片合成,选择"合成→添加到渲染队列"命令,打开

211

After Effects CC

"渲染队列"窗口，设置好影片渲染格式、保存目录和文件名称，将合成项目输出为影片文件，如图2-254所示。

图2-254 将编辑好的合成输出为影片文件

Example 实例 52 流动炫光背景

素材目录	光盘\实例文件\实例\Media\
项目文件	光盘\实例文件\实例\Complete\流动炫光背景.aep
教学视频	光盘\教学视频\实例52：流动炫光背景.flv
应用特效	Particular、高斯模糊、Shine、发光、贝塞尔曲线变形
编辑要点	1. 应用"Particular"特效，通过设置粒子效果参数和编辑关键帧动画，编辑出粒子光线穿梭飞行的动画效果。 2. 应用"高斯模糊"、"Shine"特效，为流光动画添加模糊和光线射出效果。 3. 应用"发光"特效，增强光带运动动画的发光效果。 4. 应用"贝塞尔曲线变形"特效，将运动光带图像扭曲成曲线形状。

本实例的最终完成效果，如图2-255所示。

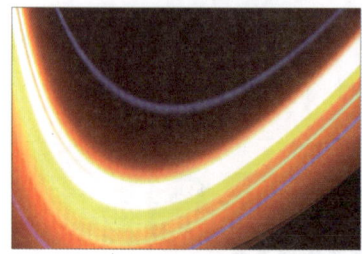

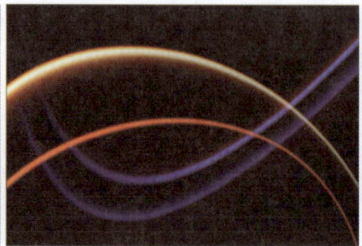

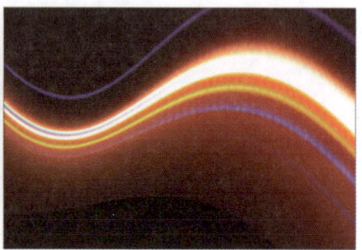

图2-255 实例完成效果

01 按"Ctrl+N"键打开"合成设置"对话框，新建一个NTSC DV视频制式的合成"粒子"，设置持续时间为6秒，如图2-256所示。

02 按"Ctrl+Y"键打开"纯色设置"对话框，新建一个纯色图层"光线"，设置填充色为黑色并单击"确定"按钮，如图2-257所示。

03 为"粒子"图层添加"效果→Trapcode→Particular（粒子）"特效，在"效果控件"面板中展开"发射器"选项组，在"发射类型"下拉列表中选择"点"。设置"位置XY"为（−10.0,240.0），"方向"为"方向"，"方向伸展"为0.0，"X旋转"、"Y旋转"为0x+90.0°，"速率"为500.0，"随机运动"为35.0，"速度分布"为1.0，如图2-258所示。

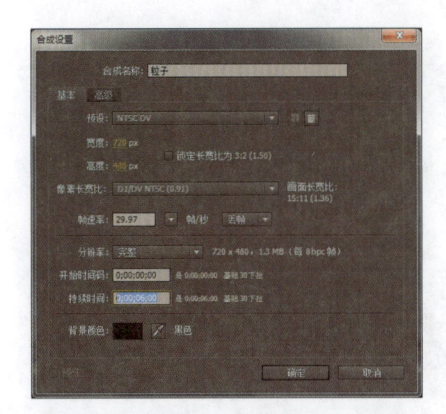

图2-256 新建合成　　　　　　　　　　　图2-257 新建纯色图层

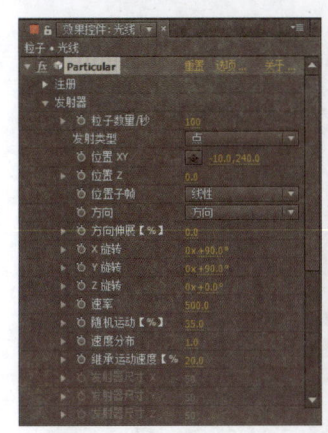

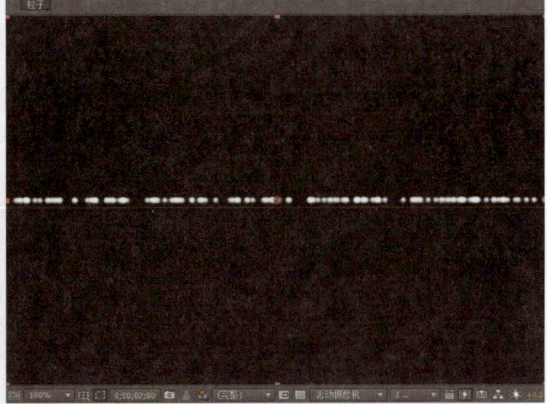

图2-258 添加特效并设置参数

04 展开"物理学"选项组中的"Air"子选项组，设置"旋转幅度"为150.0，"旋转频率"为6.0，"旋转渐现进入【秒】"为0.0，对生成的运动粒子进行分散，如图2-259所示。

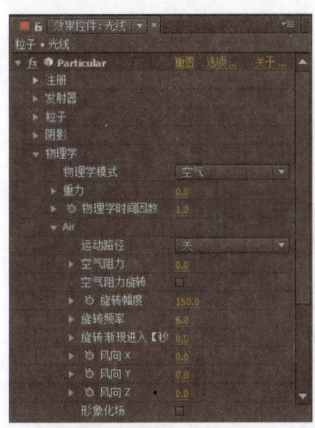

图2-259 设置粒子效果参数

05 展开"辅助系统"选项组，在"发射"下拉列表中选择"继续"，设置"发射概率"为100，"粒子数量"为300，"生命"为1.2，"不透明"为40。设置"应用模式"为"屏幕"，"羽化"选项数值为100，如图2-260所示。

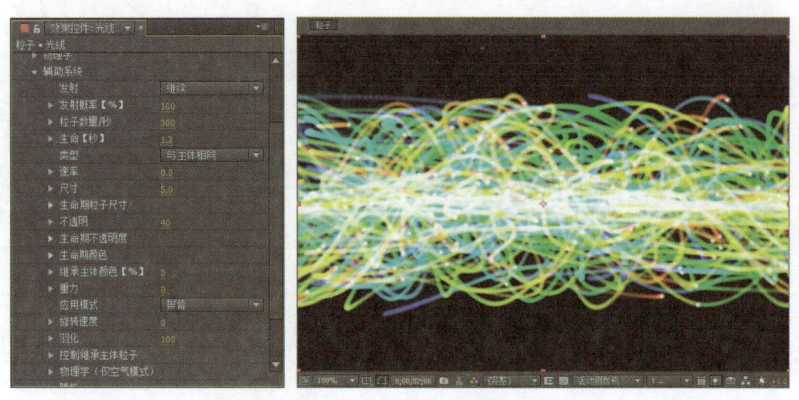

图2-260 设置粒子效果参数

06 在"发射器"选项组中,为"粒子数量"选项创建从开始到第20帧,其数值从25变为0的关键帧动画,使画面中的粒子在产生一定数量后就不再继续生成,如图2-261所示。

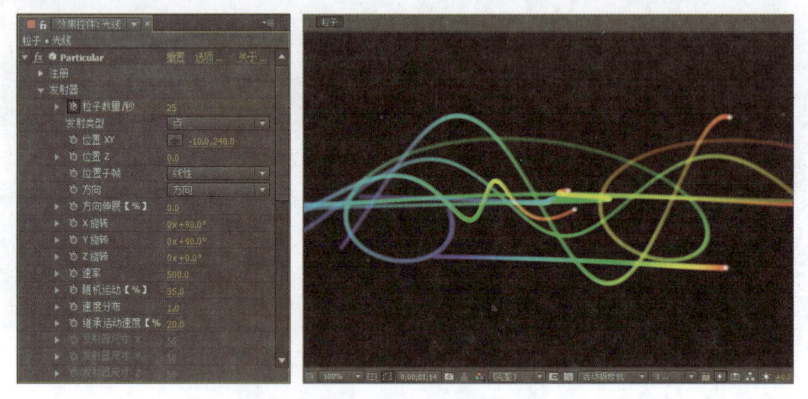

图2-261 编辑关键帧动画

07 为"光线"图层添加"效果→Trapcode→Shine(光亮)"特效,在"效果控件"面板中,设置"光线长度"为10.0,"提高亮度"为15.0。在"应用模式"下拉列表中选择"叠加",为粒子线条运动动画添加光线射出效果,如图2-262所示。

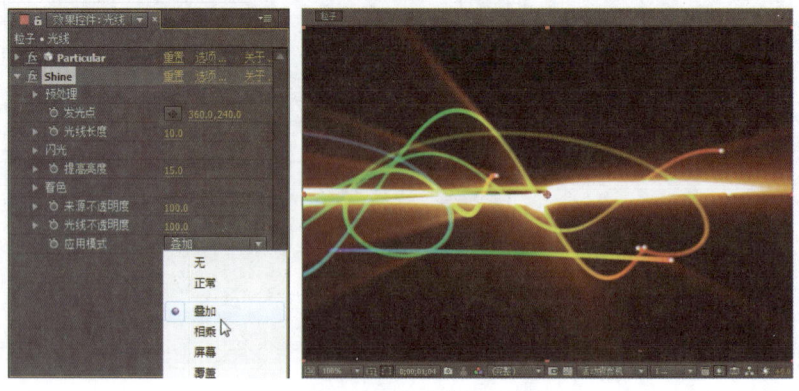

图2-262 添加特效并设置参数

08 按"Ctrl+N"键新建一个NTSC DV制式合成"流光",设置持续时间为3秒。将编辑好的"粒子"合成加入到其时间轴窗口中,并为其添加"模糊与锐化→高斯模糊"特效,设置"模糊度"为50.0,"模糊方向"为"水平",如图2-263所示。

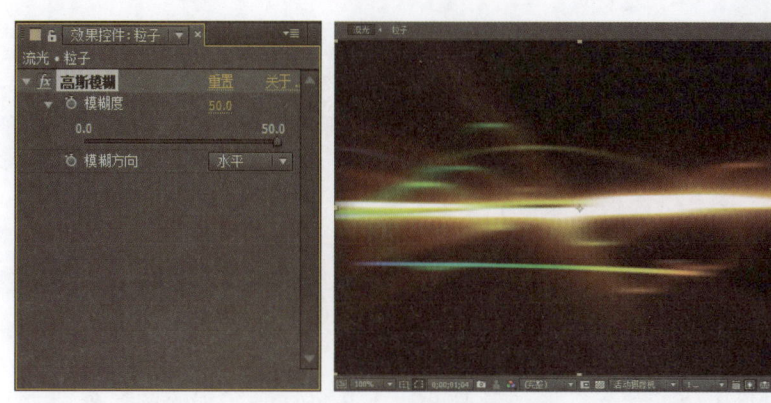

图2-263 设置图像模糊效果

09 在时间轴窗口中展开"粒子"图层的"变换"选项,将图层的"缩放"参数设置为(1500.0,100.0%),使光线动画图像变为快速光带效果,如图2-264所示。

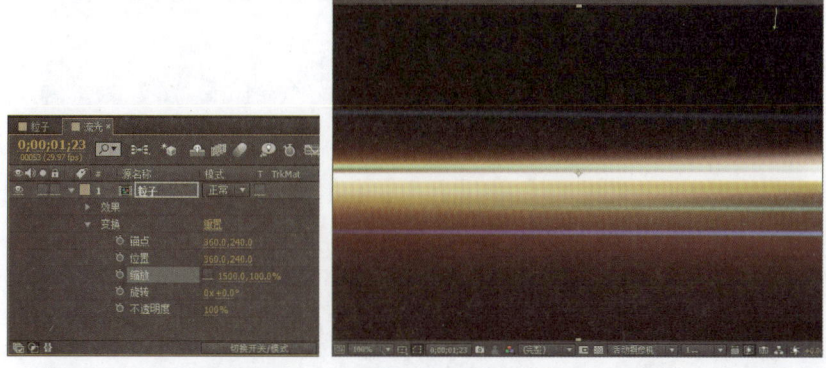

图2-264 设置图像水平拉长

10 为"粒子"图层添加"风格化→发光"特效,设置"发光半径"为5.0,"发光强度"为0.5,保持其他选项的默认设置,为粒子光线运动动画添加发光效果,如图2-265所示。

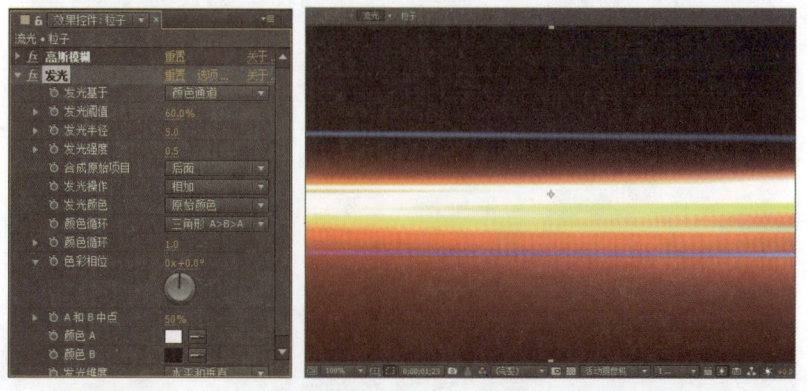

图2-265 添加发光效果

11 按"Ctrl+N"键新建一个NTSC DV制式合成"炫光",设置持续时间为7秒。将编辑好的"流光"合成加入到其时间轴窗口中,并为其添加"扭曲→贝塞尔曲线变形"特效,设置"品质"为10,然后在合成窗口中拖动特效的边角顶点和切点的位置,对光带动画图像进行扭曲,如图2-266所示。

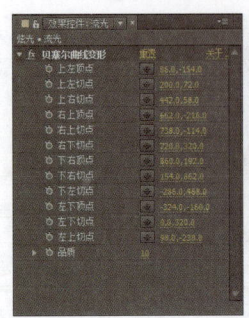

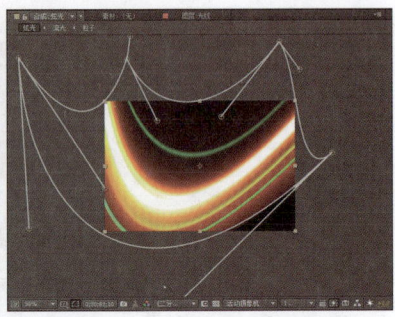

After Effects CC 光效设计

图2-266 编辑光带图像扭曲效果

⑫ 在时间轴窗口中将"流光"图层复制两次,并将复制得到的图层分别命名为"流光2"、"流光3",然后将"流光2"图层移动到从第2秒开始,将"流光3"图层移动到从第4秒开始,如图2-267所示。

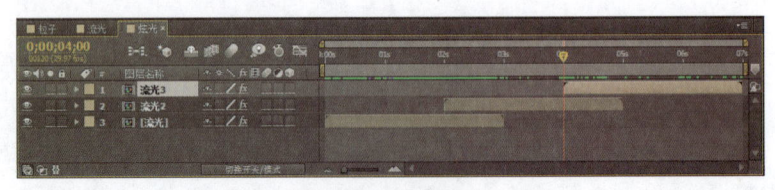

图2-267 编排图层

⑬ 分别修改"流光2"、"流光3"图层上"贝塞尔曲线变形"特效的扭曲形状,得到不同的扭曲变换效果,如图2-268所示。

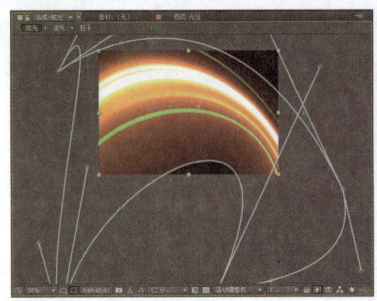

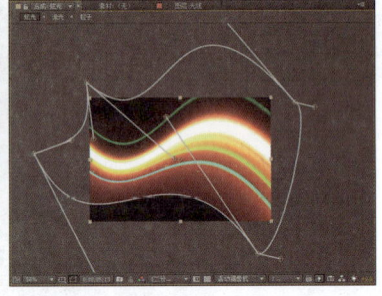

图2-268 扭曲复制的光带图像

⑭ 按"Ctrl+S"键保存项目,拖动时间指针或按空格键,播放预览编辑完成的动画效果。

⑮ 在项目窗口中选择编辑完成的影片合成,选择"合成→添加到渲染队列"命令,打开"渲染队列"窗口,设置好影片渲染格式、保存目录和文件名称,将合成项目输出为影片文件,如图2-269所示。

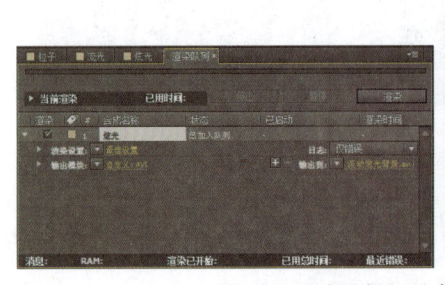

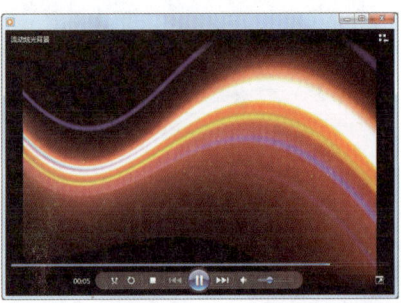

图2-269 将编辑好的合成输出为影片文件

Example 实例 53 花心中的光精灵

素材目录	光盘\实例文件\实例\Media\
项目文件	光盘\实例文件\实例\Complete\花心中的光精灵.aep
教学视频	光盘\教学视频\实例53：花心中的光精灵.flv
应用特效	Particular、发光、Starglow
编辑要点	1. 应用"Particular"特效，通过设置粒子效果参数和编辑关键帧动画，编辑出粒子光线向天空飘飞的动画效果。 2. 应用"发光"特效，增强粒子光线动画的发光效果。 3. 应用"Starglow"特效，为粒子光线添加线头中心星光闪烁效果。

本实例的最终完成效果，如图2-270所示。

图2-270 实例完成效果

01 在项目窗口中的空白处双击鼠标左键，打开"导入"对话框，选择本实例素材目录中准备的图像和音频素材文件并导入。

02 将导入的图像素材按住并拖入空白的时间轴窗口中，应用其视频属性创建合成。按"Ctrl+K"键打开"合成设置"对话框，将合成名称设置为"花心中的光精灵"，并将合成的持续时间修改为5秒。

03 按"Ctrl+Y"键打开"纯色设置"对话框，新建一个纯色图层"光线"，设置填充色为黑色并单击"确定"按钮。

04 为"光线"图层添加"效果→Trapcode→Particular（粒子）"特效，在"效果控件"面板中展开"发射器"选项组，在"发射类型"下拉列表中选择"点"，设置"位置XY"为图像中花朵的中心（475.0,390.0），"方向"为"统一"，"速率"为150.0，"随机运动【%】"为50.0，"速度分布"为0.5，图2-271所示。

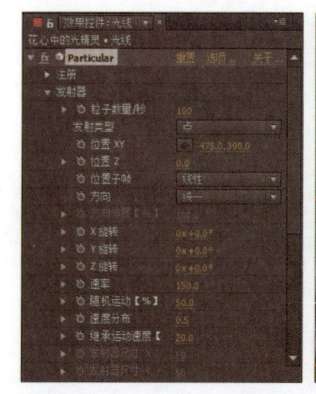

图2-271 添加特效并设置粒子发射点

217

05 展开"粒子"选项组，设置"尺寸"为12.0，在"设置颜色"下拉列表中选择"生命期"，并设置"颜色随机"的数值为100.0，如图2-272所示。

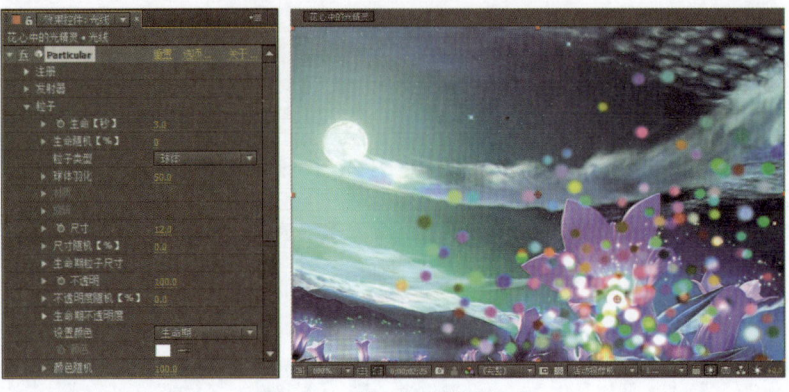

图2-272 设置粒子效果参数

06 展开"物理学"选项组，设置"重力"为-120.0，使生成的粒子向上运动，展开"Air"子选项组，设置"旋转幅度"为15.0，"旋转频率"为6.0，"风向X"为-30.0，将生成的运动粒子分散，如图2-273所示。

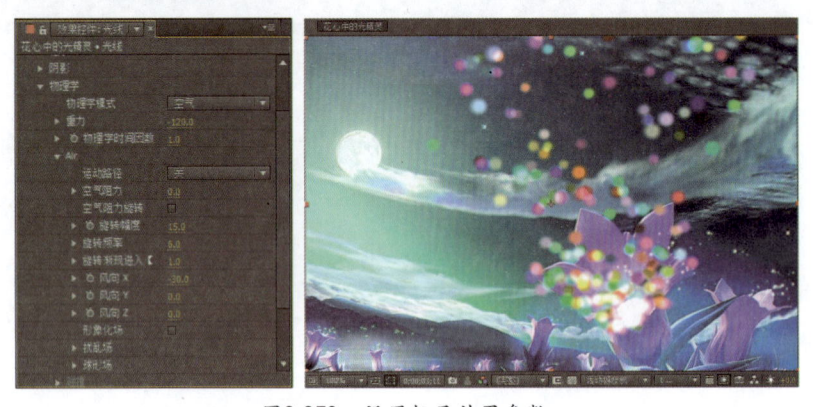

图2-273 设置粒子效果参数

07 展开"辅助系统"选项组，在"发射"下拉列表中选择"继续"，设置"发射概率"为100，"粒子数量"为300，"生命"为1.2，"不透明"为40。设置"应用模式"为"屏幕"，"羽化"选项数值为100，如图2-274所示。

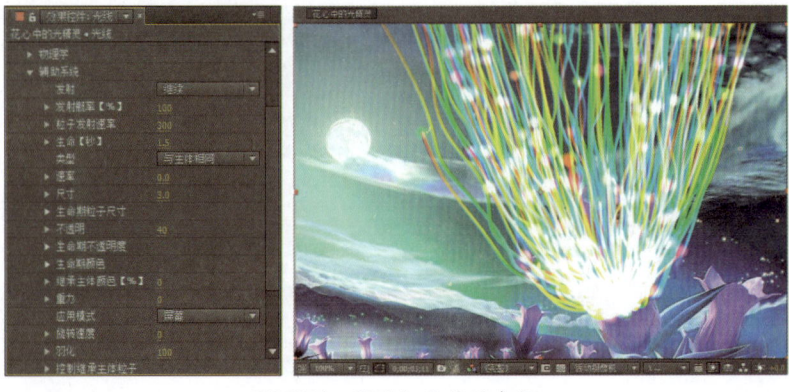

图2-274 设置粒子效果参数

08 在"发射器"选项组中,为"粒子数量"选项创建从开始到第2秒,其数值从20变为0的关键帧动画,使画面中的粒子在生成一定数量后就不再继续生成,如图2-275所示。

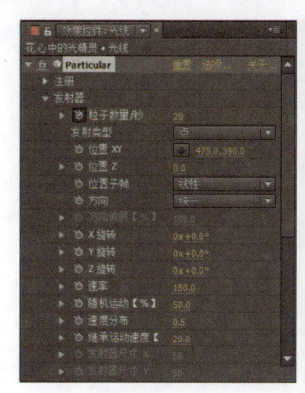

图2-275 编辑关键帧动画

09 为"光线"图层添加"风格化→发光"特效,设置"发光半径"为10.0,"发光强度"为0.3,保持其他选项的默认设置,为粒子光线运动动画添加发光效果,如图2-276所示。

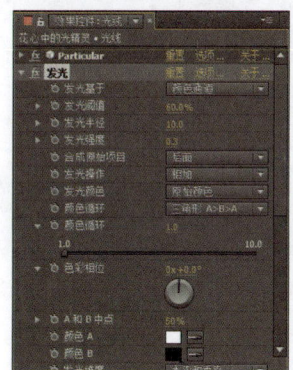

图2-276 添加发光效果

10 为"光线"图层添加"效果→Trapcode→Starglow(星光)"特效,在"效果控件"面板中单击"预设"选项,在其后的下拉列表中选择"绿色星光"。设置"光线长度"为15.0,"提升亮度"为10.0,在"应用模式"下拉列表中选择"叠加",为粒子线条运动动画添加星光射出效果,如图2-277所示。

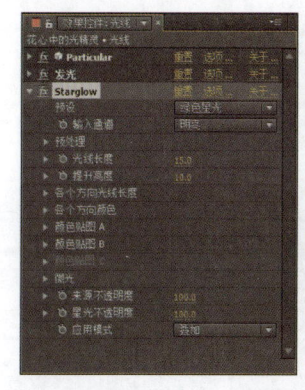

图2-277 添加特效并设置参数

11 将项目窗口中导入的音频素材"音效.wav"加入到时间轴窗口中的最下层,展开其

"音频"选项，修改"音频电平"的数值为－10.0dB，适当降低该音效的音量，作为配合画面中粒子光线运动时的背景音效，如图2-278所示。

图2-278　添加背景音效

⑫ 按"Ctrl＋S"键保存项目，拖动时间指针或按空格键，播放预览编辑完成的动画效果。

⑬ 在项目窗口中选择编辑完成的影片合成，选择"合成→添加到渲染队列"命令，打开"渲染队列"窗口，设置好影片渲染格式、保存目录和文件名称，将合成项目输出为影片文件，如图2-279所示。

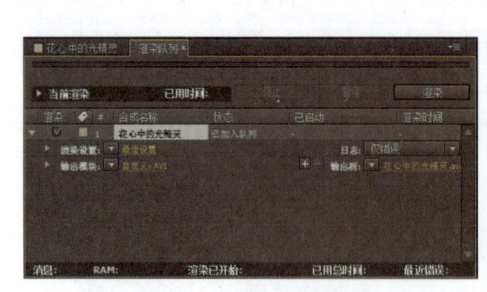

图2-279　将编辑好的合成输出成影片文件

Example 实例 54 彩色的螺旋光带

素材目录	光盘\实例文件\实例\Media\
项目文件	光盘\实例文件\实例\Complete\彩色的螺旋光带.aep
教学视频	光盘\教学视频\实例54：彩色的螺旋光带.flv
应用特效	梯度渐变、色光、Form、发光
编辑要点	1. 应用"梯度渐变"特效，编辑黑白渐变的运动蒙版动画。 2. 应用"色光"特效，在黑白渐变的图层上生成色相循环变化动画。 3. 应用"Form"特效，编辑彩色光线带的运动变色动画。 4. 应用"发光"特效，为编辑的螺旋变色光线动画添加发光效果。

本实例的最终完成效果，如图2-280所示。

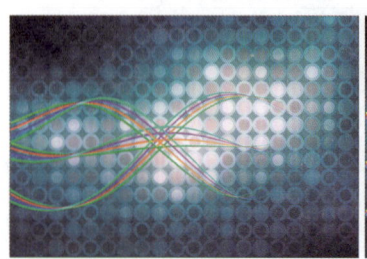

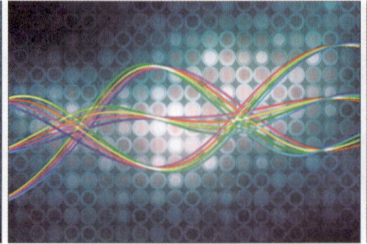

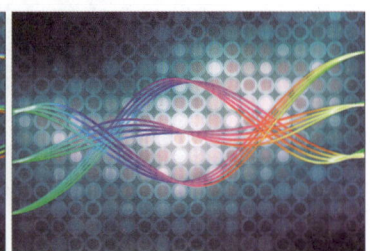

图2-280　实例完成效果

01 在项目窗口中的空白处双击鼠标左键,打开"导入"对话框,选择本实例素材目录中准备的图像素材文件并导入。

02 将导入的图像素材按住并拖入空白的时间轴窗口中,应用其视频属性创建合成。按"Ctrl+K"键打开"合成设置"对话框,将合成名称设置为"彩色的螺旋光带",并将合成的持续时间修改为10秒,如图2-281所示。

03 在时间轴窗口中,将背景图层的持续时间延长到与合成的持续时间对齐。按"Ctrl+Y"键,打开"纯色设置"对话框,新建一个纯色图层"白色 纯色1",设置填充色为白色并单击"确定"按钮。

04 在工具栏中选择"矩形工具",在合成窗口中"白色 纯色1"图层的画面左侧绘制一个矩形蒙版,如图2-282所示。

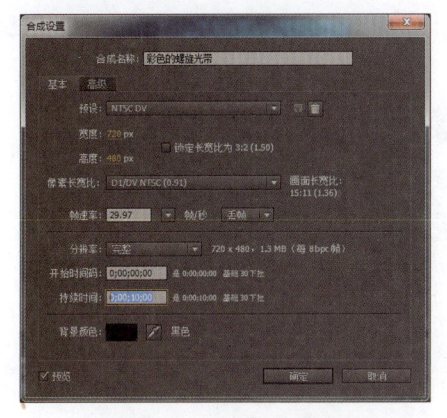

图2-281 创建合成并修改　　　　图2-282 绘制蒙版

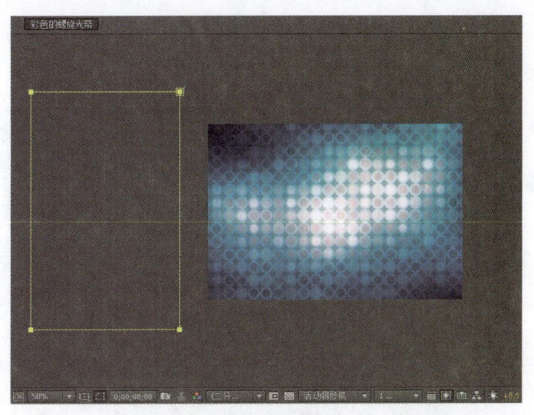

05 在时间轴窗口中展开"白色 纯色1"图层的蒙版选项,设置"蒙版羽化"为100像素。按下"蒙版路径"选项前面的"时间变化秒表"按钮,在开始位置创建关键帧,然后将时间轴定位到第4秒,在合成窗口中将矩形蒙版从画面左侧移动到画面中心,如图2-283所示。

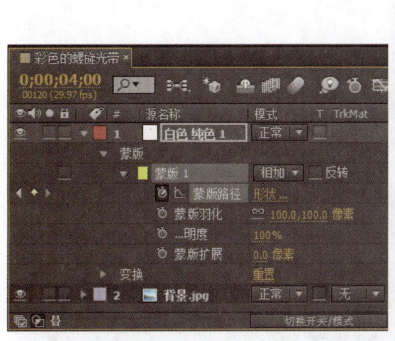

图2-283 编辑蒙版位移动画

06 选择"白色 纯色1"图层并按"Ctrl+Shift+C"键,打开"预合成"对话框,选择"将所有属性移动到新合成"选项,将该图层转换成一个新建的合成"运动蒙版",如图2-284所示。

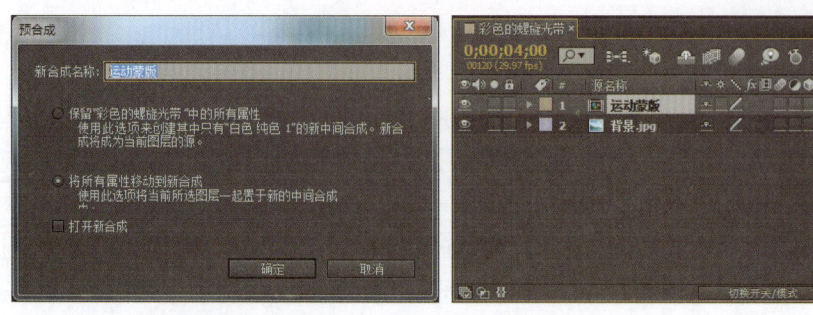

图2-284 转换图层为合成

07 在项目窗口中展开"固态层"文件夹，将其中的白色固态层素材加入到新建合成的时间轴窗口中，新建一个纯色图层"白色 纯色1"，然后为其添加"生成→梯度渐变"特效，保持默认的选项参数，在纯色图层上生成从上到下的黑白渐变，如图2-285所示。

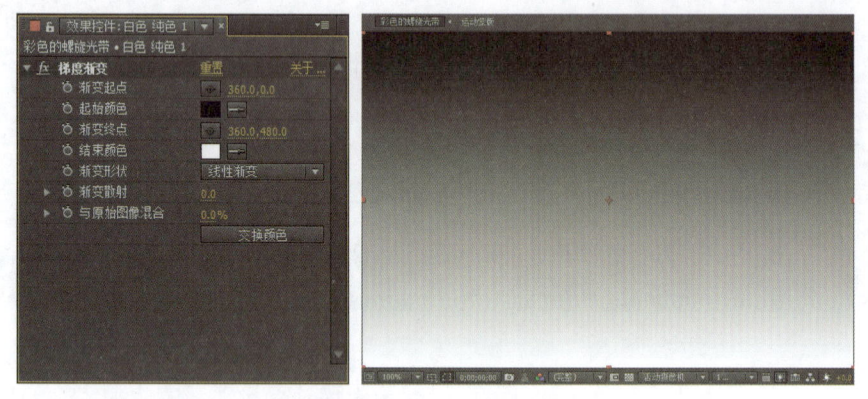

图2-285 添加渐变特效

08 为"白色 纯色1"图层添加"颜色校正→色光"特效，保持默认的选项参数，在纯色图层上生成从色相循环的渐变效果，如图2-286所示。

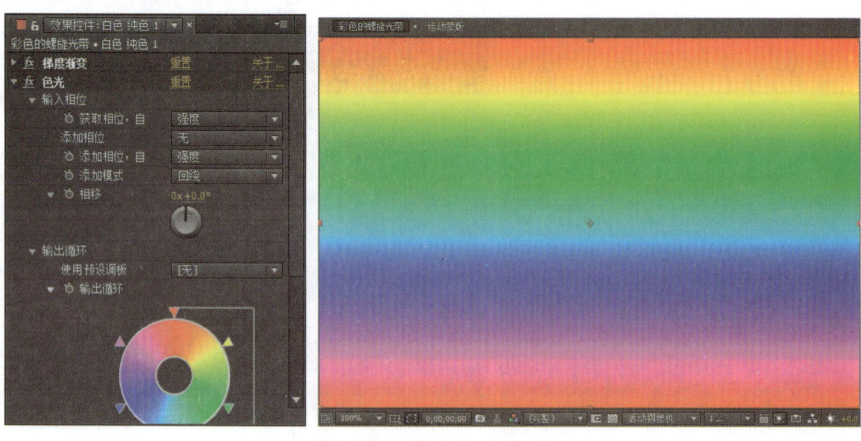

图2-286 添加色光特效

09 按"E"键展开"白色 纯色1"图层上的"效果"选项，为"输出循环"选项组中的"循环重复次数"选项创建从开始到结束，其数值从1.0变为4.0的色相变化动画，如图2-287所示。

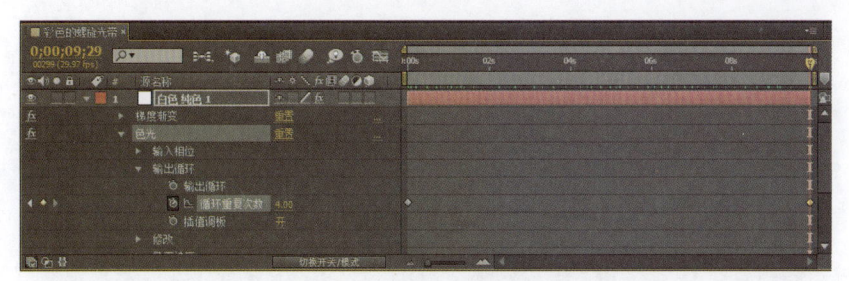

图2-287 编辑关键帧动画

⑩ 按"S"键后,再按"Shift+R"键,展开"白色 纯色1"图层的"缩放"、"旋转"选项,将"缩放"选项设置为180%,然后为图层创建从开始到结束旋转2圈的关键帧动画,如图2-288所示。

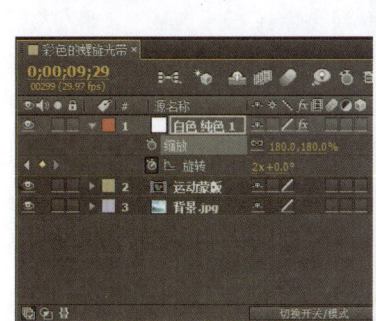

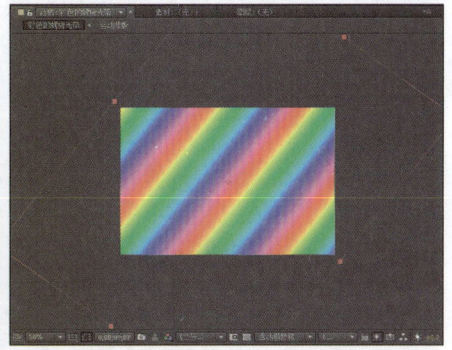

图2-288 编辑关键帧动画

⑪ 选择"白色 纯色1"图层并按"Ctrl+Shift+C"键,打开"预合成"对话框,选择"将所有属性移动到新合成"选项,将该图层转换成一个新建的合成"色版",如图2-289所示。

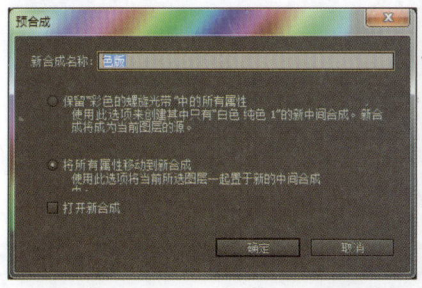

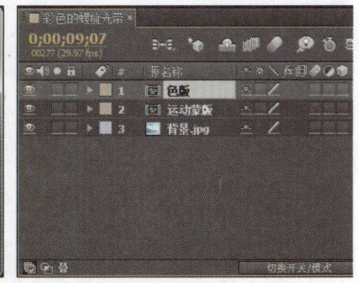

图2-289 转换图层为合成

⑫ 按"Ctrl+Y"键打开"纯色设置"对话框,新建一个纯色图层"光线",设置填充色为黑色并单击"确定"按钮。

⑬ 在时间轴窗口中,关闭两个合成图层的显示状态。选择新建的"光线"图层,为其添加"效果→Trapcode→Form(形状)"特效,在"效果控件"面板中展开"形态基础"选项组,在"形态基础"下拉列表中选择"串状立方体",设置"大小X"为2000,"大小Y"为40,"大小Z"为200,"Y方向串数"为4,"Z方向串数"为3,"旋转Y"为0x−10.0°。展开"粒子"选项组,在"粒子类型"下拉列表中选择"发光球体",如图2-290所示。

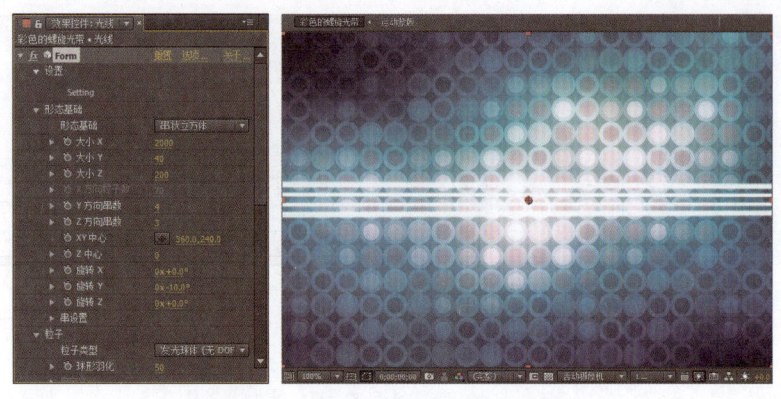

图2-290　添加特效并设置粒子发射点

⑭ 展开"图层映射"选项组,在"颜色和Alpha"子选项组中,为"图层"选项指定图层"2.色版"为作用图层,并在"映射到"下拉列表中选择"XY",将"色版"合成中的图像颜色映射到生成的粒子上。展开"大小"子选项组中,为"图层"选项指定图层"3.运动蒙版"为作用图层,并在"映射到"下拉列表中选择"XY",将"运动蒙版"合成中的像素明度变化颜色映射到生成的粒子上,生成粒子光线与之同步的从左向右运动动画,如图2-291所示。

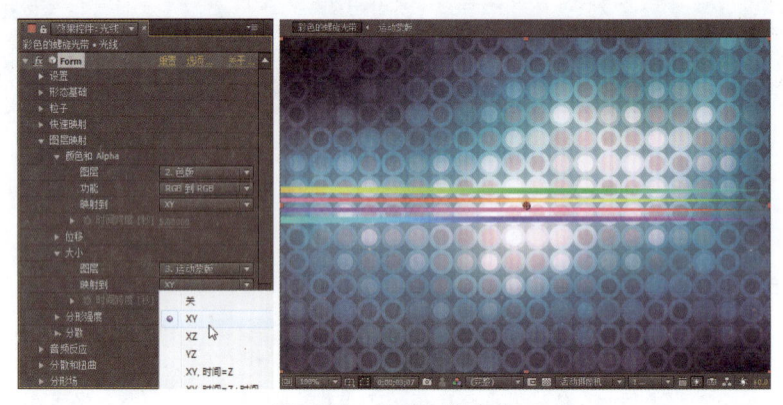

图2-291　设置图层映射

⑮ 展开"分散和扭曲"选项组,设置"扭曲"选项的数值为10,对生成的粒子光线进行扭曲,如图2-292所示。

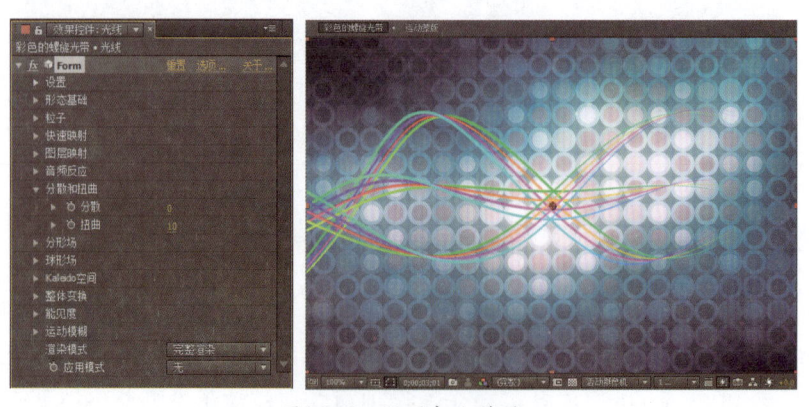

图2-292　设置扭曲效果

⑯ 展开"形态基础"选项组，为"旋转X"选项创建从开始到结束，其数值从0x+0.0°到2x+0.0°的关键帧动画，使粒子光线在画面中从左向右运动时产生上下波动的效果，如图2-293所示。

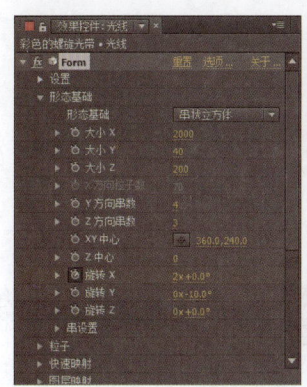

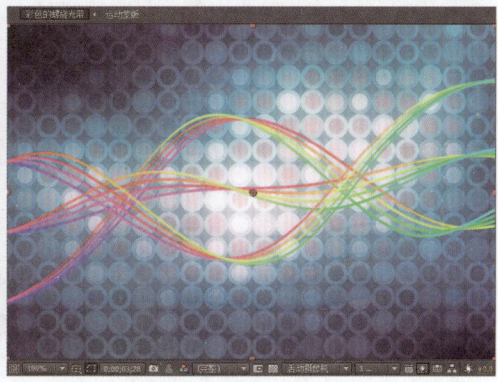

图2-293　编辑光线波动效果

⑰ 为"光线"图层添加"风格化→发光"效果，设置"发光半径"为5.0，"发光强度"为2.0，保持其他选项的默认设置，为光带运动图像添加发光效果，如图2-294所示。

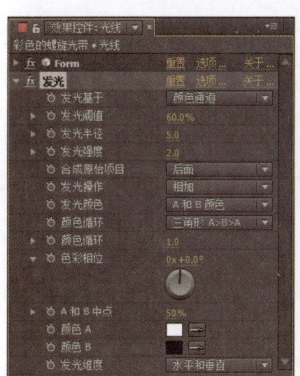

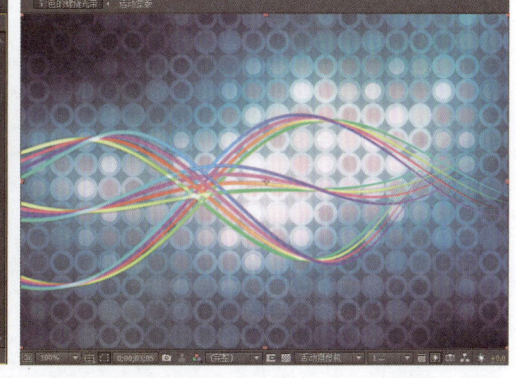

图2-294　添加发光效果

⑱ 按"Ctrl+S"键保存项目，拖动时间指针或按空格键，播放预览编辑完成的动画效果。
⑲ 在项目窗口中选择编辑完成的影片合成，选择"合成→添加到渲染队列"命令，打开"渲染队列"窗口，设置好影片渲染格式、保存目录和文件名称，将合成项目输出为影片文件，如图2-295所示。

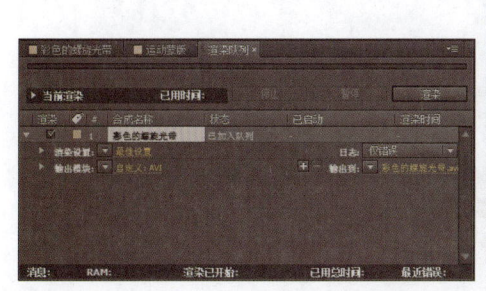

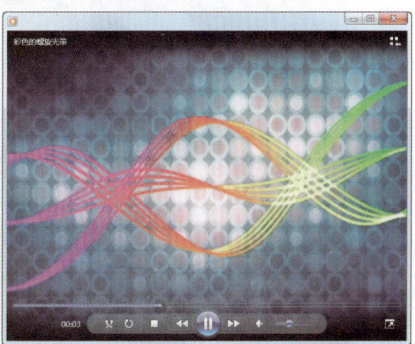

图2-295　将编辑好的合成输出为影片文件

After Effects CC 光效设计

Example 实例 55 飘忽的星云

素材目录	光盘\实例文件\实例\Media\
项目文件	光盘\实例文件\实例\Complete\飘忽的星云.aep
教学视频	光盘\教学视频\实例55：飘忽的星云.flv
应用特效	Form、发光、Shine
编辑要点	1. 应用"Form"特效，编辑粒子阵列的运动扭曲动画。 2. 应用"发光"特效，增强粒子阵列运动动画的发光效果。 3. 应用"Shine"特效，为绘制的矢量圆形添加光晕效果。

本实例的最终完成效果，如图2-296所示。

图2-296　实例完成效果

01 在项目窗口中的空白处双击鼠标左键，打开"导入"对话框，选择本实例素材目录中准备的图像素材文件并导入。

02 将导入的图像素材按住并拖入空白的时间轴窗口中，应用其视频属性创建合成。按"Ctrl+K"键打开"合成设置"对话框，将合成名称设置为"飘忽的星云"，并将合成的持续时间修改为5秒。

03 按"Ctrl+Y"键打开"纯色设置"对话框，新建一个纯色图层"星云"，设置填充色为黑色并单击"确定"按钮。

04 选择"星云"图层，为其添加"效果→Trapcode→Form（形状）"特效，在"效果控件"面板中展开"形态基础"选项组，在"形态基础"下拉列表中选择"网状立方体"，设置"大小X"为500，"大小Y"为300，"大小Z"为100，"X方向粒子数"为250，"Y方向粒子数"为150，"Z方向粒子数"为1，如图2-297所示。

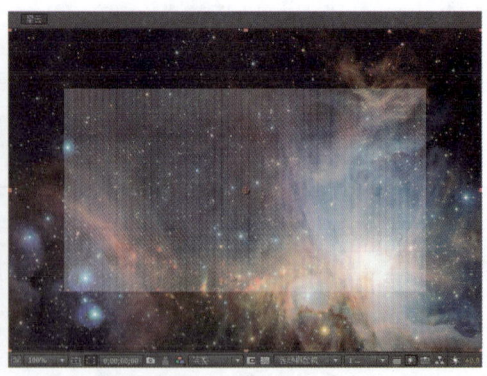

图2-297　添加形状粒子特效

05 展开"粒子"选项组，在"粒子类型"下拉列表中选择"发光球体"，设置"球形羽化"为50,"大小"为2,"随机大小"为50,"不透明"为10。设置粒子颜色为蓝色,"应用模式"为"叠加",展开"分散和扭曲"选项组,设置"扭曲"为10,对特效的粒子阵列进行扭曲,如图2-298所示。

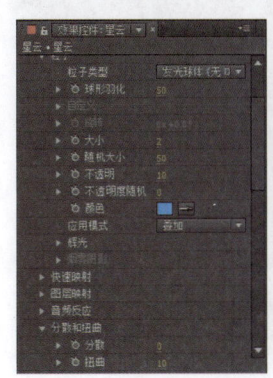

图2-298 设置粒子扭曲效果

06 展开"分形场"选项组,设置"影响程度"为10,"位置置换"为150,"流动X"为100,"流动Y"为50,"流动Z"为200,"流动演变"为50,使粒子阵列产生空间扭曲飘荡动画效果,如图2-299所示。

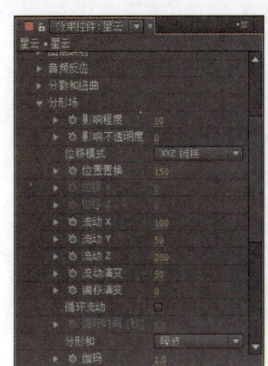

图2-299 编辑粒子阵列飘忽动画

07 展开"球形场"选项组,在"球形1"子选项组中,设置"强度"为100.0,"半径"为150.0,在粒子阵列的中心设置一个空心的球体,粒子在飞舞时将不进入该区域,如图2-300所示。

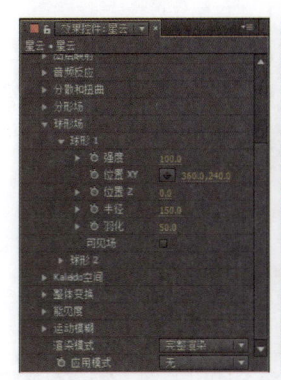

图2-300 设置中心球体空间

After Effects CC 光效设计

08 为"星云"图层添加"风格化→发光"效果，设置"发光半径"为1.0，"发光强度"为0.5，保持其他选项的默认设置，为粒子阵列运动图像添加发光效果，如图2-301所示。

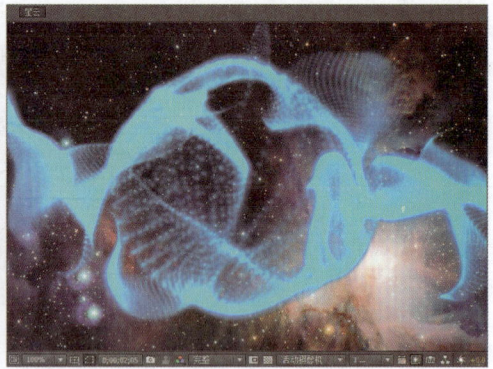

图2-301 添加发光效果

09 在工具栏中选择"椭圆"工具，在合成窗口中绘制一个圆形，设置填充色为蓝色，然后在时间轴窗口中将新建的形状图层移动到"星云"图层下方，并设置其图层混合模式为"相加"，如图2-302所示。

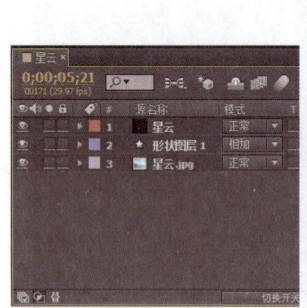

图2-302 绘制矢量形状

10 为形状图层添加"效果→Trapcode→Shine（光亮）"特效，在"效果控件"面板中，设置"光线长度"为5.0，"提高亮度"为2.0。在"着色"选项组中设置"着色"为"电弧"，然后在"应用模式"下拉列表中选择"叠加"，为绘制的圆形添加光晕效果，如图2-303所示。

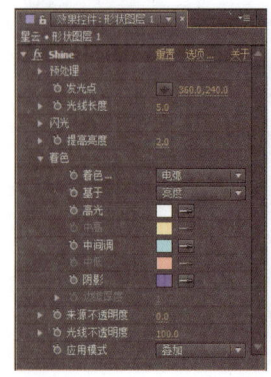

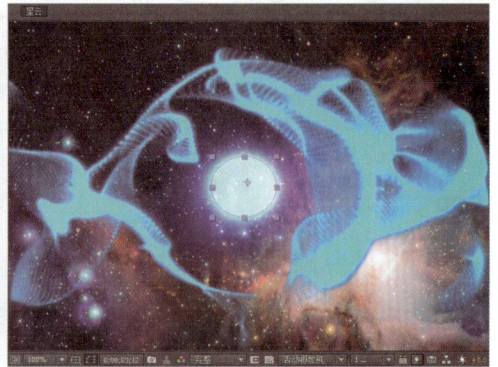

图2-303 添加光晕效果

⑪ 按"Ctrl+S"键保存项目,拖动时间指针或按空格键,播放预览编辑完成的动画效果。
⑫ 在项目窗口中选择编辑完成的影片合成,选择"合成→添加到渲染队列"命令,打开"渲染队列"窗口,设置好影片渲染格式、保存目录和文件名称,将合成项目输出为影片文件,如图2-304所示。

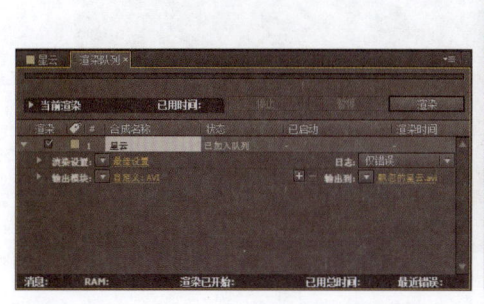

图2-304 将编辑好的合成输出为影片文件

Example 实例 56 涟漪的波光

素材目录	光盘\实例文件\实例\Media\
项目文件	光盘\实例文件\实例\Complete\涟漪的波光.aep
教学视频	光盘\教学视频\实例56:涟漪的波光.flv
应用特效	Form、Starglow
编辑要点	1. 应用"Form"特效,编辑粒子阵列光线的波动和气泡运动动画。 2. 应用"Starglow"特效,为粒子阵列光线添加星光闪烁效果。

本实例的最终完成效果,如图2-305所示。

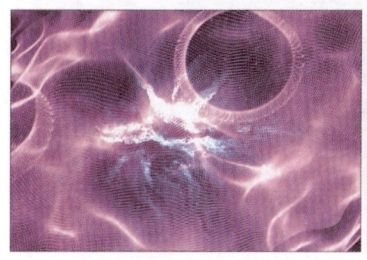

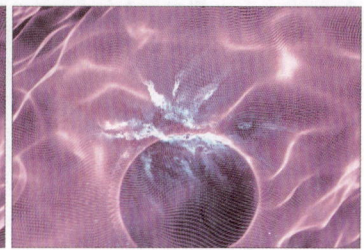

图2-305 实例完成效果

① 在项目窗口中的空白处双击鼠标左键,打开"导入"对话框,选择本实例素材目录中准备的图像素材文件并导入。
② 将导入的图像素材按住并拖入空白的时间轴窗口中,应用其视频属性创建合成。按"Ctrl+K"键打开"合成设置"对话框,将合成名称设置为"涟漪的波光",并将合成的持续时间修改为5秒。
③ 按"Ctrl+Y"键打开"纯色设置"对话框,新建一个纯色图层"波光",设置填充色为黑色并单击"确定"按钮。
④ 选择新建的"波光"图层,为其添加"效果→Trapcode→Form(形状)"特效,在"效果控件"面板中展开"形态基础"选项组,在"形态基础"下拉列表中选择"网

状立方体"，设置"大小X"为900，"大小Y"为800，"大小Z"为200，"X方向粒子数"为300，"Y方向粒子数"为200，"Z方向粒子数"为3，如图2-306所示。

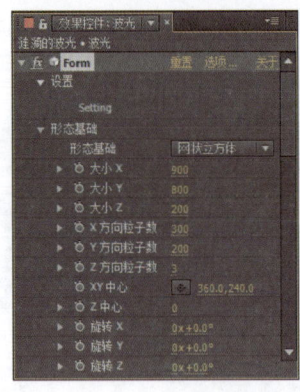

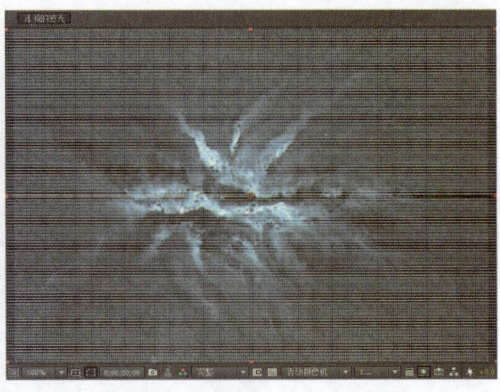

图2-306　添加形状粒子特效

05 展开"粒子"选项组，在"粒子类型"下拉列表中选择"发光球体"，设置"球形羽化"为50，"大小"为1，"随机大小"为15，"不透明"为100。设置粒子颜色为淡紫色，"应用模式"为"叠加"；展开"分散和扭曲"选项组，设置"扭曲"为2，对特效的粒子阵列进行扭曲，如图2-307所示。

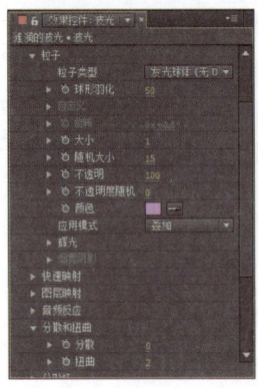

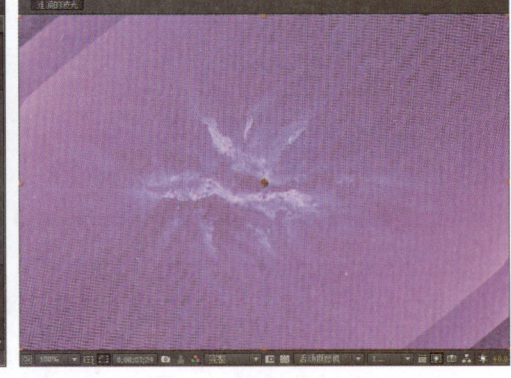

图2-307　设置粒子扭曲效果

06 展开"分形场"选项组，设置"影响程度"为1，"位置置换"为80，"F缩放"为7.0，使粒子阵列产生波纹起伏的动画效果，如图2-308所示。

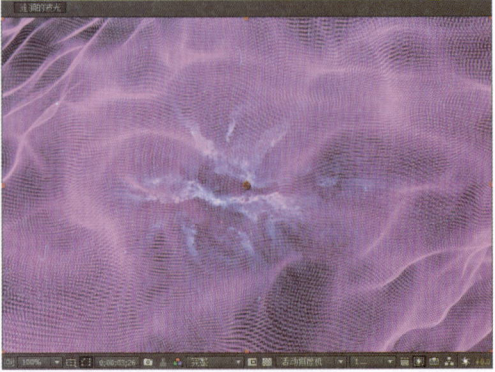

图2-308　编辑粒子波纹动画

07 展开"球形场"选项组,在"球形1"子选项组中,设置"强度"为100.0,"半径"为120.0,"羽化"为60。在"球形2"子选项组中,设置"强度"为100.0,"半径"为180.0,"羽化"为100,在粒子阵列中设置两个空心球体,模拟水面上的气泡效果,如图2-309所示。

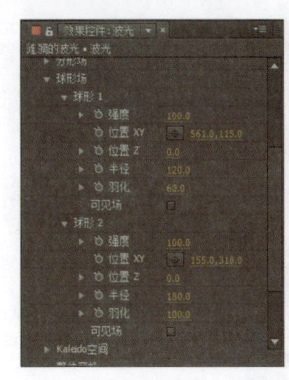

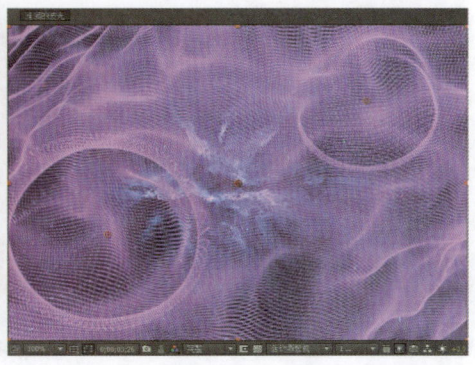

图2-309　设置中心球体空间

08 按下"球形1"、"球形2"子选项组中"位置XY"选项前面的"时间变化秒表"按钮,为它们创建在画面中移动的关键帧动画,如图2-310所示。

		00:00:00:00	00:00:02:00	00:00:03:15	00:00:04:29
⏱	位置XY（球形1）	730.0,0.0	−100.0,320.0		
⏱	位置XY（球形2）		−100.0,200.0	640.0,260.0	70.0,480.0

图2-310　编辑关键帧动画

09 为"波光"图层添加"效果→Trapcode→Starglow（星光）"效果,在"预设"下拉列表中选择"浪漫",设置"光线长度"为1.0,"提升亮度"为0.5,"应用模式"为"叠加",为粒子阵列运动图像添加发光效果,如图2-311所示。

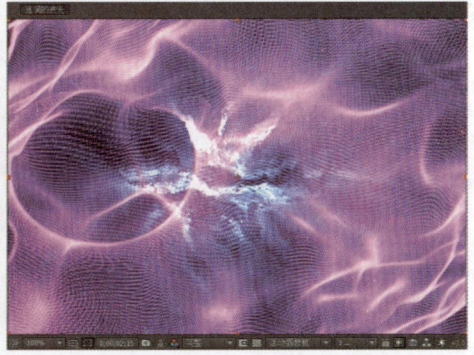

图2-311　添加发光效果

⑩ 按"Ctrl+S"键保存项目,拖动时间指针或按空格键,播放预览编辑完成的动画效果。

⑪ 在项目窗口中选择编辑完成的影片合成,选择"合成→添加到渲染队列"命令,打开"渲染队列"窗口,设置好影片渲染格式、保存目录和文件名称,将合成项目输出为影片文件,如图2-312所示。

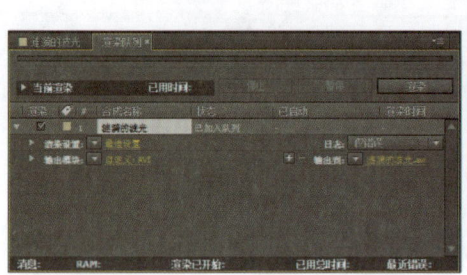

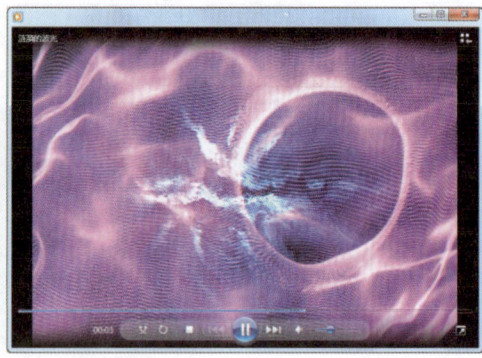

图2-312　将编辑好的合成输出为影片文件

Example 实例 57 闪耀的极光

素材目录	光盘\实例文件\实例\Media\
项目文件	光盘\实例文件\实例\Complete\闪耀的极光.aep
教学视频	光盘\教学视频\实例57：闪耀的极光.flv
应用特效	Form、径向模糊
编辑要点	1. 应用"Form"特效,编辑粒子阵列光线的扭曲变形运动动画。 2. 应用"径向模糊"特效,对粒子阵列扭曲动画进行缩放模糊设置,模拟出极光动画效果。 3. 对复制的极光动画继续进行颜色修改,为合成画面中的极光修改增加色彩变化。

本实例的最终完成效果,如图2-313所示。

图2-313　实例完成效果

① 在项目窗口中的空白处双击鼠标左键,打开"导入"对话框,选择本实例素材目录中准备的图像素材文件并导入。

② 将导入的图像素材按住并拖入空白的时间轴窗口中,应用其视频属性创建合成。按"Ctrl+K"键打开"合成设置"对话框,将合成名称设置为"闪耀的极光",并将合成的持续时间修改为5秒。

③ 按"Ctrl+Y"键打开"纯色设置"对话框,新建一个纯色图层"光网",设置填充色为黑色并单击"确定"按钮。

04 选择"光网"图层，为其添加"效果→Trapcode→Form（形状）"特效，在"效果控件"面板中展开"形态基础"选项组，在"形态基础"下拉列表中选择"网状立方体"，设置"大小X"为600，"大小Y"为400，"大小Z"为200，"X方向粒子数"为360，"Y方向粒子数"为240，"Z方向粒子数"为1，如图2-314所示。

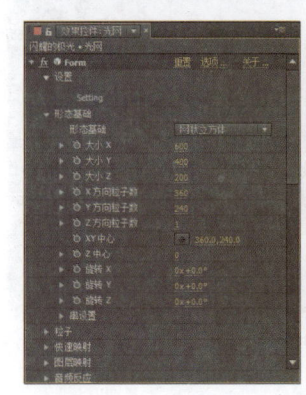

图2-314　添加形状粒子特效

05 展开"粒子"选项组，在"粒子类型"下拉列表中选择"球体"，设置"球形羽化"为50，"大小"为2，"不透明"为50，如图2-315所示。

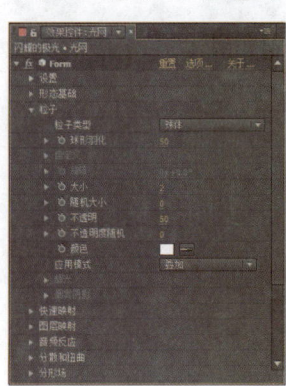

图2-315　设置粒子参数

06 展开"快速映射"选项组，设置"不透明度映射"图表为梯形，即两边透明向中间不透明度渐变。设置"颜色映射"图表为两边蓝色到中间紫色的渐变填充，并在"映射不透明和颜色在"下拉列表中选择"X"，为粒子阵列设置渐变填充色，如图2-316所示。

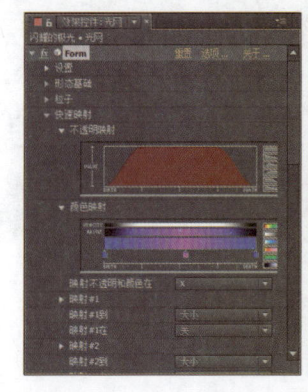

图2-316　设置颜色填充

07 展开"分散和扭曲"选项组,设置"扭曲"选项的数值为2。展开"分形场"选项组,设置"位置置换"为150,为粒子阵列设置扭曲变形动画,如图2-317所示。

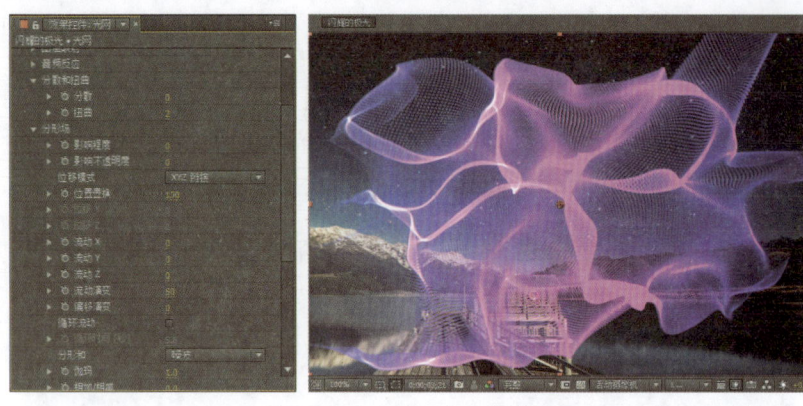

图2-317 设置粒子变形动画

08 选择"光网"图层并按"Ctrl+Shift+C"键,打开"预合成"对话框,选择"将所有属性移动到新合成"选项,将该图层转换成一个新建的合成"极光1",如图2-318所示。

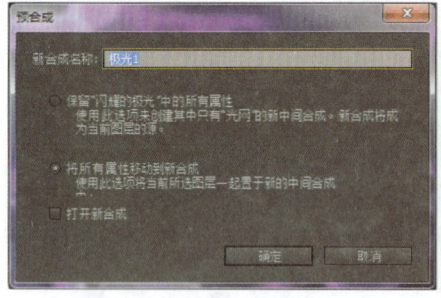

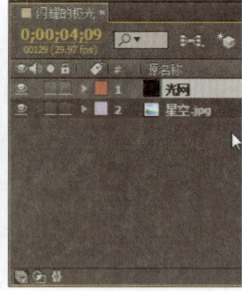

图2-318 转换图层为合成

09 在工具栏中选择"椭圆工具",在"极光1"图层上绘制一个圆形蒙版,然后在时间轴窗口中设置"蒙版羽化"为100像素,如图2-319所示。

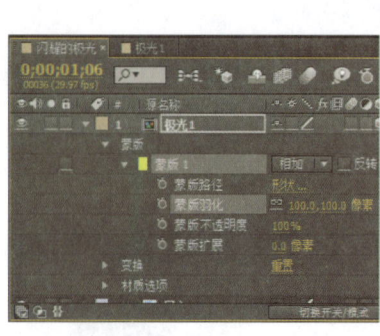

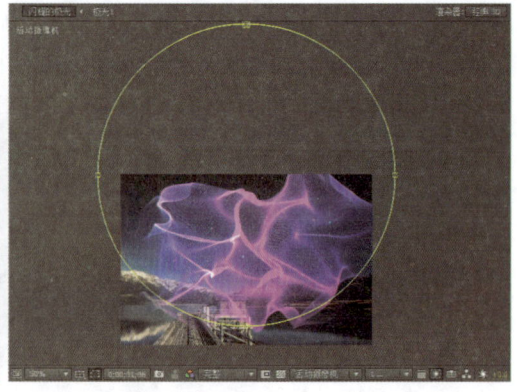

图2-319 绘制蒙版并设置羽化

10 打开"极光1"图层的3D开关,设置"X轴旋转"为60.0°,然后将图层向上移动到上边缘与画面边缘对齐(360.0,175.0,0.0),如图2-320所示。

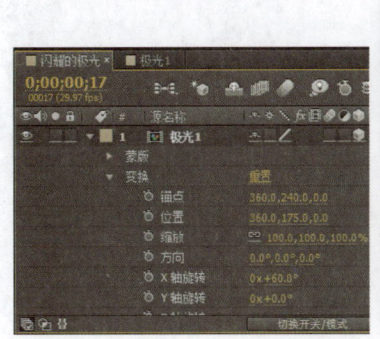

图2-320 设置图层位置和角度

⓫ 为"极光1"图层添加"模糊与锐化→径向模糊"特效，设置"类型"为"缩放"，"数量"为50.0，然后将模糊中心定位到（360.0,1500.0）的位置，如图2-321所示。

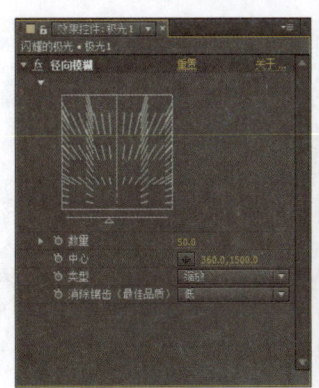

图2-321 设置径向模糊

⓬ 在时间轴窗口中将"极光1"图层的混合模式设置为"相加"，然后对其进行一次复制，增强其在合成画面中的图像亮度和饱和度，如图2-322所示。

图2-322 设置混合模式并复制图层

⓭ 在项目窗口中对"极光1"合成进行一次复制，将新得到的合成命名为"极光2"，进入"极光2"时间轴窗口并选择其中的纯色图层，在"效果控件"面板中展开其特效的"形态基础"选项组，修改"大小X"为300，"大小Y"为150，"X方向粒子数"为120，"Y方向粒子数"为80，如图2-323所示。

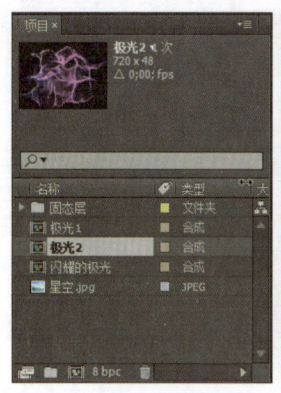

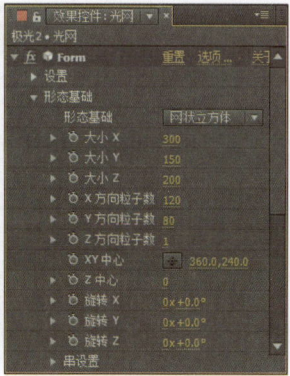

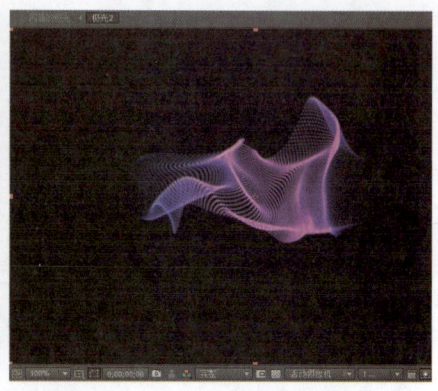

图2-323　复制合成并修改效果参数

⑭ 展开"快速映射"选项组，在"颜色映射"图表中，修改填充色为黄色填充，如图2-324所示。

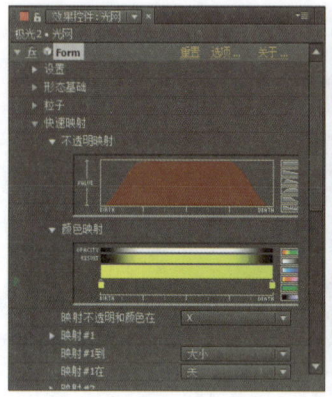

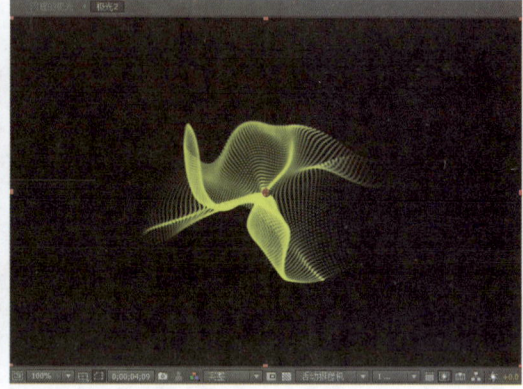

图2-324　修改填充色

⑮ 回到主合成中，在项目窗口中将修改好的"极光2"合成加入到时间轴窗口中的最上层，然后打开其3D开关，设置与"极光1"相同的位置和旋转参数，如图2-325所示。

图2-325　添加图层并设置位置参数

⑯ 为"极光2"图层添加"模糊与锐化→径向模糊"特效，设置"类型"为"缩放"，"数量"为30.0，然后将模糊中心定位到（360.0,1500.0）的位置，为合成画面中的极光效果增加颜色变化，如图2-326所示。

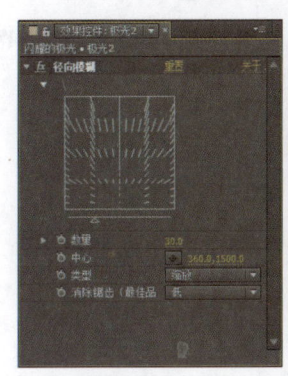

图2-326 设置模糊效果

⑰ 按"Ctrl+S"键保存项目,拖动时间指针或按空格键,播放预览编辑完成的动画效果。

⑱ 在项目窗口中选择编辑完成的影片合成,选择"合成→添加到渲染队列"命令,打开"渲染队列"窗口,设置好影片渲染格式、保存目录和文件名称,将合成项目输出为影片文件,如图2-327所示。

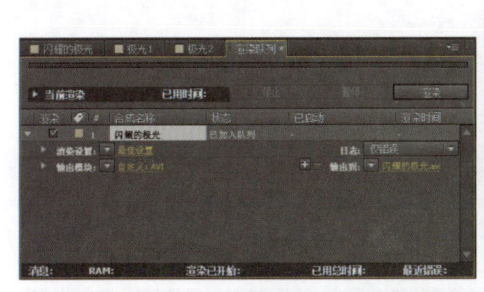

图2-327 将编辑好的合成输出为影片文件

Example 实例 58 乐动的波光

素材目录	光盘\实例文件\实例\Media\
项目文件	光盘\实例文件\实例\Complete\乐动的波光.aep
教学视频	光盘\教学视频\实例58:乐动的波光.flv
应用特效	Form、Shine、Starglow
编辑要点	1. 应用"Form"特效,利用音频中的波频变化编辑粒子阵列的变形运动动画。 2. 应用"Shine"特效,为编辑的粒子阵列变形动画添加光线射出效果。 3. 应用"Starglow"特效,为粒子阵列动画添加星光闪烁效果。

本实例的最终完成效果,如图2-328所示。

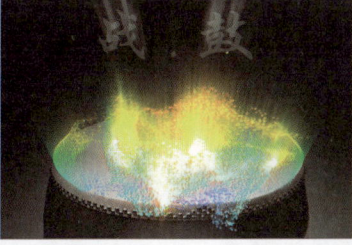

图2-328 实例完成效果

After Effects CC 光效设计

01 在项目窗口中的空白处双击鼠标左键,打开"导入"对话框,选择本实例素材目录中准备的图像和音频素材文件并导入。

02 将导入的图像素材按住并拖入空白的时间轴窗口中,应用其视频属性创建合成。按"Ctrl+K"键打开"合成设置"对话框,将合成名称设置为"乐动的波光",并将合成的持续时间修改为5秒。

03 将导入的音频素材"音效.wma"拖到时间轴窗口中的最下层。按"Ctrl+Y"键打开"纯色设置"对话框,新建一个纯色图层"光点",设置填充色为黑色并单击"确定"按钮,如图2-329所示。

图2-329 编排素材并新建图层

04 选择"光点"图层,为其添加"效果→Trapcode→Form(形状)"特效,在"效果控件"面板中展开"形态基础"选项组,在"形态基础"下拉列表中选择"分层球体",设置"大小X"为450,"大小Y"为450,"大小Z"为180,"X方向粒子数"为200,"Y方向粒子数"为100,"球形图层"为3。设置"旋转X"为0x-90.0°,然后单击"XY中心"后面的 ■按钮,在合成窗口中将粒子阵列的中心定位在背景图像中大鼓的中心位置(364.0,315.0),并在"粒子"选项组中设置"球形羽化"选项的数值为100,如图2-330所示。

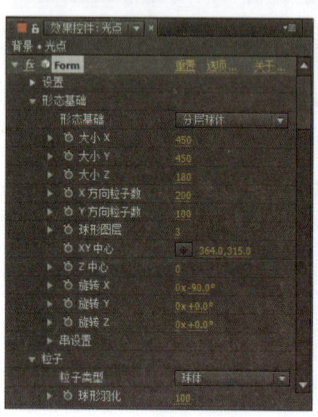

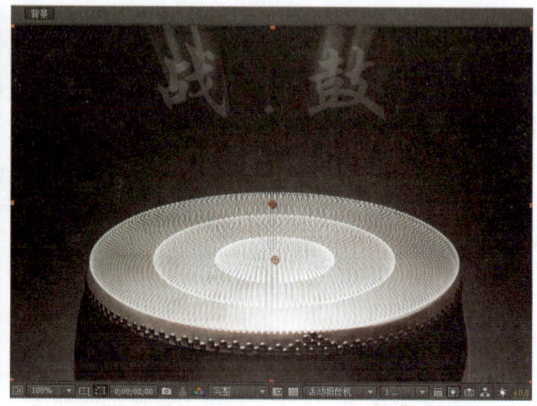

图2-330 添加形状粒子特效

05 展开"快速映射"选项组,设置"颜色映射"为全色相渐变,然后在"映射不透明和颜色在"下拉列表中选择"Z",如图2-331所示。

06 展开"音频反应"选项组,在"音频层"下拉列表中选择图层"3.音效.wma"为作用图层。展开"反应器1"子选项组,设置"强度"为200.0,"映射到"为"分形","延迟方向"为"X向外","最大延迟"为1.0;展开"反应器2"子选项组,设置"映射到"为"分散","延迟方向"为"X向外","最大延迟"为1.0,如图2-332所示。

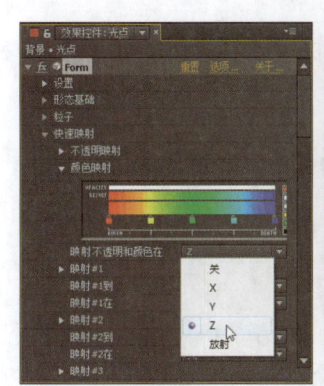

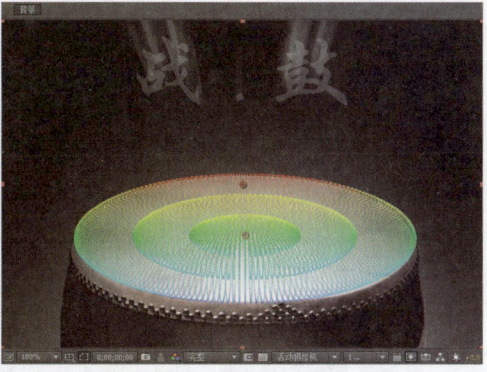

图2-331 设置粒子阵列的填充色　　　　　图2-332 设置音频反应

07 展开"分散和扭曲"选项组，设置"分散"为10；展开"分形场"选项组，设置"影响程度"为3，"影响不透明度"为50，"位置置换"为100，如图2-333所示。

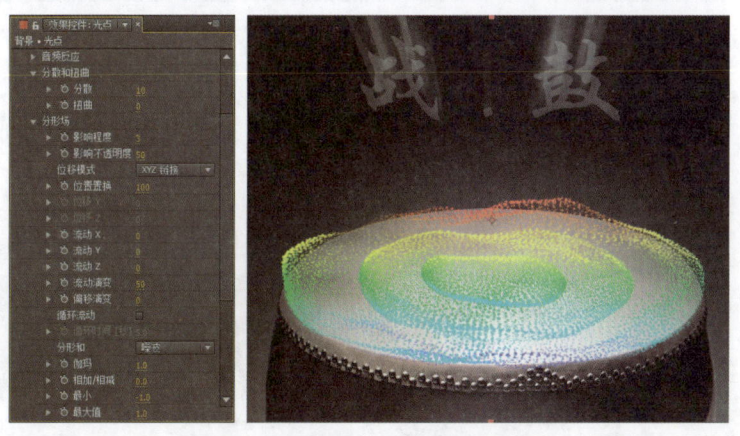

图2-333 设置粒子分散和分形动画

08 为"光点"图层添加"效果→Trapcode→Shine（光亮）"特效，在"效果控件"面板中，设置"发光点"的位置为（360.0,800.0），设置"光线长度"为0.5，"提高亮度"为1.0；展开"着色"选项组，在"着色"下拉列表中选择"无"，在"应用模式"下拉列表中选择"叠加"，为粒子阵列动画添加光线射出效果，如图2-334所示。

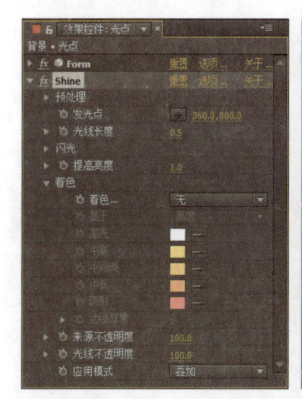

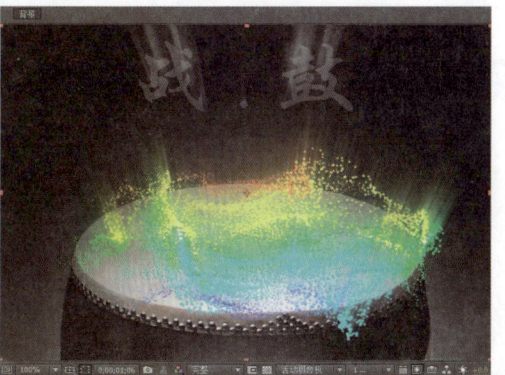

图2-334 添加特效并设置参数

09 为"光点"图层添加"效果→Trapcode→Starglow（星光）"特效，在"效果控件"面板中单击"预设"选项后面的下拉列表并选择"暖色星光2"，设置"光线长度"为10.0。在"应用模式"下拉列表中选择"屏幕"，为粒子阵列动画添加星光射出效果，如图2-335所示。

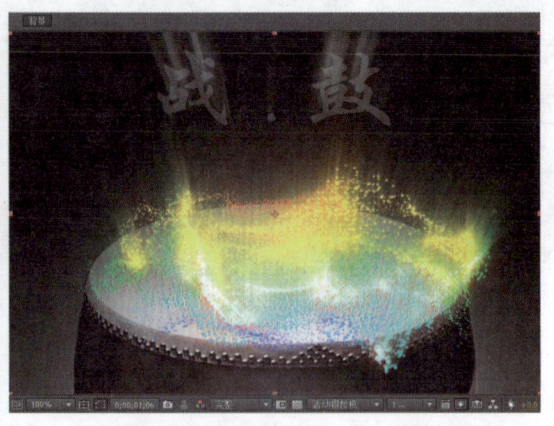

图2-335 添加特效并设置参数

10 按"Ctrl+S"键保存项目，拖动时间指针或按空格键，播放预览编辑完成的动画效果。

11 在项目窗口中选择编辑完成的影片合成，选择"合成→添加到渲染队列"命令，打开"渲染队列"窗口，设置好影片渲染格式、保存目录和文件名称，将合成项目输出为影片文件，如图2-336所示。

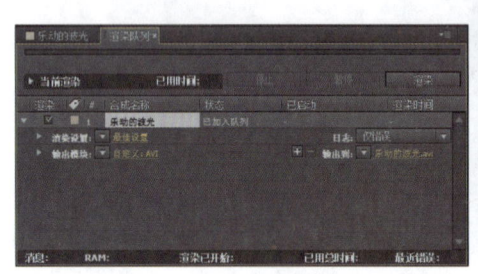

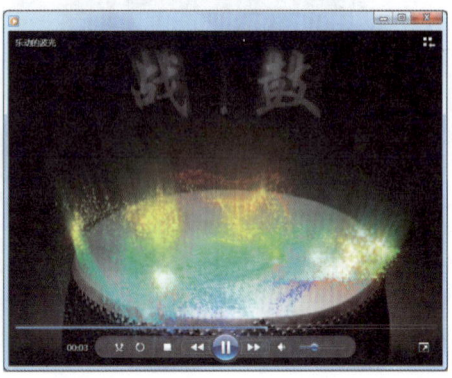

图2-336 将编辑好的合成输出为影片文件

Example 实例 59 夜空中的霓虹

素材目录	光盘\实例文件\实例\Media\
项目文件	光盘\实例文件\实例\Complete\夜空中的霓虹.aep
教学视频	光盘\教学视频\实例59：夜空中的霓虹.flv
应用特效	Sinedots II、色相/饱和度
编辑要点	1. 应用"Sinedots II"特效，编辑动态光纹扭曲旋转的动画效果。 2. 应用"色相/饱和度"特效，为编辑的动态光纹动画添加色彩变换效果。

本实例的最终完成效果，如图2-337所示。

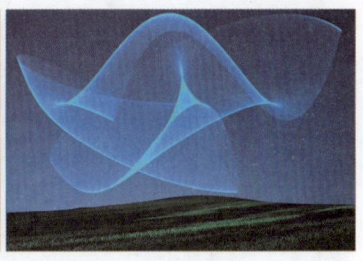

图2-337　实例完成效果

01 在项目窗口中的空白处双击鼠标左键，打开"导入"对话框，选择本实例素材目录中准备的图像和音频素材文件并导入。

02 将导入的图像素材按住并拖入空白的时间轴窗口中，应用其视频属性创建合成。按"Ctrl+K"键打开"合成设置"对话框，将合成名称设置为"夜空中的霓虹"，并将合成的持续时间修改为6秒，如图2-338所示。

03 在时间轴窗口中，将背景图层的持续时间延长到与合成的持续时间对齐。按"Ctrl+Y"键打开"纯色设置"对话框，新建一个纯色图层"霓虹"，设置填充色为黑色并单击"确定"按钮，如图2-339所示。

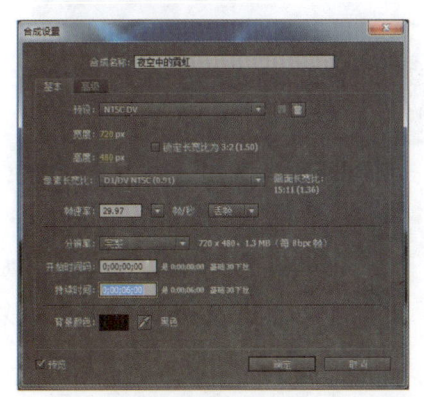

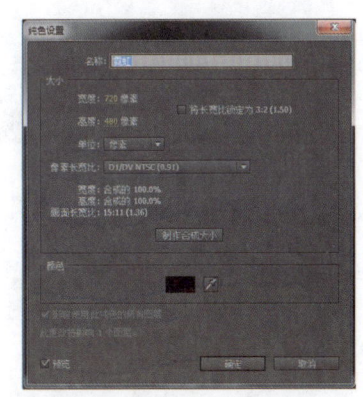

图2-338　新建合成　　　　　图2-339　新建纯色图层

04 将"霓虹"图层的混合模式设置为"相加"，然后将图像的"缩放"数值修改为（100.0,75.0%），并向上移动到（360.0,185.0）的位置，如图2-340所示。

图2-340　设置图层混合模式并修改大小和位置

05 选中"霓虹"图层，为其添加"效果→Dragonfly→Sinedots II（动态光纹 II）"特效，在"效果控件"面板中按下"内部密度"、"外部密度"、"x1偏移"、"y1偏移"选项前面的"时间变化秒表"按钮,为添加的光纹特效编辑关键帧动画效果,如图2-341所示。

		00:00:00:00	00:00:02:00	00:00:04:00	00:00:05:29
	内部密度	0.000	5.000	2.000	4.000
	外部密度	2.000			5.000
	x1偏移	0x＋0.0°	1x＋0.0°		2x＋0.0°
	y1偏移		0x＋0.0°	1x＋0.0°	1x＋180.0°

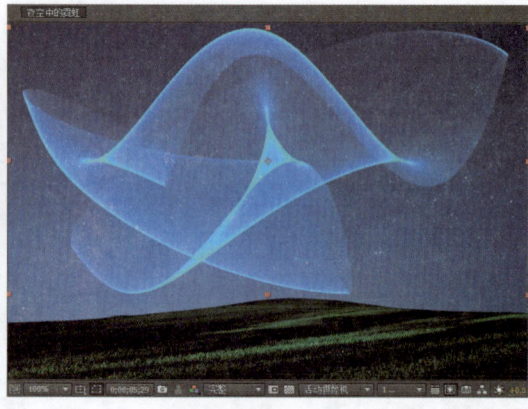

图2-341 添加形状粒子特效

06 为"霓虹"图层添加"颜色校正→色相/饱和度"特效,在开始位置按下"通道范围"选项前面的"时间变化秒表"按钮,然后将时间指针定位到结束位置,修改"主色相"的数值为0x＋221.0°,为光纹动画编辑从开始到结尾、色相变化循环两次的动画效果,如图2-342所示。

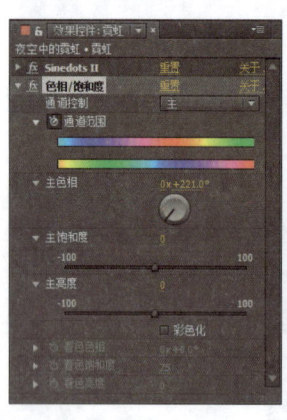

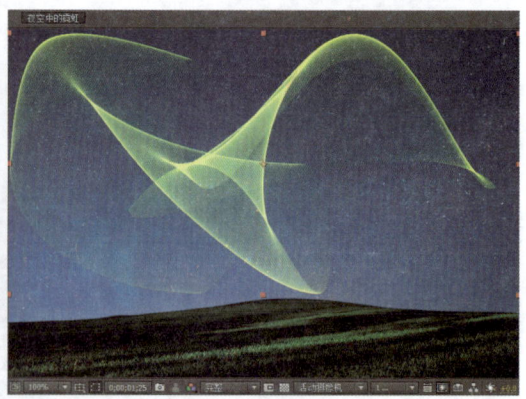

图2-342 编辑色相变化动画

07 按"Ctrl＋S"键保存项目,拖动时间指针或按空格键,播放预览编辑完成的动画效果。
08 在项目窗口中选择编辑完成的影片合成,选择"合成→添加到渲染队列"命令,打开"渲染队列"窗口,设置好影片渲染格式、保存目录和文件名称,将合成项目输出为影片文件,如图2-343所示。

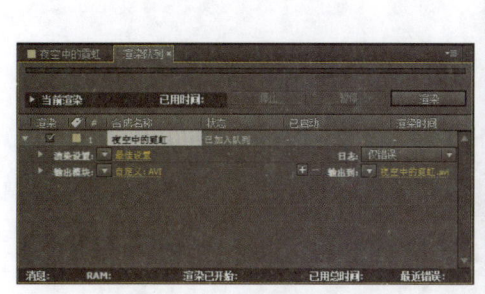

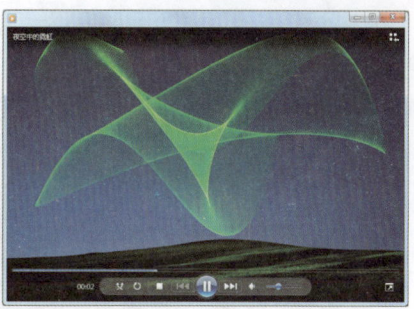

图2-343 将编辑好的合成输出为影片文件

Example 实例 60 光影魔幻秀

素材目录	光盘\实例文件\实例\Media\
项目文件	光盘\实例文件\实例\Complete\光影魔幻秀.aep
教学视频	光盘\教学视频\实例60：光影魔幻秀.flv
应用特效	Sinedots II、镜像、发光
编辑要点	1. 应用"Sinedots II"特效，编辑动态光纹扭曲变化的动画效果。 2. 应用"镜像"特效，对光纹动画图像进行居中位置的对称镜像。 3. 应用"发光"特效，为光纹变化动画图像添加发光效果。

本实例的最终完成效果，如图2-344所示。

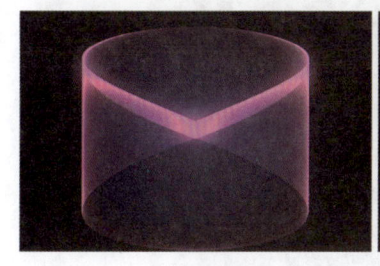

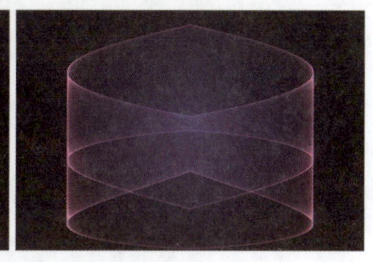

图2-344 实例完成效果

01 按"Ctrl+N"键打开"合成设置"对话框，新建一个NTSC DV视频制式的合成"光影魔幻秀"，设置持续时间为10秒，如图2-345所示。

02 按"Ctrl+Y"键打开"纯色设置"对话框，新建一个纯色图层"背景"，设置填充色为黑色并单击"确定"按钮，如图2-346所示。

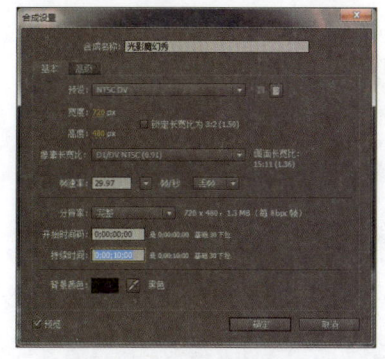

图2-345 新建合成　　　　　图2-346 新建纯色图层

243

03 为"背景"图层添加"生成→梯度渐变"特效，设置"起始颜色"为深蓝色，"结束颜色"为黑色。设置"渐变终点"为（720.0,240.0），在"渐变形状"下拉列表中选择"径向渐变"，编辑出径向渐变填充的背景效果，如图2-347所示。

图2-347 添加特效并设置参数

04 按"Ctrl+Y"键打开"纯色设置"对话框，新建一个纯色图层"光纹"，设置填充色为黑色并单击"确定"按钮。

05 在时间轴窗口中，将"光纹"图层的混合模式设置为"相加"，然后为其添加"效果→Dragonfly→Sinedots II（动态光纹 II）"特效，在"效果控件"面板中设置效果颜色为玫红色，设置"内部密度"为3.0，"外部密度"为2.5，如图2-348所示。

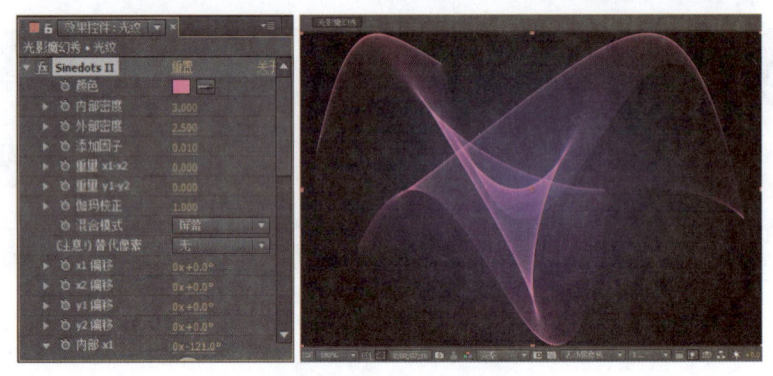

图2-348 设置效果参数

06 为"光纹"图层添加"扭曲→镜像"特效，设置"反射中心"的位置为（360.0,240.0），对生成的光纹效果进行居中位置的镜像，如图2-349所示。

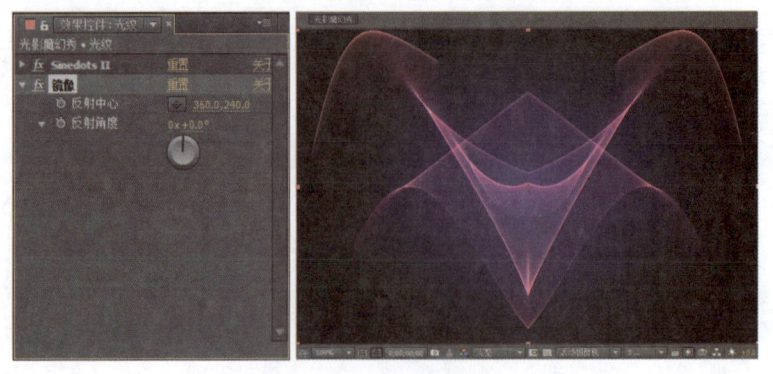

图2-349 设置效果参数

07 按下"内部y1"、"内部y2"、"外部x1"、"外部x2"、"外部y1"选项前面的"时间变化秒表"按钮,为添加的光纹特效编辑关键帧动画效果,如图2-350所示。

		00:00:00:00	00:00:01:00	00:00:02:00	00:00:03:00	00:00:04:00
⏱	内部y1	0x+0.0°	0x+180.0°			
⏱	内部y2	0x+0.0°	0x+140.0°			0x+140.0°
⏱	外部x1		0x+0.0°	0x−222.0°	0x−222.0°	−1x−222.0°
⏱	外部x2		0x+0.0°	0x−40.0°	0x−40.0°	
⏱	外部y1			0x+0.0°	1x+60.0°	1x+185.0°

		00:00:05:00	00:00:06:00	00:00:07:00	00:00:08:00	00:00:09:00	00:00:09:29
⏱	内部y1		0x+180.0°	−1x+0.0°	0x−90.0°	0x+0.0°	
⏱	内部y2	1x+90.0°	0x+0.0°	−1x+0.0°	−1x−90.0°	−4x+0.0°	
⏱	外部x1	0x−317.0°		0x+210.0°	1x+45.0°	1x+0.0°	0x+60.0°
⏱	外部x2	0x−40.0°	0x−260.0°	0x−90.0°	0x−39.0°	0x+0.0°	
⏱	外部y1				0x+180.0°		0x+0.0°

图2-350 编辑关键帧动画

08 为"光纹"图层添加"风格化→发光"特效,设置"发光半径"为50.0,"发光强度"为1.5,为编辑的光纹变化动画图像添加发光效果,如图2-351所示。

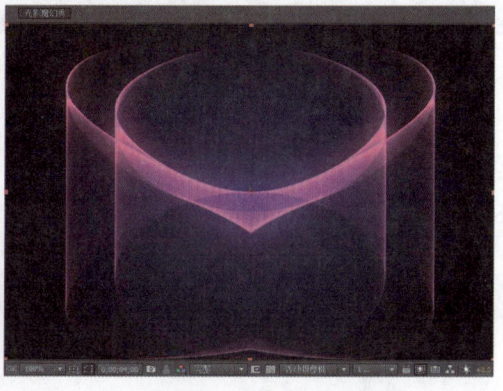

图2-351 添加发光效果

09 按"Ctrl+S"键保存项目,拖动时间指针或按空格键,播放预览编辑完成的动画效果。
10 在项目窗口中选择编辑完成的影片合成,选择"合成→添加到渲染队列"命令,打开

"渲染队列"窗口，设置好影片渲染格式、保存目录和文件名称，将合成项目输出为影片文件，如图2-352所示。

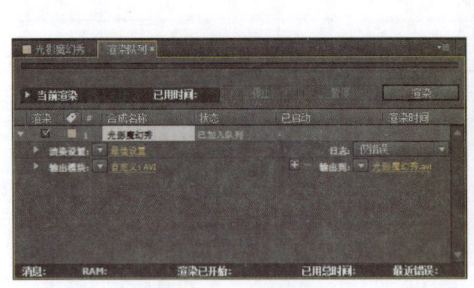

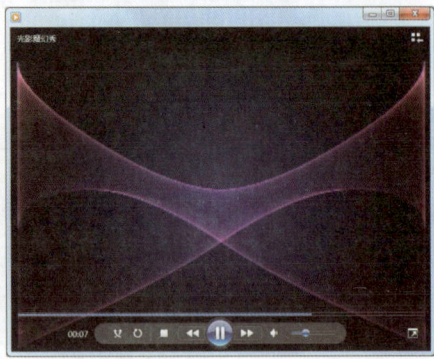

图2-352　将编辑好的合成输出为影片文件

Example 实例 61 UFO的闪光

素材目录	光盘\实例文件\实例\Media\
项目文件	光盘\实例文件\实例\Complete\UFO的闪光.aep
教学视频	光盘\教学视频\实例61：UFO的闪光.flv
应用特效	Light Factory
编辑要点	应用"Light Factory"特效提供的丰富光线样式库，编辑组合出需要的闪光效果，并通过为其编辑位置、大小比例、闪光角度的关键帧动画，编辑出闪光点在背景图像上飞舞闪烁的动画特效。

本实例的最终完成效果，如图2-353所示。

图2-353　实例完成效果

01 在项目窗口中的空白处双击鼠标左键，打开"导入"对话框，选择本实例素材目录中准备的图像素材文件并导入。

02 将导入的图像素材按住并拖入空白的时间轴窗口中，应用其视频属性创建合成。按"Ctrl+K"键打开"合成设置"对话框，将合成名称设置为"UFO的闪光"，并将合成的持续时间修改为5秒。

03 按"Ctrl+Y"键打开"纯色设置"对话框，新建一个纯色图层"闪光"，设置填充色为黑色并单击"确定"按钮。

04 选择"闪光"图层，为其添加"效果→Knoll Light Factory→Light Factory（光线工厂）"特效，即可在合成窗口中查看到该特效默认的亮光图像效果，如图2-354所示。

图2-354 添加亮光特效

05 在时间轴窗口中，将"闪光"图层的混合模式设置为"相加"。在"效果控件"面板中展开该特效的选项设置，单击特效名称后面的"选项"文字按钮，打开该特效的光效设计窗口，单击窗口右侧的◀按钮，展开光线样式库面板，双击其中的"光子飙升"光线样式，将其添加到特效应用效果中，如图2-355所示。

图2-355 添加光线样式

06 在光线组成列表中选择新添加的"光子飙升"样式，然后在下面的参数设置面板中调整"比例"的数值为0.4，"元素计数"为10，然后单击"OK"按钮进行应用，如图2-356所示。

图2-356 设置光线效果参数

After Effects CC 光效设计

07 在"效果控件"面板中按下"光源位置"、"比例"、"角度"选项前面的"时间变化秒表"按钮,为闪光光效编辑在背景图像上飞舞闪烁的动画效果,并为"光源位置"的中间的关键帧设置缓动效果,如图2-357所示。

		00:00:00:00	00:00:03:00	00:00:04:15	00:00:04:29
⏱	光源位置	600.0,-30.0	110.0,145.0		550.0,235.0
⏱	比例	0.0	1.0	3.0	0.0
⏱	角度	0x+0.0°			0x+90.0°

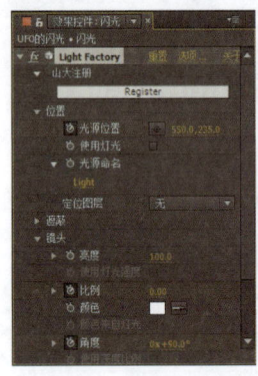

图2-357 编辑闪光点的运动动画

08 按"Ctrl+S"键保存项目,拖动时间指针或按空格键,播放预览编辑完成的动画效果。

09 在项目窗口中选择编辑完成的影片合成,选择"合成→添加到渲染队列"命令,打开"渲染队列"窗口,设置好影片渲染格式、保存目录和文件名称,将合成项目输出为影片文件,如图2-358所示。

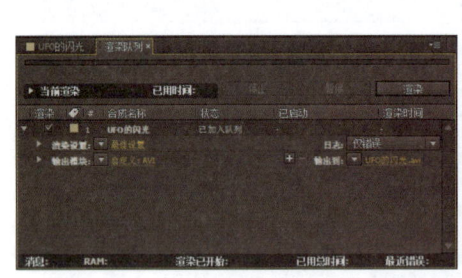

图2-358 将编辑好的合成输出为影片文件

Example 实例 62 光速飞行

素材目录	光盘\实例文件\实例62\Media\
项目文件	光盘\实例文件\实例62\Complete\光速飞行.aep
教学视频	光盘\教学视频\实例62:光速飞行.flv
应用特效	S_EdgeRays、Light Factory
编辑要点	1. 应用"S_EdgeRays"特效,编辑沿图层边缘浅色像素发射光线的动画效果。 2. 应用"Light Factory"特效,编辑飞船消失后形成的闪光动画。

本实例的最终完成效果，如图2-359所示。

图2-359　实例完成效果

01 在项目窗口中的空白处双击鼠标左键，打开"导入"对话框，选择本实例素材目录中准备的图像素材文件并导入。

02 按"Ctrl+N"键打开"合成设置"对话框，新建一个NTSC DV制式的合成"光速飞行"，设置合成的持续时间为5秒。

03 从项目窗口中将"银河.jpg"图像素材加入到新建合成的时间轴窗口中，展开图层的"变换"选项，为其创建从开始到结束的位移和缩放关键帧动画，并为两个选项的开始关键帧设置缓出效果，如图2-360所示。

		00:00:00:00	00:00:04:29
⏱	位置	500.0,240.0	300.0,240.0
⏱	缩放	100.0%	85.0%

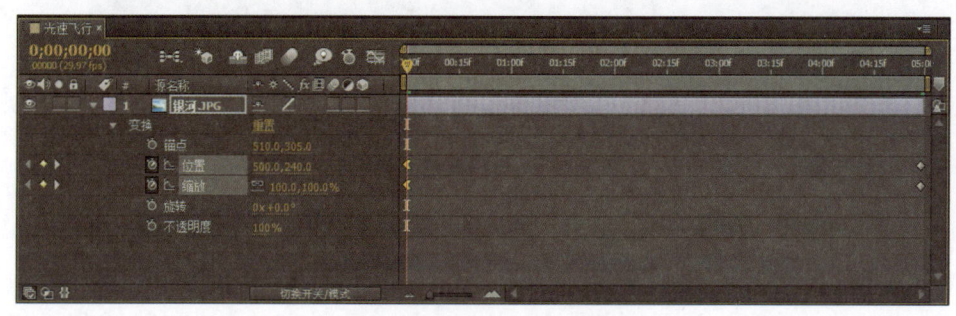

图2-360　编辑关键帧动画

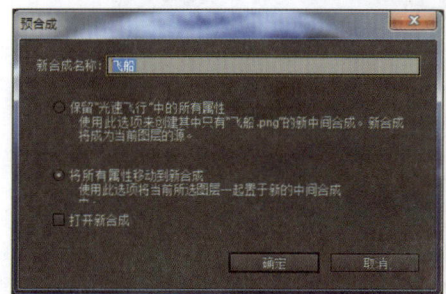

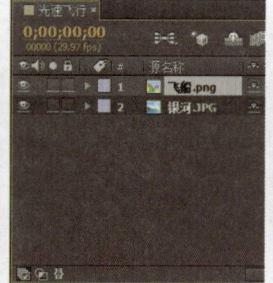

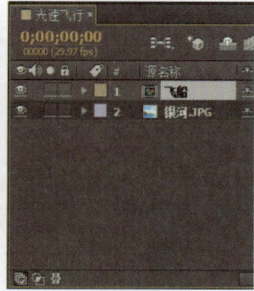

04 从项目窗口中将"飞船.png"图像素材加入到合成的时间轴窗口中，然后选择该图层并按"Ctrl+Shift+C"键，打开"预合成"对话框，选择"将所有属性移动到新合成"选项，将该图层转换成一个新建的合成"飞船"，如图2-361所示。

图2-361　转换图层为合成

05 在项目窗口中选择"飞船"合成并按"Ctrl+K"键,打开"合成设置"对话框,将合成的画面尺寸修改为2500×1667像素,如图2-362所示。

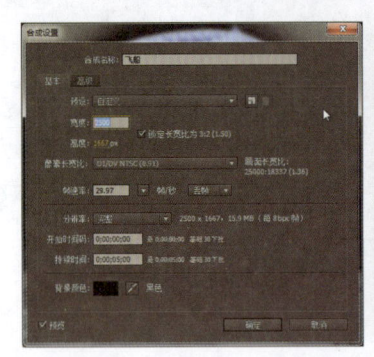

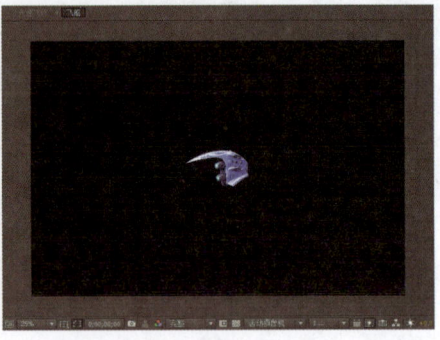

图2-362　修改合成尺寸

06 回到"光速飞行"合成的时间轴窗口中,展开"飞船"图层的"变换"选项,为其创建从开始到第4秒的位移和缩放关键帧动画,并为两个选项的开始关键帧设置缓出效果,如图2-363所示。

		00:00:00:00	00:00:04:00		
⏱	位置	75.0,360.0	630.0,75.0		
⏱	缩放	100.0%	1.0%		

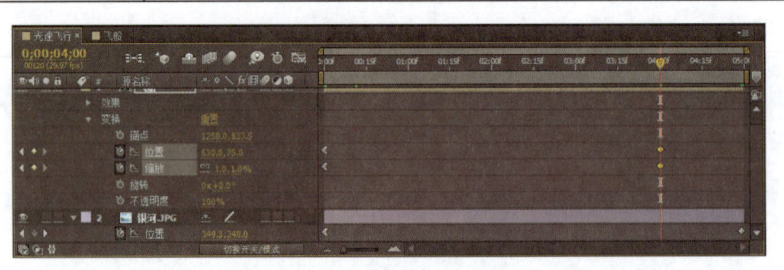

图2-363　编辑关键帧动画

07 为"飞船"图层添加"效果→Sapphire Lighting→S_EdgeRays（边缘光线）"特效,在"效果控件"面板中设置"Center XY（XY中心）"为（2100.0,580.0）,"Rays Color（光线颜色）"为蓝色,为图像添加从指定位置点发射边缘光线的特效,如图2-364所示。

图2-364　添加特效并设置参数

08 按下"Rays Length（光线长度）"、"Reverse Rays（反向光线）"、"Rays Brightness（光线明亮度）"选项前面的"时间变化秒表"按钮，为光线特效编辑关键帧动画，并为三个选项的开始关键帧设置缓出效果，如图2-365所示。

		00:00:00:00	00:00:01:00	00:00:04:29
⏱	Rays Length	0.10		0.60
⏱	Reverse Rays	2.00	0.0	
⏱	Rays Brightness	1.00		2.00

图2-365 编辑关键帧动画

09 按"Ctrl+Y"键打开"纯色设置"对话框，新建一个纯色图层"闪光"，设置填充色为黑色并单击"确定"按钮。

10 选择"闪光"图层，将其图层混合模式设置为"相加"，然后为其添加"效果→Knoll Light Factory→Light Factory（光线工厂）"特效，在"效果控件"面板中设置其"光源位置"为（630.0,75.0），并修改光线颜色为浅水蓝色，如图2-366所示。

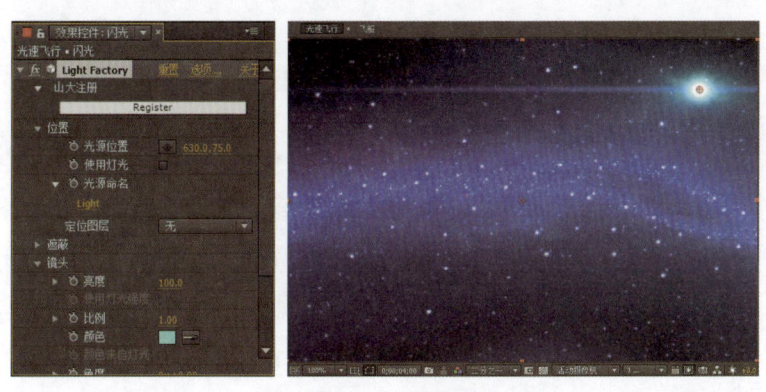

图2-366 添加亮光特效

11 按下"亮度"选项前面的"时间变化秒表"按钮，为其编辑从第4秒时为0.0，在第4秒15帧时为100.0，再到结尾时变为0.0的闪入、闪出动画，如图2-367所示。

图2-367 编辑关键帧动画

⑫ 按"Ctrl+S"键保存项目，拖动时间指针或按空格键，播放预览编辑完成的动画效果。

⑬ 在项目窗口中选择编辑完成的影片合成，选择"合成→添加到渲染队列"命令，打开"渲染队列"窗口，设置好影片渲染格式、保存目录和文件名称，将合成项目输出为影片文件，如图2-368所示。

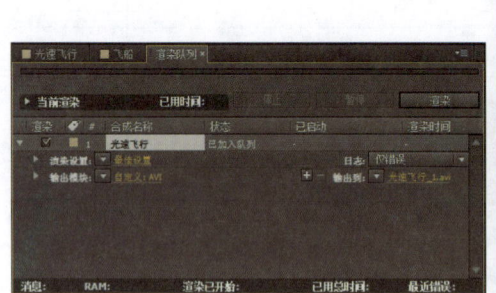

图2-368 将编辑好的合成输出为影片文件

附录：After effects 常用快捷键大全

项目窗口	
操　作	快捷键
新项目	Ctrl+Alt+N
打开项目	Ctrl+O
打开项目时只打开项目窗口	按住Shift键
打开上次打开的项目	Ctrl+Alt+Shift+P
保存项目	Ctrl+S
选择上一子项	上箭头
选择下一子项	下箭头
打开选择的素材项或合成	双击
在AE素材窗口中打开影片	Alt+双击
激活最近激活的合成	\
增加选择的子项到最近激活的合成中	Ctrl+/
显示所选的合成的设置	Ctrl+K
增加所选的合成的渲染队列窗口	Ctrl+Shift+/
引入一个素材文件	Ctrl+i
引入多个素材文件	Ctrl+Alt+i
替换选择层的源素材或合成	Alt+从项目窗口拖动素材项到合成
替换素材文件	Ctrl+H
设置解释素材选项	Ctrl+F
扫描发生变化的素材	Ctrl+Alt+Shift+L
重新调入素材	Ctrl+Alt+L
新建文件夹	Ctrl+Alt+Shift+N
记录素材解释方法	Ctrl+Alt+C
应用素材解释方法	Ctrl+Alt+V
设置代理文件	Ctrl+Alt+P
退出	Ctrl+Q

合成、层和素材窗口	
操　作	快捷键
在打开的窗口中循环	Ctrl+Tab
显示/隐藏标题安全区域和动作安全区域	'

续表

操 作	快捷键
显示/隐藏网格	Ctrl+'
显示/隐藏对称网格	Alt+'
居中激活的窗口	Ctrl+Alt+\
动态修改窗口	Alt+拖动属性控制
暂停修改窗口	大写键
在当前窗口的标签间循环	Shift+,或Shift+.
在当前窗口的标签间循环并自动调整大小	Alt+Shift+,或Alt+Shift+.
快照（多至4个）	Ctrl+F5,F6,F7,F8
显示快照	F5,F6,F7,F8
清除快照	Ctrl+Alt+F5,F6,F7,F8
显示通道（RGBA）	Alt+1，2，3，4
带颜色显示通道（RGBA）	Alt+Shift+1，2，3，4
带颜色显示通道（RGBA）	Shift+单击通道图标
带颜色显示蒙版通道	Shift+单击ALPHA通道图标

合成、层和素材窗口中的编辑	
操 作	快捷键
拷贝	Ctrl+C
复制	Ctrl+D
剪切	Ctrl+X
粘贴	Ctrl+V
撤消	Ctrl+Z
重做	Ctrl+Shift+Z
选择全部	Ctrl+A
取消全部选择	Ctrl+Shift+A或F2
层、合成、文件夹、效果更名	Enter（数字键盘）
原应用程序中编辑子项（仅限素材窗口）	Ctrl+E

时间轴窗口中的时间缩放	
操 作	快捷键
缩放到帧视图	;
放大时间	主键盘上的=
缩小时间	主键盘上的-

After effects 常用快捷键大全　附　录

时间轴窗口中查看层属性	
操　作	快捷键
锚点	A
音频级别	L
音频波形	LL
效果	E
蒙版羽化	F
蒙版形状	M
蒙版不透明度	TT
不透明度	T
位置	P
旋转	R
时间重映象	RR
缩放	S
显示所有动画值	U
在对话框中设置层属性值（与P,S,R,F,M一起）	Ctrl+Shift+ 属性快捷键
隐藏属性	Alt+Shift+单击属性名
弹出属性滑杆	Alt+ 单击属性名
增加/删除属性	Shift+单击属性名
switches/modes（开关/模式）转换	F4
为所有选择的层改变设置	Alt+ 单击层开关
打开不透明对话框	Ctrl+Shift+O
打开锚点对话框	Ctrl+Shift+Alt+A

时间轴窗口中工作区的设置	
操　作	快捷键
设置当前时间标记为工作区开始	B
设置当前时间标记为工作区结束	N
设置工作区为选择的层	Ctrl+Alt+B
未选择层时，设置工作区为合成长度	Ctrl+Alt+B

时间轴窗口中修改关键帧

操　作	快捷键
设置关键帧速度	Ctrl+Shift+K
设置关键帧插值法	Ctrl+Alt+K
增加或删除关键帧（计时器开启时）或开启时间变化计时器	Alt+Shift+属性快捷键
选择一个属性的所有关键帧	单击属性名
增加一个效果的所有关键帧到当前关键帧选择	Ctrl+单击效果名
逼近关键帧到指定时间	Shift+拖动关键帧
向前移动关键帧一帧	Alt+右箭头
向后移动关键帧一帧	Alt+左箭头
向前移动关键帧十帧	Shift+Alt+右箭头
向后移动关键帧十帧	Shift+Alt+左箭头
在选择的层中选择所有可见的关键帧	Ctrl+Alt+A
到前一可见关键帧	J
到后一可见关键帧	K
在线性插值法和自动贝塞尔插值法间转换	Ctrl+单击关键帧
改变自动贝塞尔插值法为连续贝塞尔插值法	拖动关键帧句柄
Hold关键帧转换	Ctrl+Alt+H或Ctrl+Alt+单击关键帧句柄
连续贝塞尔插值法与贝塞尔插值法间转换	Ctrl+拖动关键帧句柄
缓动	F9
缓入	Alt+F9
缓出	Ctrl+Alt+F9

合成和时间轴窗口中层的精确操作

操　作	快捷键
以指定方向移动层一个像素	箭头
旋转层1度	＋（数字键盘）
旋转层－1度	－（数字键盘）
放大层1%	Ctrl+＋（数字键盘）
缩小层1%	Ctrl+－（数字键盘）
移动、旋转和缩放变化量为10	Shift+快捷键

注：层的精调是按当前缩放率下的像素计算，而不是实际像素。

After effects 常用快捷键大全　附　录

效果控件面板口中的操作

操 作	快捷键
选择上一个效果	上箭头
选择下一个效果	下箭头
扩展/卷收效果控制	`
清除层上的所有效果	Ctrl+ Shift+E
增加效果控制的关键帧	Alt+单击效果属性名
激活包含层的合成窗口	\
应用上一个喜爱的效果	Ctrl+Alt+Shift+F
应用上一个效果	Ctrl+Alt+Shift+E

合成和实际布局窗口中使用蒙版

操 作	快捷键
设置层时间标记	*（数字键盘）
清楚层时间标记	Ctrl+单击标记
到前一个可见层时间标记或关键帧	Alt+J
到下一个可见层时间标记或关键帧	Alt+K
到合成时间标记	0---9（数字键盘）
在当前时间设置并编号一个合成时间标记	Shift+0---9（数字键盘）

渲染队列窗口

操 作	快捷键
制作影片	Ctrl+ M
激活最近激活的合成	\
增加激活的合成到渲染队列窗口	Ctrl+ Shift+/
在队列中不带输出名复制子项	Ctrl+ D
保存帧	Ctrl+Alt+S
打开渲染对列窗口	Ctrl+Alt+O

显示窗口和面板

操 作	快捷键
项目窗口	Ctrl+0
项目流程视图	F11
渲染队列窗口	Ctrl+Alt+0
工具箱	Ctrl+1

续表

操 作	快捷键
信息面板	Ctrl+2
时间控制面板	Ctrl+3
音频面板	Ctrl+4
显示/隐藏所有面板	Tab
首选项设置	Ctrl+Alt+；
新合成	Ctrl+N
关闭激活的标签/窗口	Ctrl+W
关闭激活窗口（所有标签）	Ctrl+Shift+W
关闭激活窗口（除项目窗口）	Ctrl+Alt+W
效果和预设	Ctrl+5
字符	Ctrl+6
段落	Ctrl+7
绘画	Ctrl+8
画笔	Ctrl+9

时间轴窗口中的移动	
操 作	快捷键
到工作区开始	Home
到工作区结束	Shift+End
到前一可见关键帧	J
到后一可见关键帧	K
到前一可见层时间标记或关键帧	Alt+J
到后一可见层时间标记或关键帧	Alt+K
到合成时间标记	主键盘上的0---9
滚动选择的层到时间轴窗口的顶部	X
滚动当前时间标记到窗口中心	D
到指定时间	Ctrl+G

合成、时间轴、素材和层窗口中的移动	
操 作	快捷键
到开始处	Home或Ctrl+Alt+左箭头
到结束处	End或Ctrl+Alt+右箭头
向前一帧	Page Down或左箭头

续表

操 作	快捷键
向前十帧	Shift+Page Down 或 Ctrl+Shift+左箭头
向后一帧	Page Up 或右箭头
向后十帧	Shift+Page Up 或 Ctrl+Shift+右箭头
到层的入点	I
到层的出点	O
逼近子项到关键帧、时间标记、入点和出点	Shift+拖动子项

预 览	
操 作	快捷键
开始/停止播放	空格
从当前时间点预览音频	.（数字键盘）
RAM预览	0（数字键盘）
每隔一帧的RAM预览	Shift+0（数字键盘）
保存RAM预览	Ctrl+0（数字键盘）
快速预览	Alt+拖动当前时间标记
快速音频	Ctrl+拖动当前时间标记
线框预览	Alt+0（数字键盘）
线框预览时用矩形替代alpha轮廓	Ctrl+Alt+0（数字键盘）
线框预览时保留窗口内容	Shift+Alt+0（数字键盘）
矩形预览时保留窗口内容	Ctrl+Shift+Alt+0（数字键盘）

合成和时间轴窗口中的层操作	
操 作	快捷键
放在最前面	Ctrl+Shift+]
向前提一级	Shift+]
向后放一级	Shift+ [
放在最后面	Ctrl+Shift+ [
选择下一层	Ctrl+下箭头
选择上一层	Ctrl+上箭头
通过层号选择层	1---9（数字键盘）
取消所有层选择	Ctrl+Shift+A
锁定所选层	Ctrl+L

续表

操 作	快捷键
释放所有层的选定	Ctrl+Shift+L
分裂所选层	Ctrl+Shift+D
激活合成窗口	\
在层窗口中显示选择的层	Enter（数字键盘）
显示隐藏当前图层	Ctrl+Shift+Alt+V
隐藏其他当前图层	Ctrl+Shift+V
显示选择层的效果控件面板口	Ctrl+Shift+T或F3
在合成窗口和时间轴窗口中转换	\
打开源层	Alt+双击层
在合成窗口中不拖动句柄缩放层	Ctrl+拖动层
在合成窗口中逼近层到框架边和中心	Alt+Shift+拖动层
逼近网格转换	Ctrl+Shit+'
逼近参考线转换	Ctrl+Shift+；
拉伸层适合合成窗口	Ctrl+Alt+F
层的反向播放	Ctrl+Alt+R
设置入点	[
设置出点	]
剪辑层的入点	Alt+[
剪辑层的出点	Alt+]
所选层的时间重映象转换开关	Ctrl+Alt+T
设置质量为最好	Ctrl+U
设置质量为草稿	Ctrl+Shift+U
设置质量为线框	Ctrl+Shift+U
创建新的固态层	Ctrl+Y
显示固态层设置	Ctrl+Shift+Y
重组层	Ctrl+Shift+C
通过时间延伸设置入点	Ctrl+Shift+，
通过时间延伸设置出点	Ctrl+Alt+，
约束旋转的增量为45度	Shift+拖动旋转工具
约束沿X轴或Y轴移动	Shift+拖动层
复位旋转角度为0°	双击旋转工具
复位缩放率为100%	双击缩放工具

After effects 常用快捷键大全 附录

合成、层和素材窗口中的空间缩放

操 作	快捷键
放大	.
缩小	,
缩放至100%	主键盘上的/或双击缩放工具
放大并变化窗口	Alt+.或Ctrl+主键盘上的=
缩小并变化窗口	Alt+，或Ctrl+主键盘上的-
缩放至100%并变化窗	Alt+主键盘上的/
缩放窗口	Ctrl+\
缩放窗口适应于监视器	Ctrl+Shift+\
窗口居中	Shift+Alt+\
缩放窗口适应于窗口	Ctrl+Alt+\
图像放大，窗口不变	Ctrl+Alt+ =
图像缩小，窗口不变	Ctrl+Alt+ -

合成窗口中合成的操作

操 作	快捷键
显示/隐藏参考线	Ctrl+；
锁定/释放参考线锁定	Ctrl+Alt+Shift+；
显示/隐藏标尺	Ctrl+R
改变背景颜色	Ctrl+Shift+B
设置合成解析度为 完整	Ctrl+J
设置合成解析度为 一半	Ctrl+Shift+J
设置合成解析度为 四分之一	Ctrl+Alt+Shift+J
设置合成解析度为 自定义	Ctrl+Alt+J
合成流程图视图	Alt+F11

层窗口中蒙版的操作

操 作	快捷键
椭圆蒙版置为整个窗口	双击椭圆工具
矩形蒙版置为整个窗口	双击矩形工具
在自由变换模式下围绕中心点缩放	Ctrl+拖动
选择蒙版上的所有点	Alt+单击蒙版
自由变换蒙版	双击蒙版
退出自由变换蒙版模式	Enter

After Effects CC 光效设计

合成和时间轴窗口中的蒙版操作	
操 作	快捷键
定义蒙版形状	Ctrl+
定义蒙版羽化	Ctrl+
设置蒙版反向	Ctrl+
新蒙版	Ctrl+

工具面板中的工具操作	
操 作	快捷键
选择工具	V
手形工具	H
缩放工具	Z
旋转工具	W
摄像机工具	C
向后移动工具	Y
矩形/椭圆/圆角矩形/多边形/星形工具	Q
钢笔工具	G
横排/直排文字工具	Ctrl+T
画笔/仿制图章/橡皮擦工具	Ctrl+B
Rote笔刷工具	Alt+W
操纵点工具	Alt+P